W0370509

Elemente der Mathematik

EdM

NIEDERSACHSEN

10. Schuljahr
Lösungen

Herausgegeben von
Heinz Griesel
Helmut Postel
Friedrich Suhr
Werner Ladenthin
Matthias Lösche

Schroedel
westermann

ELEMENTE DER MATHEMATIK 10
Niedersachsen
Lösungen zum Schülerband Best.-Nr. 88615

Herausgegeben von
Prof. Dr. Heinz Griesel, Prof. Helmut Postel, Friedrich Suhr, Werner Ladenthin, Matthias Lösche

Bearbeitet von
Lutz Breidert, Gabriele Dybowski, Dr. Beate Goetz, Reinhard Kind,
Werner Ladenthin, Matthias Lösche, Kerstin Schäfer, Thomas Sperlich, Friedrich Suhr,
Prof. Dr. Hans-Georg Weigand, Ulrike Willms

Für Niedersachsen bearbeitet von
Prof. Dr. Regina Bruder, Lutz Breidert, Bodo Paul Hoffmann, Reinhard Kind, Jochen Scheuermann,
Dirk Schulze, Dr. Holger Schütte, Thomas Sperlich, Friedrich Suhr, Klaas Wiggers

westermann GRUPPE

Druck A³ / Jahr 2020
Alle Drucke der Serie A sind parallel verwendbar.

Redaktion: Lena Schenk, Claus Peter Witt
Umschlaggestaltung: LIO Design GmbH, Braunschweig
Zeichnungen: Schlierf, Type & Design, Lachendorf; Langner & Partner, Hemmingen
Taschenrechner: Texas Instruments Education Technology GmbH, Freising
Druck und Bindung: Westermann Druck GmbH, Braunschweig

ISBN 978-3-507-**88617**-9

Inhaltsverzeichnis

1.1.1 Intervallhalbierungsverfahren = spezifische Methode der Intervallschachtelung

Bildquellenverzeichnis

|Thinkstock, Sandyford/Dublin: Robert Kelsey Titel.

Wir arbeiten sehr sorgfältig daran, für alle verwendeten Abbildungen die Rechteinhaberinnen und Rechteinhaber zu ermitteln. Sollte uns dies im Einzelfall nicht vollständig gelungen sein, werden berechtigte Ansprüche selbstverständlich im Rahmen der üblichen Vereinbarungen abgegolten.

Bleib fit im Umgang mit Quadratwurzeln

9

1. a) 20 m b) 12 cm c) 25 mm d) 1,5 cm e) 0,9 dm

2. a) 7 b) nicht definiert c) 5 d) 11 e) nicht definiert f) 200 g) 15 h) 1 i) $\frac{1}{2}$ j) 0,9 k) 1,3 l) $\frac{2}{3}$ m) nicht definiert n) $\frac{1}{5}$ o) $\frac{7}{4}$ p) 0,3 q) 0,8 r) nicht definiert

3. a) $\sqrt{225}$ b) nicht definiert c) $\sqrt{0{,}16}$ d) $\sqrt{\frac{9}{64}}$

4. Mit der Begründung von Max würde mithilfe des Wurzelgesetzes folgen, dass $\sqrt{0{,}16} = \sqrt{-0{,}4} \cdot \sqrt{-0{,}4}$ ist, aber hier sind die Faktoren nicht definiert. Eine Quadratwurzel ist nicht negativ.

10

5. $a = \sqrt{90:6}\,\text{cm} \approx 3{,}9\,\text{cm}$

6. Druckfehler in der ersten Auflage in Teilaufgabe g): $\sqrt{27} : \sqrt{12}$
   a) $\sqrt{100} = 10$ b) $\sqrt{4} = 2$ c) $\sqrt{16} = 4$ d) $\sqrt{25} = 5$ e) $\sqrt{4} = 2$ f) $\sqrt{9} = 3$ g) $\sqrt{\frac{9}{4}} = \frac{3}{2}$ h) $\sqrt{\frac{9}{16}} = \frac{3}{4}$ i) $\sqrt{\frac{16}{25}} = \frac{4}{5}$ j) $\sqrt{\frac{9}{4}} = \frac{3}{2}$

7. a) $5 \cdot \sqrt{5}$ b) $\frac{1}{7} \cdot \sqrt{6}$ c) $12 \cdot \sqrt{2}$ d) $\frac{1}{4} \cdot \sqrt{5}$ e) $6 \cdot \sqrt{6}$ f) $\frac{3}{5} \cdot \sqrt{2}$ g) $\frac{2}{3} \cdot \sqrt{6}$ h) $6 \cdot \sqrt{3}$

8. a) $\sqrt{16\,a^2} = 4\,a$ b) $\sqrt{4} = 2$ c) $\sqrt{6\,x^2} = \sqrt{6} \cdot x$ d) $\sqrt{25} = 5$ e) $\frac{1}{2}$ f) $\frac{1}{3} \cdot \sqrt{21}$

9. a) $8 \cdot \sqrt{a^3} = 8\,a \cdot \sqrt{a}$ b) $\frac{1}{b^2} \cdot \sqrt{a}$ c) $3 \cdot \frac{a}{b} \cdot \sqrt{5}$ d) $9 \cdot \sqrt{x^5} = 9\,x^2 \cdot \sqrt{x}$ e) $\sqrt{\frac{72}{25} \cdot \frac{y^2}{z^3}} = \frac{6 \cdot \sqrt{2} \cdot y}{5\,z \cdot \sqrt{z}}$ f) $6 \cdot \sqrt{5\,a^3\,c^2} = 6\,a\,c \cdot \sqrt{5\,a}$

10. a) $2 \cdot \sqrt{3} - 2 \cdot \sqrt{3} = 0$ b) $2 \cdot \sqrt{3} - 3 \cdot \sqrt{3} + \sqrt{3} = 0$ c) $6 \cdot \sqrt{2} + 4 \cdot \sqrt{2} - 10 \cdot \sqrt{2} = 0$ d) $2\,z - 4\,z = -2\,z$

10

11. a) (1) $\left(\sqrt{2}+\sqrt{18}\right)^2=\left(\sqrt{2}+3\cdot\sqrt{2}\right)^2=\left(4\cdot\sqrt{2}\right)^2=16\cdot 2=32$

(2) $\left(\sqrt{2}+\sqrt{18}\right)^2=\left(\sqrt{2}\right)^2+2\cdot\sqrt{2}\cdot 3\cdot\sqrt{2}+\left(\sqrt{18}\right)^2=\left(\sqrt{2}\right)^2+6\cdot\left(\sqrt{2}\right)^2+\left(\sqrt{18}\right)^2$

$=2+6\cdot 2+18=32$

b) (1) $\left(\sqrt{50}-\sqrt{2}\right)^2=\left(5\cdot\sqrt{2}-\sqrt{2}\right)^2=\left(4\cdot\sqrt{2}\right)^2=16\cdot 2=32$

(2) $\left(\sqrt{50}-\sqrt{2}\right)^2=\left(\sqrt{50}\right)^2-2\cdot 5\cdot\sqrt{2}\cdot\sqrt{2}+\left(\sqrt{2}\right)^2=\sqrt{50}-9\cdot\left(\sqrt{2}\right)^2+\left(\sqrt{2}\right)^2$

$=50-10\cdot 2+2=32$

c) (1) –

(2) $\left(\sqrt{5}-\sqrt{7}\right)\cdot\left(\sqrt{5}+\sqrt{7}\right)=\left(\sqrt{5}\right)^2-\left(\sqrt{7}\right)^2=5-7=-2$

d) (1) $\left(\sqrt{3}\cdot a-\sqrt{27a^2}\right)^2=\left(\sqrt{3}\cdot a-3\cdot\sqrt{3}\cdot a\right)^2=\left(-2\cdot\sqrt{3}\cdot a\right)^2=4\cdot 3\cdot a^2=12\cdot a^2$

(2) $\left(\sqrt{3}\cdot a-\sqrt{27a^2}\right)^2=\left(\sqrt{3}\cdot a\right)^2-2\cdot\sqrt{3}\cdot a\cdot 3\cdot\sqrt{3}\cdot a+\left(\sqrt{27a^2}\right)^2$

$=3\cdot a^2-6\cdot 3\cdot a^2+27\cdot a^2=12a^2$

12. a) $3a$

b) rs

c) $0{,}2c$

d) a

e) $\frac{1}{y}$

f) $6z^2$

g) $7xy$

h) nicht zu vereinfachen

i) $20+4\cdot\sqrt{10}$

j) $1-\sqrt{5}$

k) nicht zu vereinfachen

l) $a\cdot\sqrt{ab}-a\cdot\sqrt{b}$

m) $y\cdot\sqrt{x}-z\cdot\sqrt{x}=(y-z)\cdot\sqrt{x}$

n) $x\cdot\sqrt{xy}-4\cdot\sqrt{xy}=(x-4)\cdot\sqrt{xy}$

o) $10x-21\cdot\sqrt{xy}-10y$

p) $3+\sqrt{d}$

q) $\sqrt{-10}$ nicht definiert

r) $\sqrt{-a}$ nicht definiert, da a positiv

13. $\frac{4}{\sqrt{3}}=\frac{4\cdot\sqrt{3}}{\sqrt{3}\cdot\sqrt{3}}=\frac{4\cdot\sqrt{3}}{3}$

$\frac{2}{\sqrt{3}-1}=\frac{2\cdot\left(\sqrt{3}+1\right)}{\left(\sqrt{3}-1\right)\left(\sqrt{3}+1\right)}=\frac{2\cdot\left(\sqrt{3}+1\right)}{\left(\sqrt{3}\right)^2-1^2}=\frac{2\cdot\left(\sqrt{3}+1\right)}{3-1}=\frac{2\cdot\left(\sqrt{3}+1\right)}{2}=\sqrt{3}+1$

$\frac{3}{\sqrt{3}-\sqrt{2}}=\frac{3\cdot\left(\sqrt{3}+\sqrt{2}\right)}{\left(\sqrt{3}-\sqrt{2}\right)\left(\sqrt{3}+\sqrt{2}\right)}=\frac{3\cdot\left(\sqrt{3}+\sqrt{2}\right)}{\left(\sqrt{3}\right)^2-\left(\sqrt{2}\right)^2}=\frac{3\cdot\left(\sqrt{3}+\sqrt{2}\right)}{3-2}=\frac{3\cdot\left(\sqrt{3}+\sqrt{2}\right)}{1}=3\cdot\left(\sqrt{3}+\sqrt{2}\right)$

14. a) $\frac{2\cdot\sqrt{5}}{5}$

b) $\frac{3\cdot\sqrt{7}}{7}$

c) $\sqrt{5}+1$

d) $\frac{3\cdot\left(\sqrt{3}-1\right)}{2}$

e) $\frac{5\cdot\left(\sqrt{5}+\sqrt{3}\right)}{2}$

f) $\frac{7\cdot\left(\sqrt{11}-\sqrt{3}\right)}{8}$

1. Reelle Zahlen – Grenzprozesse

11

Einstiegsseite:

Die Figur ist die 5. Figur der Figurenfolge.

→ Aus jeder Seite entstehen 4 kürzere Seiten.

Figur	1	2	3	4	5	6	7
Anzahl der Seiten	3	12	48	192	768	3072	12288

→

Figur	1	2	3	4	5	6	7
Länge der Seiten (in cm)	3	1	$\frac{1}{3}$	$\frac{1}{3^2}=\frac{1}{9}$	$\frac{1}{3^3}=\frac{1}{27}$	$\frac{1}{3^4}=\frac{1}{81}$	$\frac{1}{3^5}=\frac{1}{243}$

→

Figur	1	2	3	4	5	6	7
Umfang (in cm)	9	12	16	$21\frac{1}{3}\approx 21{,}33$	$28\frac{4}{9}\approx 28{,}44$	$37\frac{25}{27}\approx 37{,}93$	$50\frac{46}{81}\approx 50{,}57$

Lernfeld: Immer näher heran

12

1. Auftrag: Unterschiedliche Striche: Bruchstrich und Periodenstrich

Diese Aufgabe führt zu der Erkenntnis, dass man gebrochene Zahlen durch besondere Dezimalbrüche darstellen kann: zu endlichen oder zu periodischen. Dies bereitet auf das Kapitel vor, in dem die Schüler rationale und irrationale Zahlen unterscheiden und als Teilmenge der reellen Zahlen erkennen, und ebenso darauf, dass Schüler Dezimalbrüche in gewöhnliche Brüche umwandeln können.

→ Lisa versucht wahrscheinlich, die beiden Dezimalbrüche schriftlich zu addieren und meint damit, dass die Zahlen 3 und 6 jeweils addiert werden müssten. Lisas Auffassung nach hätte dies zur Folge, dass dies eigentlich viele 9en hintereinander ergeben müsste. Einzig am Ende des Bruches „zwei Drittel" in Dezimalschreibweise steht bei der Darstellung am Taschenrechner eine 7. Daher wäre das Ergebnis gemäß Lisa trotzdem ungleich 1, weshalb sie an der Lösung von Kevin zweifelt.

→ $\frac{7}{10}=0{,}7$ (abbrechend) $\quad$ $\frac{3}{4}=0{,}75$ (abbrechend)

$\frac{4}{3}=1{,}33\ldots$ (nicht abbrechend) $\quad$ $\frac{5}{8}=0{,}625$ (abbrechend)

$\frac{5}{6}=0{,}833\ldots$ (nicht abbrechend) $\quad$ $\frac{3}{25}=0{,}12$ (abbrechend)

$\frac{4}{7}=0{,}571428\ldots$ (nicht abbrechend) $\quad$ $\frac{8}{200}=0{,}04$ (abbrechend)

$\frac{1}{19}=0{,}05263\ldots$ (nicht abbrechend)

→ $0{,}07=\frac{7}{100}$; $0{,}24=\frac{24}{100}=\frac{6}{25}$; $1{,}53=\frac{153}{100}=1\frac{53}{100}$; $4{,}125=\frac{33}{8}=4\frac{1}{8}$

12 **1. Auftrag: Fortsetzung**

→ Man erhält folgende Werte:
$1:9=0,\overline{1}$; $4:9=0,\overline{4}$; $1:99=0,\overline{01}$; $52:99=0,\overline{52}$; $7:999=0,\overline{007}$; $214:99=0,\overline{214}$
Es entsteht eine Regelmäßigkeit, sodass immer genau die Zahlen, die im Zähler eines Bruches mit Neunen im Nenner, sich bei der Dezimalschreibweise unter dem Periodenstrich wiederfinden. Die Anzahl der Neunen im Nenner gibt dabei die Anzahl der Stellen der Zahlen unter dem Periodenstrich an.
Damit kann man sofort periodische Brüche umwandeln, z. B.:
$0,\overline{32}=\frac{32}{99}$; $0,\overline{8}=\frac{8}{9}$; $0,\overline{014}=\frac{14}{999}$

→ Lösungen zu den Aufgaben von links nach rechts:
$\frac{2}{9}$; $\frac{6}{9}=\frac{2}{3}$; $\frac{16}{99}$; $\frac{53}{99}$; $\frac{123}{999}$; $\frac{17}{999}$

→ Lösungen zu den Aufgaben von links nach rechts:
Alle Berechnungen erfolgen gemäß der im Buch abgebildeten Beispielrechnung.
$\frac{176}{990}=\frac{73}{495}$; $\frac{25}{990}=\frac{5}{198}$; $\frac{43}{90}$; $\frac{289}{990}$; $\frac{1\,222}{9\,900}=\frac{611}{4\,950}$; $\frac{7\,944}{9\,990}=\frac{1\,324}{1\,665}$

2. Auftrag: Folge von Figuren

→ In dem obersten Dreieck werden jeweils die Seitenmitten verbunden.

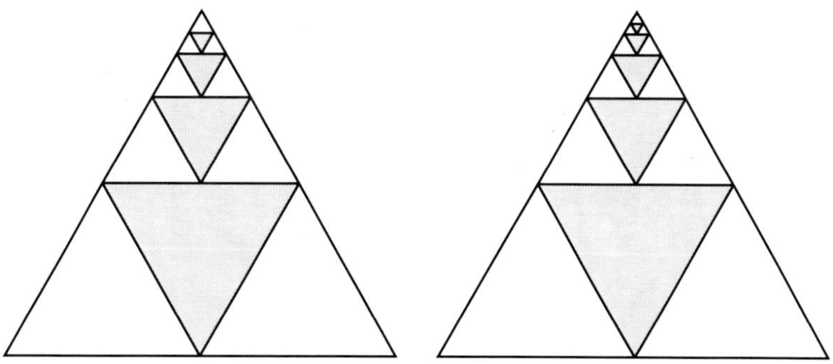

→ Anteil der grünen Fläche in Figur 1: $\frac{1}{4}=0,25$

Anteil der grünen Fläche in Figur 2: $\frac{1}{4}+\frac{1}{16}=\frac{5}{16}=0,3125$

Anteil der grünen Fläche in Figur 3: $\frac{1}{4}+\frac{1}{16}+\frac{1}{64}=\frac{21}{64}\approx 0,3281$

Anteil der grünen Fläche in Figur 4: $\frac{1}{4}+\frac{1}{16}+\frac{1}{64}+\frac{1}{256}=\frac{85}{256}\approx 0,3320$

Anteil der grünen Fläche in Figur 5: $\frac{1}{4}+\frac{1}{16}+\frac{1}{64}+\frac{1}{256}+\frac{1}{1024}=\frac{341}{1024}\approx 0,3330$

→ Der Anteil der grün gefärbten Fläche nähert sich immer mehr einem Drittel der Gesamtfläche.

1.1 Annähern von Quadratwurzeln

1.1.1 Intervallhalbierungsverfahren

13 **Einstieg:**

Man könnte z. B. zuerst fragen: „Ist die Zahl größer oder kleiner als 32?“ Man teilt also die Zahlen von 1 bis 64 in zwei Hälften. Danach bildet man jeweils wieder die Mitte der Hälfte, in der sich die Zahl befinden muss. So kann man sich dann bis zur gesuchten Zahl vortasten.

14 1. a) $4 < \sqrt{19} < 5$
$4 < \sqrt{19} < 4,5$
$4,25 < \sqrt{19} < 4,5$
$4,25 < \sqrt{19} < 4,375$
$4,3125 < \sqrt{19} < 4,375$

b) $5 < \sqrt{27} < 6$
$5 < \sqrt{27} < 5,5$
$5 < \sqrt{27} < 5,25$
$5,125 < \sqrt{27} < 5,25$
$5,1875 < \sqrt{27} < 5,27$

c) $0 < \sqrt{0,7} < 1$
$0,5 < \sqrt{0,7} < 1$
$0,75 < \sqrt{0,7} < 1$
$0,75 < \sqrt{0,7} < 0,875$
$0,8125 < \sqrt{0,7} < 0,875$

d) $7 < \sqrt{50} < 8$
$7 < \sqrt{50} < 7,5$
$7 < \sqrt{50} < 7,25$
$7 < \sqrt{50} < 7,125$
$7,0625 < \sqrt{50} < 7,125$

e) $2 < \sqrt{7,4} < 3$
$2,5 < \sqrt{7,4} < 3$
$2,5 < \sqrt{7,4} < 2,75$
$2,62 < \sqrt{7,4} < 2,75$
$2,685 < \sqrt{7,4} < 2,75$

f) $10 \leq \sqrt{100} \leq 10$
$\sqrt{100} = 10$

2. a) $\sqrt{30} \approx 5,48$
b) $\sqrt{50} \approx 7,07$
c) $\sqrt{163} \approx 12,77$
d) $\sqrt{197} \approx 14,04$
e) $\sqrt{\frac{1}{8}} \approx 0,35$
f) $\sqrt{\frac{1}{17}} \approx 0,24$

1.1.2 Heron-Verfahren

16 1. a)

Faktor a	Faktor $b = \frac{30}{a}$	Mittelwert $m = \frac{a+b}{2}$	Kontrolle: $m^2 = 6$?
5	6	$\frac{11}{2} = 5,5$	30,25
$\frac{11}{2} = 5,5$	$\frac{60}{11} = 5,454\ldots$	$\frac{241}{44} = 5,4772727\ldots$	30,0005…
$\frac{241}{44} = 5,4772727\ldots$	$\frac{1\,320}{241} = 5,477178\ldots$	5,47722557	30,0000…

Man erhält den Näherungswert $\sqrt{30} = 5,47722557\ldots$.

b)

Faktor a	Faktor $b = \frac{13}{a}$	Mittelwert $m = \frac{a+b}{2}$	Kontrolle: $m^2 = 6$?
3	$\frac{13}{3} = 4,33\ldots$	$\frac{11}{3} = 3,666\ldots$	13,444…
$\frac{11}{3} = 3,666\ldots$	$\frac{39}{11} = 3,54545\ldots$	$\frac{119}{33} = 3,60606\ldots$	13,00367…
$\frac{119}{33} = 3,60606\ldots$	$\frac{429}{119} = 3,60504\ldots$	3,6055513…	13,0000…

Man erhält den Näherungswert $\sqrt{13} = 3,6055513\ldots$.

16 2. a) –

b) (1) Beim Startwert 4 benötigt man genau so viele Schritte, um dieselbe Genauigkeit wie beim Startwert 3 zu erreichen.

(2) Beim Startwert 2 benötigt man einen Schritt mehr, um dieselbe Genauigkeit wie beim Startwert 3 zu erreichen.

(3) Beim Startwert 1 benötigt man zwei Schritte mehr, um dieselbe Genauigkeit wie beim Startwert 3 zu erreichen.

3. –

4. Das Heronverfahren ist wesentlich schneller.

1.2 Irrationale Zahlen

17 **Einstieg:**

a) Jakob quadriert beide Seiten der Gleichung und multipliziert beide Seiten der Gleichung mit dem Nenner des Bruches. Jakob vergleicht dann die Endziffern der Dezimalbrüche auf beiden Seiten. Auf der rechten Seite erhält er die Endziffer des Quadrats von 5, das ist 25, also die Endziffer 5. Auf der rechten Seite muss er die Endziffer des Quadrats von 3, also die 9, noch mit 2 multiplizieren. Das Produkt ist 18, hat also die Endziffer 8. Da die letzten Ziffern der beiden Zahlen verschieden sind, sind auch die Zahlen verschieden. Damit ist das Gleichheitszeichen zwischen den beiden Seiten der Gleichung falsch und führt zu einem Widerspruch. $\sqrt{2}$ kann also nicht durch diesen Bruch dargestellt werden kann.

b) Man kann an dieser Stelle verschiedene Brüche ausprobieren. Man wird jedoch zu dem Ergebnis gelangen, dass sich bei jedem weiteren Versuch ein ähnlicher Widerspruch ergibt wie bei Jakob. Es gibt keinen Bruch, der genau $\sqrt{2}$ ist. Dieses wird in der Information (2) auf Seite 18 des Schülerbandes auch allgemein bewiesen.

19 2. Wenn $\sqrt{\frac{1}{3}}$ eine gebrochene Zahl ist, dann müsste sie sich als vollständig gekürzter Bruch $\frac{m}{n}$ darstellen lassen. Da $\sqrt{\frac{1}{3}}$ zwischen $\sqrt{\frac{1}{4}} = \frac{1}{2}$ und $\sqrt{\frac{1}{1}} = 1$ liegt, ist $\sqrt{\frac{1}{3}}$ keine natürliche Zahl. Somit ist n ungleich 1. Nimmt man $\frac{m}{n} = \sqrt{\frac{1}{3}}$ an und quadriert beide Seiten der Gleichung, so ergibt sich $\frac{m \cdot m}{n \cdot n} = \frac{1}{3}$. Da der Bruch auf der linken Seite nicht mehr gekürzt werden kann, müsste $n \cdot n = 3$ sein. Es gibt aber keine natürliche Zahl, dessen Quadrat gleich 3 ist. Also ist $\sqrt{\frac{1}{3}}$ keine rationale Zahl.

19 **3.** a) Es ist $10 \cdot 0,\overline{9} = 9,\overline{9}$
und $1 \cdot 0,\overline{9} = 0,\overline{9}$ | 2. Gleichung von der 1. Gleichung subtrahieren

$$9 \cdot 0,\overline{9} = 9$$

Damit ergibt sich $0,\overline{9} = \frac{9}{9} = 1$.
Das Ergebnis ist demnach korrekt, da $1 - 0,\overline{9} = 0$ ist.

b) $\frac{1}{3} = 0,\overline{3}$; $\frac{2}{75} = 0,02\overline{6}$

4. a) $0,\overline{09}$
b) $-0,4$
c) $-1,58\overline{3}$
d) $-0,28$
e) $-0,425$
f) $-0,8125$
g) $0,\overline{100}$
h) $-0,\overline{6}$
i) $-1,4375$
j) $-0,\overline{7}$
k) 6
l) $-0,\overline{72}$
m) $-0,\overline{769230}$
n) $-0,3\overline{571428}$
o) $-1,171875$
p) $1,\overline{7}$
q) $2,\overline{142857}$
r) $-1,\overline{36}$

5. a) $\frac{1}{7} = 0,\overline{142857}$; $\frac{2}{7} = 0,\overline{285714}$; $\frac{3}{7} = 0,\overline{428571}$;
$\frac{4}{7} = 0,\overline{571428}$; $\frac{5}{7} = 0,\overline{714285}$; $\frac{6}{7} = 0,\overline{857142}$

Die Perioden bestehen aus den gleichen Ziffern.

b) $\frac{1}{13} = 0,\overline{076923}$; $\frac{2}{13} = 0,\overline{153846}$; $\frac{3}{13} = 0,\overline{230769}$; $\frac{4}{13} = 0,\overline{307692}$;
$\frac{5}{13} = 0,\overline{384615}$; $\frac{6}{13} = 0,\overline{461538}$; $\frac{7}{13} = 0,\overline{538461}$; $\frac{8}{13} = 0,\overline{615384}$;
$\frac{9}{13} = 0,\overline{692307}$; $\frac{10}{13} = 0,\overline{769230}$; $\frac{11}{13} = 0,\overline{846153}$; $\frac{12}{13} = 0,\overline{923076}$

Bei den Zählern 1, 3, 4, 9, 10, 12 bestehen die Perioden aus den Ziffern 0, 2, 3, 6, 7, 9.
Bei den Zählern 2, 5, 6, 7, 8, 11 bestehen die Perioden aus den Ziffern 1, 3, 4, 5, 6, 8.

6. a) $\frac{59}{4}$ b) $\frac{3333}{10000}$ c) $-\frac{341}{20}$ d) $\frac{1}{5000}$ e) $\frac{33}{32}$ f) $-\frac{829}{100}$

7. a) $2\frac{7}{9}$ d) $2\frac{7}{99}$ g) $2\frac{7}{90}$ j) $3\frac{2}{9}$ m) $3\frac{200}{999}$ p) $3\frac{1}{450}$
b) $\frac{8}{33}$ e) $\frac{119}{495}$ h) $\frac{80}{333}$ k) $\frac{8}{333}$ n) $\frac{800}{3333}$ q) $\frac{1199}{4995}$
c) $22\frac{16}{45}$ f) $-5\frac{65}{198}$ i) $19\frac{43}{225}$ l) $3\frac{3376}{8325}$ o) $0,2 = \frac{2}{10}$ r) $7\frac{1}{4}$

20 **8.** Wir stellen jeweils die Wurzel als vollständig gekürzten Bruch $\frac{m}{n}$ dar.

a) $\frac{m}{n} = \sqrt{8}$, also $\frac{m \cdot m}{n \cdot n} = 8$. Da $\sqrt{8}$ zwischen 2 und 3 liegt, ist $\frac{m}{n}$ keine natürliche Zahl, also $n \neq 1$. Da $\frac{m \cdot m}{n \cdot n}$ bereits gekürzt und $n \cdot n \neq 1$ ist, ist $\frac{m \cdot m}{n \cdot n}$ nicht gleich der natürlichen Zahl 8. Also ist $\sqrt{8}$ keine rationale Zahl.

b) $\frac{m}{n} = \sqrt{18}$, also $\frac{m \cdot m}{n \cdot n} = 18$. Da $\sqrt{18}$ zwischen 4 und 5 liegt, ist $\frac{m}{n}$ keine natürliche Zahl, also $n \neq 1$. Da $\frac{m \cdot m}{n \cdot n}$ bereits gekürzt und $n \cdot n \neq 1$ ist, ist $\frac{m \cdot m}{n \cdot n}$ nicht gleich der natürlichen Zahl 18. Also ist $\sqrt{18}$ keine rationale Zahl.

20

8\. c) $\frac{m}{n} = \sqrt{1\,000}$, also $\frac{m \cdot m}{n \cdot n} = 1\,000$. Da $\sqrt{1\,000}$ zwischen 31 und 32 liegt, ist $\frac{m}{n}$ keine natürliche Zahl, also $n \neq 1$. Da $\frac{m \cdot m}{n \cdot n}$ bereits gekürzt und $n \cdot n \neq 1$ ist, ist $\frac{m \cdot m}{n \cdot n}$ nicht gleich der natürlichen Zahl 1 000. Also ist $\sqrt{1\,000}$ keine rationale Zahl.

d) $\frac{m}{n} = \sqrt{\frac{1}{6}}$, also $\frac{m \cdot m}{n \cdot n} = \frac{1}{6}$. Da $\sqrt{\frac{1}{6}}$ zwischen $\sqrt{\frac{1}{9}} = \frac{1}{3}$ und $\sqrt{\frac{1}{4}} = \frac{1}{2}$ liegt, ist $\frac{m}{n}$ keine natürliche Zahl, also $n \neq 1$. Da $\frac{m \cdot m}{n \cdot n}$ bereits gekürzt ist, müsste $n \cdot n = 6$ sein. Es gibt aber keine natürliche Zahl, dessen Quadrat gleich 6 ist. Also ist $\sqrt{\frac{1}{6}}$ keine rationale Zahl.

e) $\frac{m}{n} = \sqrt{0{,}2} = \frac{1}{5}$, also $\frac{m \cdot m}{n \cdot n} = \frac{1}{5}$. Da $\sqrt{\frac{1}{5}}$ zwischen $\sqrt{\frac{1}{9}} = \frac{1}{3}$ und $\sqrt{\frac{1}{4}} = \frac{1}{2}$ liegt, ist $\frac{m}{n}$ keine natürliche Zahl, also $n \neq 1$. Da $\frac{m \cdot m}{n \cdot n}$ bereits gekürzt ist, müsste $n \cdot n = 5$ sein. Es gibt aber keine natürliche Zahl, dessen Quadrat gleich 5 ist. Also ist $\sqrt{\frac{1}{5}}$ keine rationale Zahl.

9\. Die Zahl $10\,n^2$ endet mit einer Null, also müsste die Zahl m^2 auch mit einer Null enden.
Da m^2 das Quadrat einer Zahl ist, muss sie dann aber auf 0 oder 2 oder 4 oder 6 oder … Nullen enden. Die Zahl $10\,n^2$ endet aber auf 1 oder 3 oder 5 oder … Nullen.

10\. a) $\left(\frac{52\,378\,280}{37\,037\,037}\right)^2 = \left(\sqrt{2}\right)^2 = 2$

$52\,378\,280^2 = 2 \cdot 37\,037\,037^2$

Das Quadrat von 52 378 280 hat die Endziffer 0. Das Quadrat von 37 037 037 hat die Endziffer 9. Das Produkt aus 2 und 37 037 037 hat die Endziffer 4. Die Endziffern auf der linken Seite und der rechten Seite der Gleichung sind also verschieden. Der Bruch ist also nicht genau gleich $\sqrt{2}$.

b)

Endziffer von	
m	m^2
0	0
1	1
2	4
3	9
4	6
5	5
6	6
7	9
8	4
9	1

Endziffer von		
n	n^2	$2\,n^2$
0	0	0
1	1	2
2	4	8
3	9	8
4	6	2
5	5	0
6	6	2
7	9	8
8	4	8
9	1	2

Wegen $n \neq 0$ sind die Endziffern nie gleich. $\sqrt{2}$ ist also irrational.

20 *Das kann ich noch!*

1)

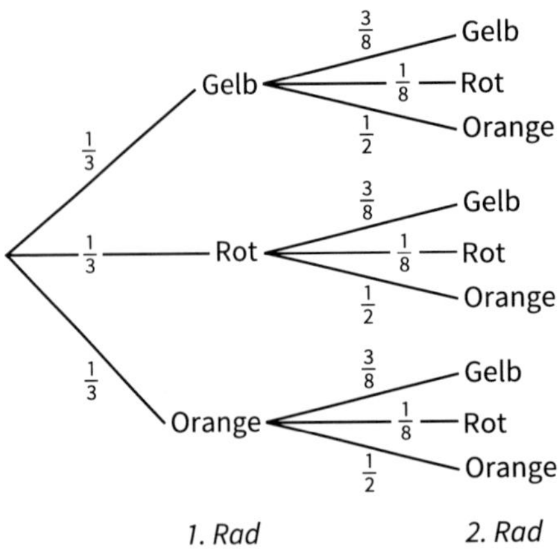

2) Drei mögliche Gewinne: (Rot | Rot), (Gelb | Gelb), (Orange | Orange), also:
P (Gewinn) = P (Rot | Rot) + P (Gelb | Gelb) + P (Orange | Orange)

$$= \frac{1}{3}\cdot\frac{1}{8} + \frac{1}{3}\cdot\frac{3}{8} + \frac{1}{3}\cdot\frac{1}{2}$$

$$= \frac{1}{24} + \frac{1}{8} + \frac{1}{6} = \frac{1}{3}$$

1.3 Reelle Zahlen

21 **Einstieg:**

Das Quadrat wird in vier gleich große rechtwinklige Dreiecke mit den Schenkellängen $r = 3\,\text{cm}$ zerlegt.
Der Flächeninhalt eines Dreiecks ist also $A_D = \frac{1}{2}\cdot 3\,\text{cm}\cdot 3\,\text{cm} = 4{,}5\,\text{cm}^2$.
Der Flächeninhalt des Quadrats beträgt dann $4\cdot 4{,}5\,\text{cm}^2 = 18\,\text{cm}^2$.
Die Seitenlänge des Quadrats ist also $\sqrt{18}$ cm. Es schneidet die Koordinatenachsen in einem Abstand von $\frac{1}{2}\cdot\sqrt{18}$ cm vom Koordinatenursprung.

22 **2. a)** Man erhält durch Bildung des arithmetischen Mittels der Zahlen immer wieder eine rationale Zahl, die zwischen beiden liegt. Man erhält so unendlich viele rationale Zahlen.

b) Wie in a) findet man immer wieder eine rationale Zahl, die noch näher an 1 liegt. Daher ist die Angabe einer rationalen Zahl, die direkt auf 1 folgt, nicht möglich.

3. *Behauptung:* Das Produkt zu $n\cdot\sqrt{2}$ ist für alle natürlichen Zahlen ungleich 0 wieder eine irrationale Zahl. (Man erhält so schon unendlich viele irrationale Zahlen.)
Beweis: Wäre $n\cdot\sqrt{2}$ rational, dann wäre $(n\cdot\sqrt{2}):n$ auch rational, da Dividend und Divisor rational sind.
$(n\cdot\sqrt{2}):n = \sqrt{2}$ ist aber irrational, also ist auch $n\cdot\sqrt{2}$ irrational.
Daher gibt es unendlich viele irrationale Zahlen.

22

4. $\sqrt{2}$ wird wie in Aufgabe 1 auf Seite 21 des Schülerbandes konstruiert. Für $5 \cdot \sqrt{2}$ wird mithilfe des Zirkels diese Strecke dann noch viermal daran abgetragen. Für $\frac{1}{2} \cdot \sqrt{2}$ wird mithilfe des Zirkels und des Lineals die Strecke $\sqrt{2}$ halbiert. (Um die beiden Endpunkte der Strecke für $\sqrt{2}$ jeweils einen Kreis konstruieren und die beiden Schnittpunkte der Kreise verbinden. Die so entstandene Strecke (Mittelsenkrechte) halbiert die Strecke für $\sqrt{2}$.)

5. **a)** Jedes der vier rechtwinkligen zueinander kongruenten Dreiecke hat den Flächeninhalt $\frac{1}{2} \cdot 5 \cdot 5 = 12{,}5$. Der gesamte Flächeninhalt der Figur ist $4 \cdot 12{,}5 = 50$. Da es sich um ein Quadrat handelt, ist eine Seitenlänge $\sqrt{50}$.

b) $8 = 4 \cdot 2$

$\frac{1}{2} \cdot 2 \cdot 2 = 2$

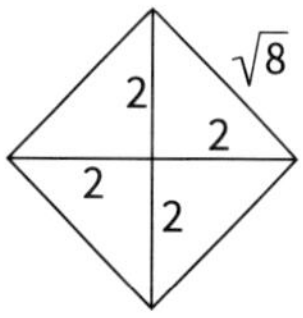

c) *Beispiele:*

$\sqrt{72}$, denn $72 = 4 \cdot 18$ und $18 = \frac{1}{2} \cdot 6 \cdot 6$

(Quadrat mit den Diagonalenlängen $2 \cdot 6 = 12$).

$\sqrt{32}$, denn $32 = 4 \cdot 8$ und $8 = \frac{1}{2} \cdot 4 \cdot 4$

(Quadrat mit den Diagonalenlängen $2 \cdot 4 = 8$).

$\sqrt{98}$, denn $98 = 4 \cdot 24{,}5$ und $24{,}5 = \frac{1}{2} \cdot 7 \cdot 7$

(Quadrat mit den Diagonalenlängen $2 \cdot 7 = 14$).

d) $14 = 4 \cdot 3{,}5$; Die Quadratwurzel aus der Maßzahl des doppelten Flächeninhalts des rechtwinkligen Dreiecks muss rational sein. Das ist hier nicht der Fall $(2 \cdot 3{,}5 = 7)$.

6. Der Flächeninhalt des Quadrats ist $\sqrt{A} \cdot \sqrt{A} = A$ (Definition der Wurzel).
Das Quadrat mit der Seitenlänge x
(Diagonalenlänge des kleinen Quadrates) hat einen doppelt so großen Flächeninhalt wie das kleine Quadrat.
Also: $x^2 = 2\,a^2$.
Nach Definition der Wurzel ist dann: $x = \sqrt{2\,a^2}$.

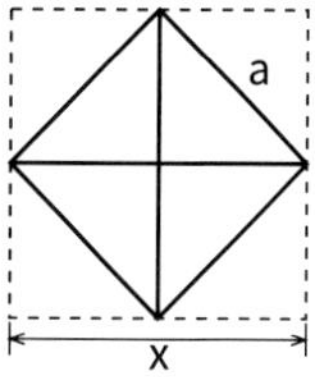

7. **(1)** $0{,}1223334444\overline{5}$ oder $0{,}12233344445\overline{6}$ oder $0{,}\overline{12233344445}$
Der Dezimalbruch ist periodisch und deshalb als Bruch darstellbar.

(2) 0,1223334444555556… (6 Sechsen, dann 7 Sieben, dann 8 Achten usw.)
oder 0,12233344445655655556…
0,12233344445755755557…
Die so konstruierten Dezimalbrüche sind nicht periodisch und daher irrational.

22 8. (1) Es folgen nur Einsen; rationale Zahl
(2) Es folgen 188881888881 usw.; irrationale Zahl
(3) Es folgen 818181…; rationale Zahl
(4) Es folgen 474849410411 usw.; irrationale Zahl
(5) Es folgen 1521521521 usw.; rationale Zahl
(6) Es folgen 51525152 usw.; rationale Zahl

9. a) Durch Bildung des arithmetischen Mittels erhält man unendlich viele Zahlen dazwischen (siehe Weiterführende Aufgabe 2).
b) Zum Beispiel: $\frac{1}{3}=\frac{2}{6}$; $\frac{2}{3}=\frac{4}{6}$; $\frac{3}{6}=\frac{1}{2}$ liegt zwischen $\frac{2}{6}$ und $\frac{4}{6}$, also auch zwischen $\frac{1}{3}$ und $\frac{2}{3}$.

10. *Behauptung:* Das Produkt zu $n \cdot \sqrt{3}$ ist für alle natürlichen Zahlen ungleich 0 wieder eine irrationale Zahl. Dann sind alle Vielfachen von $\sqrt{3}$ irrational.
Beweis: Wir zeigen, dass $n \cdot \sqrt{3}$ nicht rational ist und daher irrational sein muss. Wäre $n \cdot \sqrt{3}$ rational, dann wäre $(n \cdot \sqrt{3}) : n$ auch rational, da Dividend und Divisor rational sind. $(n \cdot \sqrt{3}) : n = \sqrt{3}$ ist aber irrational, also ist $n \cdot \sqrt{3}$ irrational. Daher sind alle Vielfachen von $\sqrt{3}$ irrational.

11. $\sqrt{2}$ wird wie in Aufgabe 1 auf Seite 21 des Schülerbandes konstruiert. Das Quadrat mit der Seitenlänge $\sqrt{2}$ cm hat den Flächeninhalt 2 cm². Teilt man das Quadrat in vier gleich große Quadrate, so hat ein kleineres Quadrat den Flächeninhalt 0,5 cm², also die Seitenlänge $\sqrt{0{,}5}$ cm. Daher liegt $\sqrt{0{,}5}$ genau in der Mitte zwischen 0 und $\sqrt{2}$.

3.7 Vergleich der Zahlenbereiche $\mathbb{N}$, $\mathbb{Q}_+$, $\mathbb{Q}$ und $\mathbb{R}$

23 **Einstieg:** Keine Lösungen

24 1.

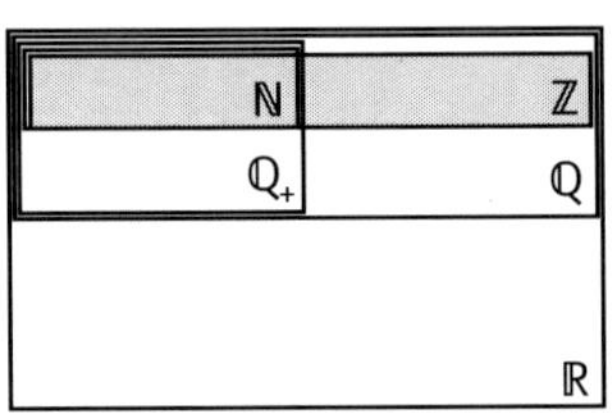

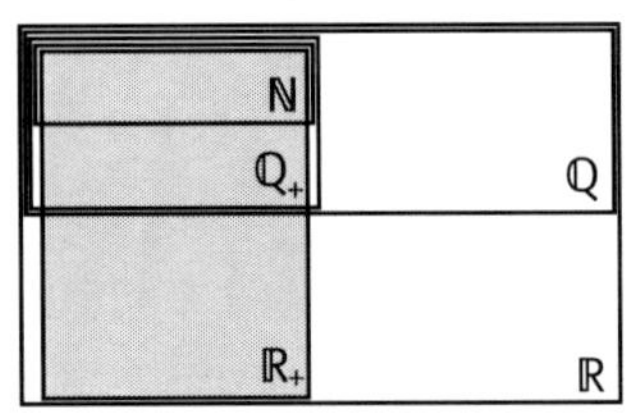

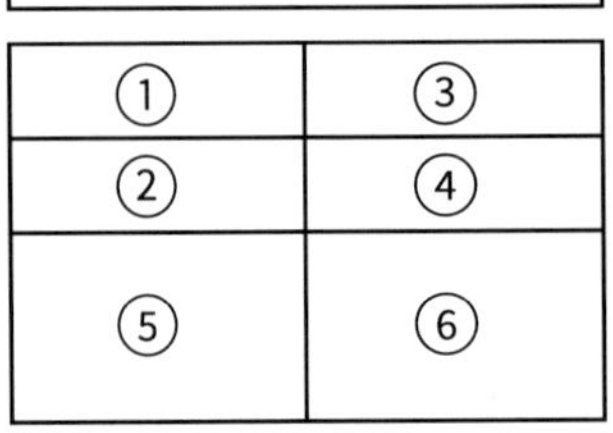

Gebiet 1:
natürliche Zahlen, z. B. 1; 2; 10

24

1. Fortsetzung
Gebiet 2:
nicht negative rationale Zahlen, die sich nicht als natürliche Zahlen schreiben lassen, z. B. $\frac{1}{2}$; $\frac{7}{3}$; $\frac{8}{5}$
Gebiet 3:
negative ganze Zahlen; z. B. -2; -3; -10
Gebiet 4:
negative rationale Zahlen, die sich nicht als ganze Zahlen schreiben lassen, z. B. $-\frac{1}{2}$; $-\frac{7}{3}$; $-\frac{8}{5}$
Gebiet 5:
positive irrationale Zahlen, z. B. $\sqrt{2}$; $\sqrt{3}$; $\sqrt{10}$
Gebiet 6:
negative irrationale Zahlen, z. B. $-\sqrt{2}$; $-\sqrt{3}$; $-\sqrt{10}$

2. a) $c = 0$ folgt sofort.

$c > 0$:

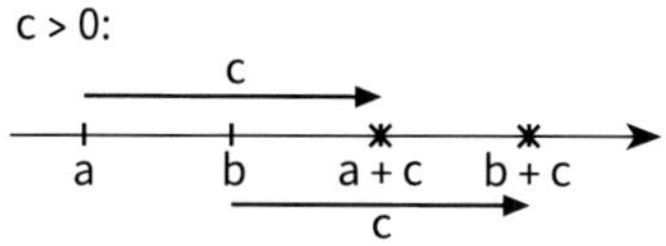

$c < 0$:

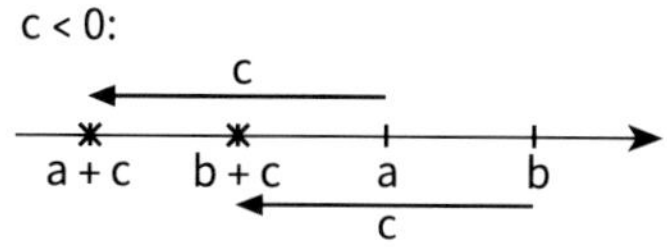

b) $a > 0$

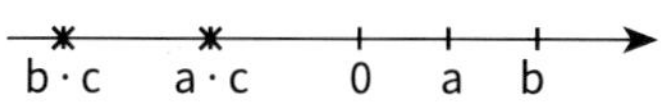

$a = 0$

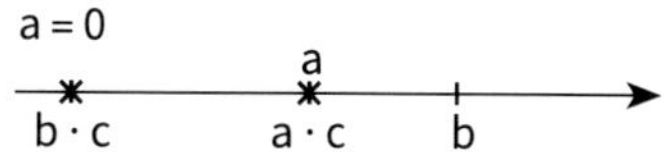

$a < 0$; $b \geq 0$

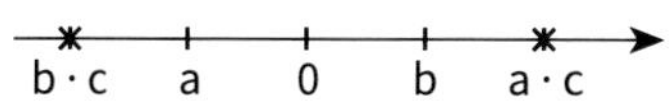

$a < 0$; $b < 0$

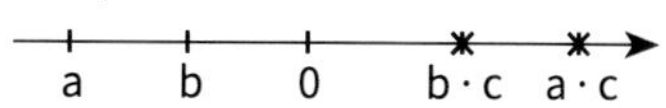

3. a) 3,5253
b) Ja. Man bildet die Differenz der ersten i Dezimalstellen beider Zahlen. i muss so gewählt werden, dass diese Differenz d größer null ist. Da beide Zahlen verschieden sein sollen, ist ihre Differenz größer null und es muss folglich ein solches i geben. Man teilt die Differenz durch 2 und addiert das Ergebnis zu der Zahl, die entsteht, wenn man von der kleineren Zahl nur die ersten i Ziffern nimmt. Es entsteht eine rationale Zahl, die zwischen den beiden reellen Zahlen liegt. Teilt man die Differenz d statt durch 2 durch $\sqrt{2}$ und addiert das Ergebnis zu den ersten i Ziffern der kleineren Zahl, erhält man eine irrationale Zahl, die zwischen beiden reellen Zahlen liegt.

4. Sei $a > 0$ eine irrationale Zahl und der Kehrwert $\frac{1}{a}$ eine rationale Zahl. Dann müsste $\frac{1}{a} = \frac{m}{n}$ mit $m \in \mathbb{R}$ und $n \in \mathbb{R}$ gelten. Dann wäre $a = \frac{n}{m}$ eine rationale Zahl. Das ist aber falsch. Daher ist die Annahme falsch und $\frac{1}{a}$ muss irrational sein. Für $a < 0$ geht der Beweis analog.

24

5. a) Wäre $\sqrt{\sqrt{2}}$ rational, dann müsste $\sqrt{\sqrt{2}} = \frac{m}{n}$ mit $m \in \mathbb{R}$ und $n \in \mathbb{R}$ gelten.
Also wäre $\sqrt{2} = \frac{m^2}{n^2}$ eine rationale Zahl. Das ist falsch.
Daher ist die Annahme falsch und $\sqrt{\sqrt{2}}$ muss irrational sein.
b) Wäre $\sqrt{a}$ rational, dann müsste $\sqrt{a} = \frac{m}{n}$ mit $m \in \mathbb{R}$ und $n \in \mathbb{R}$ gelten.
Also wäre $a = \frac{m^2}{n^2}$ eine rationale Zahl. Das ist falsch. Daher ist die Annahme falsch und $\sqrt{a}$ muss irrational sein.

6. a) Wäre $a + b$ eine rationale Zahl q, dann wäre auch die Differenz $q - b$ rational als Differenz zweier Brüche. Diese Differenz ist aber auch die Zahl a, die aber irrational sein sollte.
Also kann $a + b$ keine rationale Zahl sein.
b) (1) Diese Aussage ist falsch; setze z. B. $a = \sqrt{2}$ und $b = -\sqrt{2}$. Oder setze wie in (2) $a = 0{,}121221222\ldots$ und $b = 0{,}878778777\ldots$
(2) Diese Aussage ist falsch; setze z. B.
$a = 0{,}121221222\ldots$ und $b = 0{,}878778777\ldots$
$a + b$ ist rational (nämlich 1); a und b sind aber beide irrational.
Oder setze wie in (1) $a = \sqrt{2}$; $b = -\sqrt{2}$.
(3) Diese Aussage ist wahr.

Auf den Punkt gebracht: Rechnen mit Näherungswerten

25

1. a) a und b liegen auf der Zahlengeraden auf jeden Fall in den angegebenen Intervallen.
b) Die Summe $a + b$ ist auf jeden Fall größer als die Summe der linken Intervallgrenzen $0{,}408 + 0{,}2931 = 0{,}7011$ und kleiner als die Summe der rechten Intervallgrenzen $0{,}409 + 0{,}2932 = 0{,}7022$. Es ergibt sich $a + b = 0{,}70\ldots$
Zwei Dezimalstellen sind gesichert.
c) Dem Produkt $a \cdot b$ entspricht der Flächeninhalt des entsprechenden Rechtecks. Dieser Flächeninhalt ist in jedem Fall größer [kleiner] als der Flächeninhalt, wenn man als Seitenlänge die untere [obere] Intervallgrenze nimmt. Das Produkt $a \cdot b$ liegt demnach zwischen 0,1195848 und 0,1199188. Es ergibt sich: $a \cdot b = 0{,}119\ldots.$ Drei Dezimalstellen sind gesichert.
d) Für die Differenz $a - b$ gilt dasselbe wie für die Summe in Teilaufgabe b).
Linke Intervallgrenze: $0{,}408 - 0{,}2931 = 0{,}1149$, rechte Intervallgrenze: $0{,}409 - 0{,}2932 = 0{,}1158$ d. h. $0{,}1149 \le a - b \le 0{,}1158$, $a - b = 0{,}11\ldots$
Zwei Dezimalstellen sind gesichert.
e) Der kleinste Quotient ergibt sich falls a so klein wie möglich und b so groß wie möglich ist. Die linke Intervallgrenze für a bzw. b ist deshalb 0,409 bzw. 0,2931. Analog gilt für die rechte Intervallgrenze 0,409 bzw. 0,2931.
Zwei Dezimalstellen sind gesichert: a bzw. b = 1,39…

2. 32,65 cm < a < 32,74 cm; 18,85 cm < b < 18,94 cm
   (1) a) 103 cm < 2·(a + b) < 103,36 cm
   b) $615{,}4525\,\text{cm}^2 < a \cdot b < 620{,}0956\,\text{m}^2$
   c) 1,72386483633 < a : b < 1,73687002653
   (2) 29,65 cm < a < 29,74 cm; 20,95 cm < b < 21,04 cm
   a) 101,2 cm < 2·(a + b) < 101,56 cm
   b) $621{,}1675\,\text{cm}^2 < a \cdot b < 625{,}7296\,\text{cm}^2$
   c) 1,40922053232 < a : b < 1,41957040573

3. Angabe der Werte für die jeweiligen Kantenlängen
   46,5 cm < a < 47,4 cm; 29,5 cm < b < 30,4 cm, 18,5 cm < c < 19,4 cm
   a) Für das Volumen gilt: $V = a \cdot b \cdot c$
   46,5 cm · 29,5 cm · 18,5 cm < V < 47,4 cm · 30,4 cm · 19,4 cm
   $25\,377{,}375\,\text{cm}^3 < V < 27\,954{,}624\,\text{cm}^3$
   $25{,}377375\,\text{dm}^3 < V < 27{,}954624\,\text{dm}^3$
   b) Für den Oberflächeninhalt gilt: $O = 2ab + 2ac + 2bc$
   $5\,555{,}5\,\text{cm}^2 < O < 5\,900{,}56\,\text{cm}^2$
   $55{,}555\,\text{dm}^2 < O < 59{,}0056\,\text{dm}^2$
   c) Für die Kantenlänge k gilt $k = 4a + 4b + 4c$
   378 cm < k < 388,8 cm
   37,8 dm < k < 38,88 dm

Im Blickpunkt: Wie viele rationale und irrationale Zahlen gibt es?

26 1. a) Nein, für eine rationale Zahl kann man keine nächst größere rationale Zahl angeben, denn zwischen zwei beliebigen rationalen Zahlen a und b liegt immer die rationale Zahl $\frac{a+b}{2}$.
   b) (1) Da sich jede rationale Zahl als gekürzten Bruch $\frac{m}{n}$ mit m, $n \in \mathbb{Z}$ darstellen lässt, findet sich diese Zahl in Spalte 2m − 1 bzw. 2m und Zeile n im Zahlenschema.
   (2) –
27 (3) Da man zwischen zwei aufeinanderfolgenden natürlichen Zahlen unendlich viele rationale Zahlen finden kann, liegt die Vermutung nahe, dass es mehr rationale als natürliche Zahlen gibt. Die Vermutung ist aber nicht richtig, da man mit dem Cantor'schen Diagonalverfahren beide Zahlmengen umkehrbar eindeutig einander zuordnen kann.

2. a) (1) So klein die Intervalle auch werden, sie decken trotzdem die dazugehörende rationale Zahl ab. Da für jede rationale Zahl ein Intervall eingetragen wird, werden folglich alle rationalen Zahlen abgedeckt. Die Intervalle überschneiden sich teilweise. Z. B. das Intervall um 0 von $-\frac{1}{2}$ bis $+\frac{1}{2}$ beinhaltet $\frac{1}{3}$ und überschneidet sich folglich mit dem Intervall, welches $\frac{1}{3}$ abdeckt.

27 2. a) (2) Die Länge aller Intervalle zusammen ergibt sich aus der Konstruktionsvorschrift $L = 1,\overline{1}$ dm. Dass alle rationalen Zahlen erfasst werden, folgt aus Aufgabe 2 a) (1).

b) $0,\overline{1}$ dm

c) Die rationalen Zahlen nehmen im Vergleich zu den irrationalen Zahlen nur einen sehr kleinen Anteil ein.

1.5 Beschreiben von Näherungsverfahren mit Folgen

28 **Einstieg:**

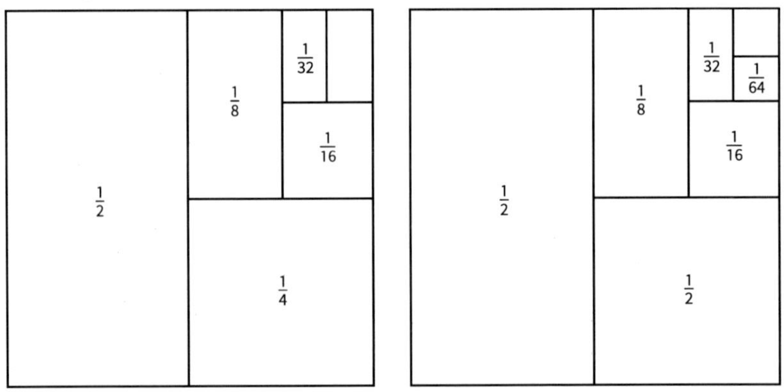

Summe 1: $\frac{1}{2}$

Summe 2: $\frac{1}{2}+\frac{1}{4}=\frac{3}{4}$

Summe 3: $\frac{1}{2}+\frac{1}{4}+\frac{1}{8}=\frac{7}{8}$

Summe 4: $\frac{1}{2}+\frac{1}{4}+\frac{1}{8}+\frac{1}{16}=\frac{15}{16}$

Summe 5: $\frac{1}{2}+\frac{1}{4}+\frac{1}{8}+\frac{1}{16}+\frac{1}{32}=\frac{31}{32}$

Summe 6: $\frac{1}{2}+\frac{1}{4}+\frac{1}{8}+\frac{1}{16}+\frac{1}{32}+\frac{1}{64}=\frac{63}{64}$

Die Summen kommen der 1 immer näher. Im Unendlichen erreichen sie die 1.

30 1. a) $z(1) = 0,1$; $z(2) = 0,19$; $z(3) = 0,199$; $z(4) = 0,1999$; $z(5) = 0,19999$; $z(6) = 0,199999$; $z(7) = 0,1999999$; $z(8) = 0,19999999$; $z(9) = 0,199999999$; $z(10) = 0,1999999999$

b) Man erhält die Zahl $0,1\overline{9} = 0,2$.

2. a) 0,8 b) 0,1 c) 1,24 d) $-0,091$

31

3. Beginn bei n = 1

a)

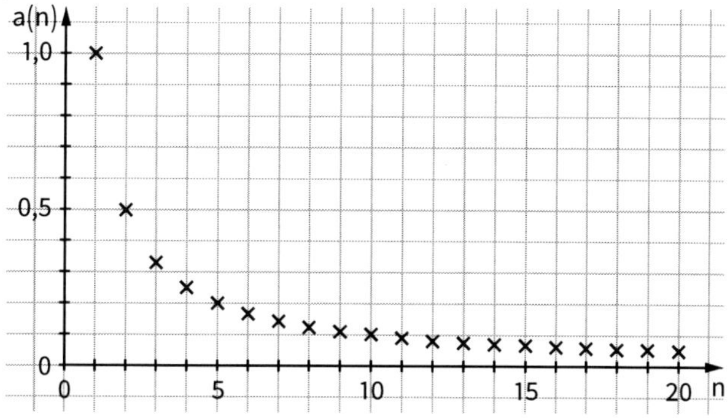

b) Beginn bei n = 0

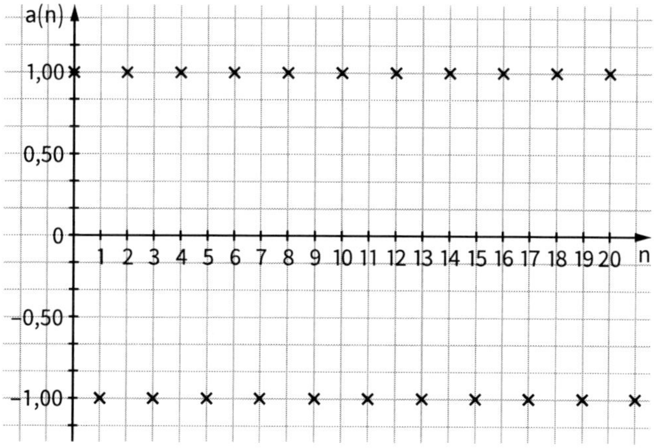

c) Beginn bei n = 0

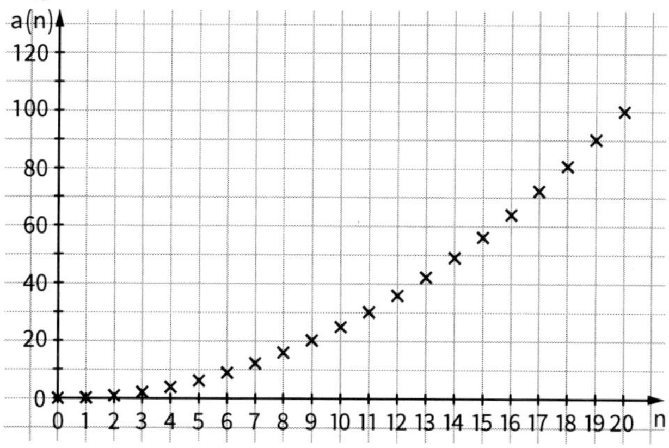

31

3. d) Beginn bei n = 1

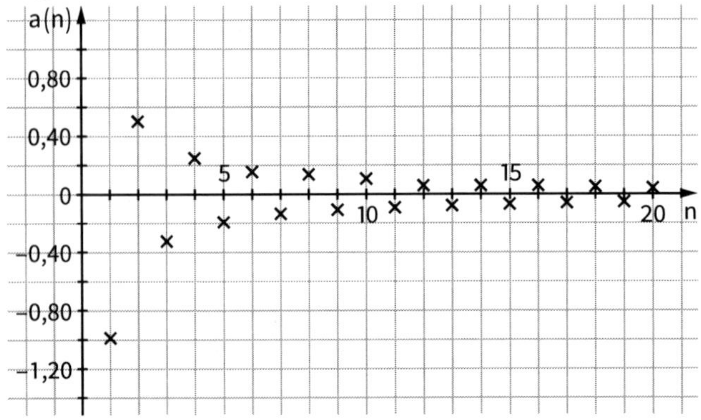

4. a) 3; 4; 5; 6; 7; 8
b) 1; −2; 4; −8; 16; −32
c) 2; 4; 10; 28; 82; 244
d) 10; 6; 4; 3; 2,5; 2,25
e) 3; −1; 3; −1; 3; −1
f) 1; 3; 7; 17; 41; 99

5. a)

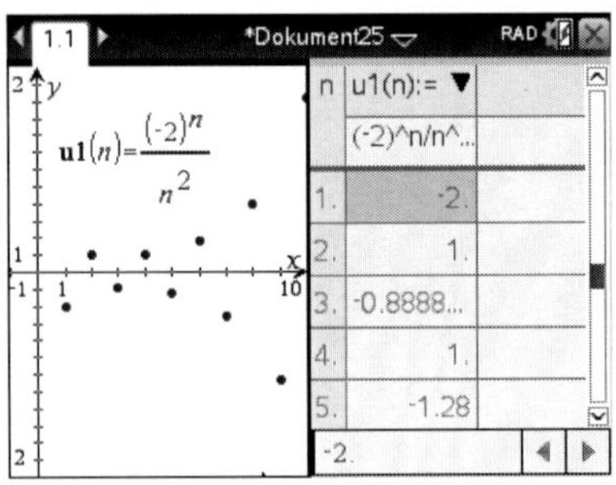

b)

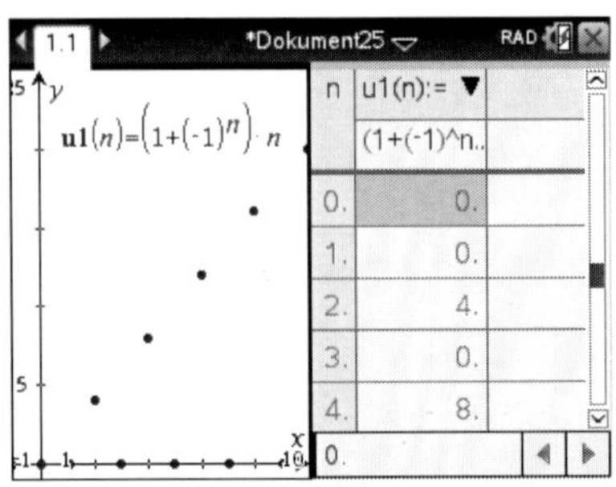

c)

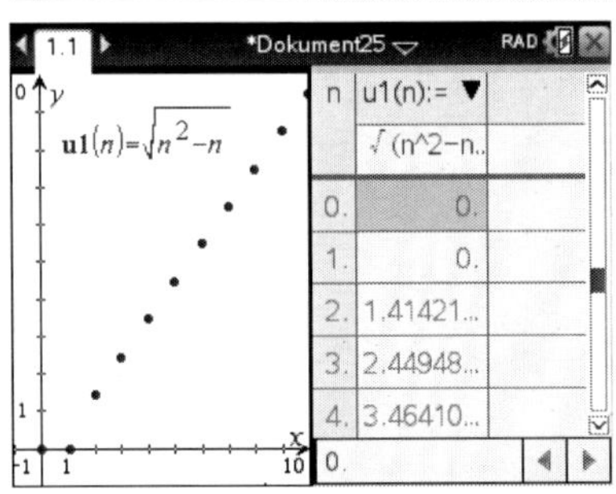

31

5. d)

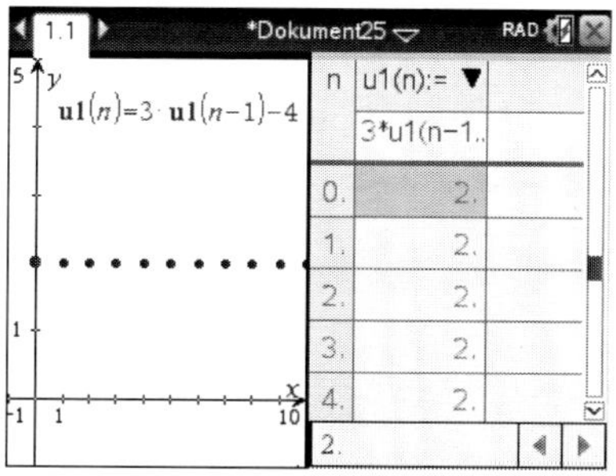

e)

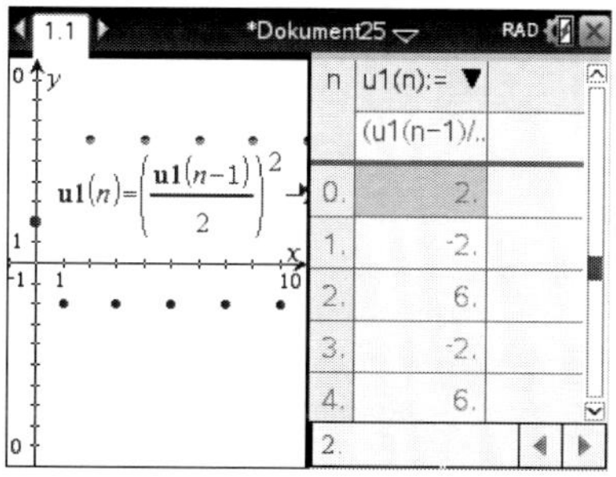

f)

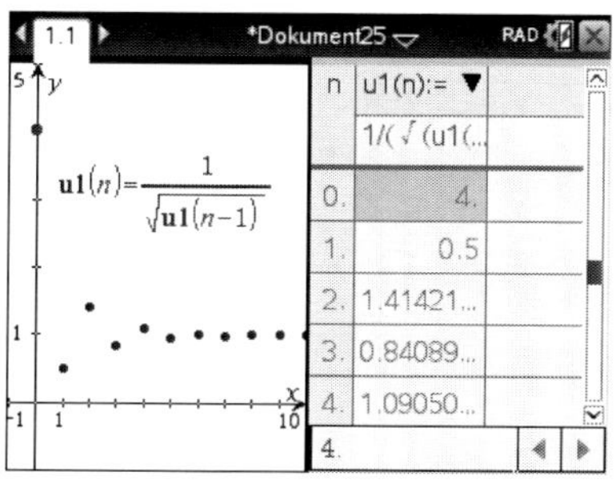

6. Der Beginn der Folgen ist hier bei n = 1.

a) explizit: $a(n) = -\frac{1}{n+1}$

rekursiv: $a(n) = \frac{1}{\frac{1}{a(n-1)} - 1}$; $a(1) = -\frac{1}{2}$

b) explizit: $a(n) = n^3$

rekursiv: $a(n) = \left(\sqrt[3]{a(n-1)} + 1\right)^3$; $a(1) = 1$

c) explizit: $a(n) = 2^n - 1$

rekursiv: $a(n) = 2 \cdot a(n-1) + 1$; $a(0) = 1$

d) explizit: $a(n) = (-1)^{n+1} \cdot n$

rekursiv: $a(n) = -a(n-1) + (-1)^{a(n-1)}$; $a(1) = 1$

e) explizit: $a(n) = 16 \cdot \left(-\frac{1}{2}\right)^{n-1}$

rekursiv: $a(n) = -\frac{1}{2} a(n-1)$; $a(1) = 16$

f) explizit: $a(n) = -3 - 8 \cdot (n-1)$

rekursiv: $a(n) = a(n-1) - 8$; $a(1) = -3$

31

7. a) Summe 1: $\frac{1}{4}$

Summe 2: $\frac{1}{4}+\frac{1}{16}=\frac{5}{16}$

Summe 3: $\frac{1}{4}+\frac{1}{16}+\frac{1}{64}=\frac{21}{64}$

Summe 4: $\frac{1}{4}+\frac{1}{16}+\frac{1}{64}+\frac{1}{256}=\frac{85}{256}$

Summe 5: $\frac{341}{1024}$

Summe 6: $\frac{1365}{4096}$

b) Der Grenzwert ist $\frac{1}{3}$.

8. Für das Seil ergeben sich folgende Stützstellen:

x	−5	−4	−3	−2	−1	0	1	2	3	4	5
y	2,5	1,6	0,9	0,4	0,1	0	0,1	0,4	0,9	1,6	2,5

Die einzelnen Längen werden mithilfe des Satzes des Pythagoras berechnet, wie in der Skizze veranschaulicht wird. Da die Funktion achsensymmetrisch ist, reicht es aus die Längen im Intervall $0 \leq x \leq 5$ zu addieren und anschließend zu verdoppeln.

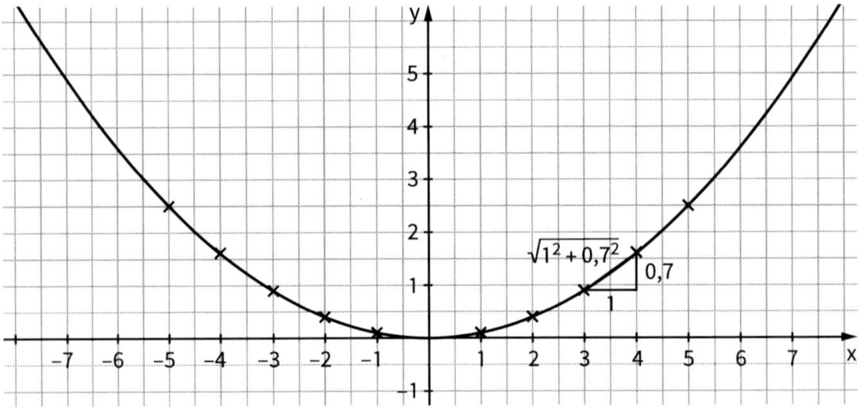

Seillänge:

$2\cdot\left(\sqrt{1{,}01}\,\text{m}+\sqrt{1{,}09}\,\text{m}+\sqrt{1{,}25}\,\text{m}+\sqrt{1{,}49}\,\text{m}+\sqrt{1{,}81}\,\text{m}\right)\approx 11{,}47\,\text{m}$

Das kann ich noch!

A) 1) $L=\{(3\mid-1)\}$ 2) $L=\{(-2\mid-3)\}$ 3) $L=\{(x\mid y)\mid y=-4x+2\}$

1.6 Grenzwert einer Folge

32

Einstieg

Die Folge hat einen Grenzwert, wenn $|m|<1$. Dann ist der Grenzwert $g=\frac{1}{1-m}$

Für $m=-1$ ist die Folge 1, 0, 1, 0, 1, 0, …

Für alle anderen m besitzt die Folge keinen Grenzwert.

34

3. a)

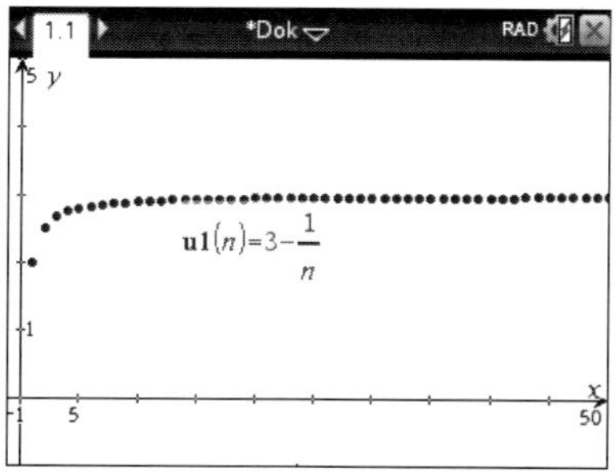

Grenzwert: 3; n = 1 000 001

b)

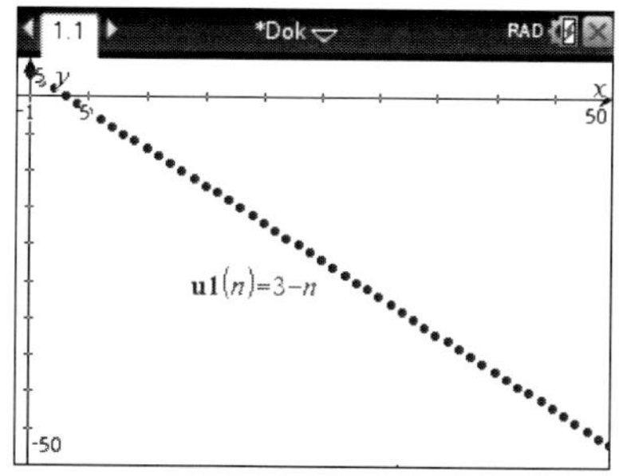

kein Grenzwert

c)

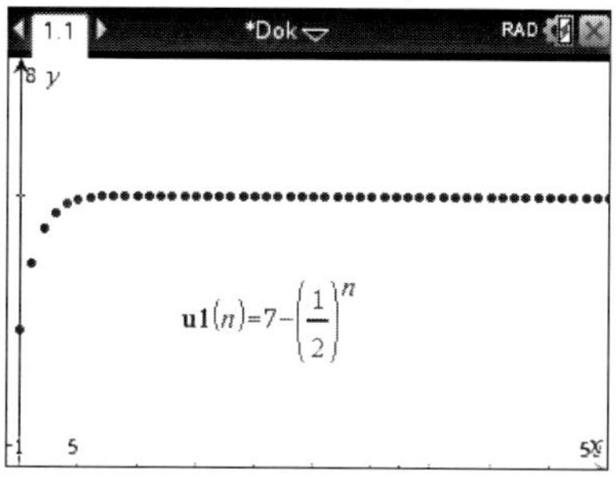

Grenzwert: 7; n = 20

d)

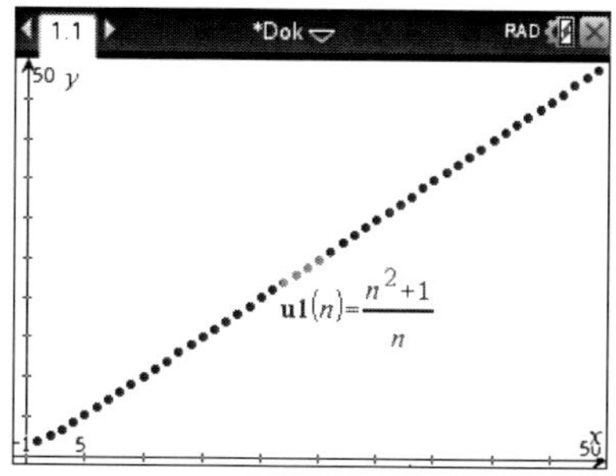

kein Grenzwert

e)

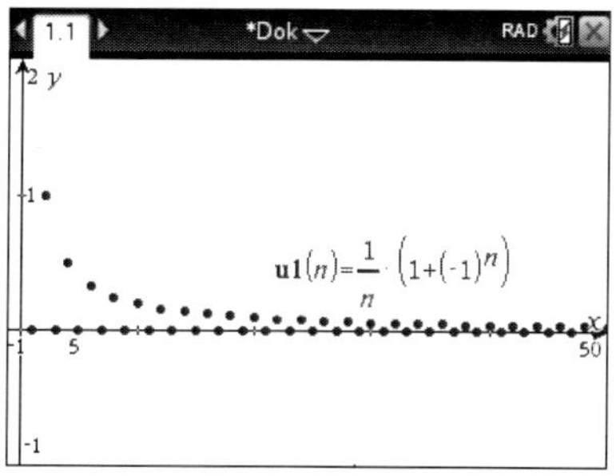

Grenzwert: 0; n = 2 000 001

f)

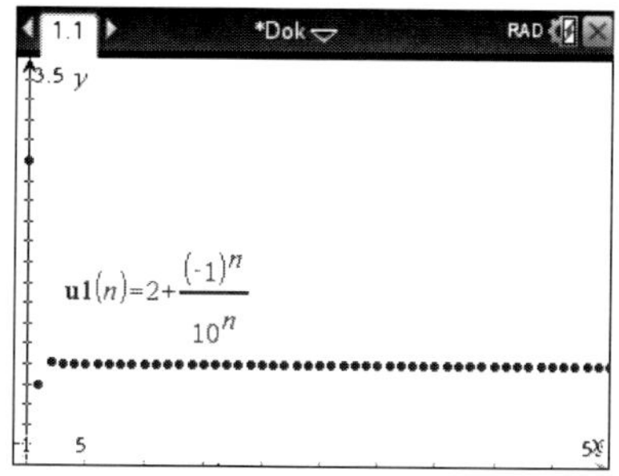

Grenzwert: 2; n = 8

g)

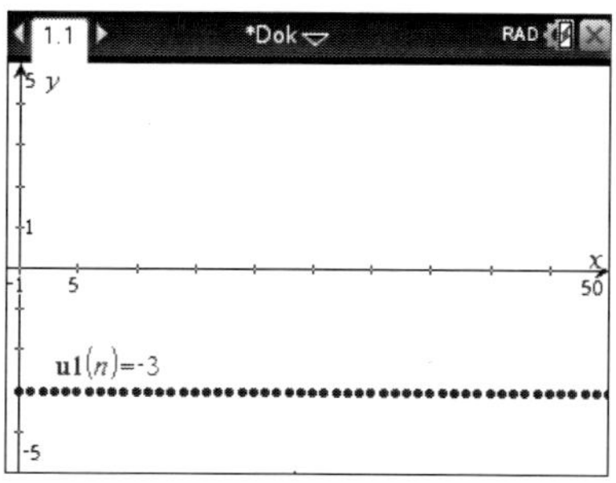

Grenzwert: 3; n = 1

h)

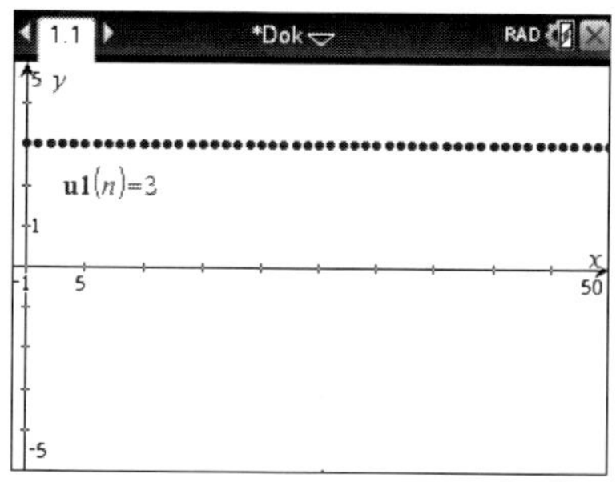

Grenzwert: − 3; n = 1

4. a) 1
b) 7
c) 0
d) − 8
e) 0
f) 0
g) 0
h) 2

34

5. Die erste Aussage ist falsch, da eine Folge höchstens einen Grenzwert hat.
Die zweite Aussage ist falsch. Der Grenzwert der Folge ist 2.
Die dritte Aussage ist richtig.
Die vierte Aussage ist falsch. Der Grenzwert ist 0.

35

6. a) Der Bruch wird in seine Summanden aufgeteilt und dann wird gekürzt. Anschließend steht nur noch $3+\frac{1}{n^2}$ da, wobei der Bruch $\frac{1}{n^2}$ für $n \to \infty$ gegen 0 geht und die 3 konstant bleibt.

b) (1) $\frac{5}{3}$ (3) kein Grenzwert (5) $-\frac{1}{2}$

(2) $\frac{3}{2}$ (4) 4 (6) $\frac{5}{2}$

7. a) $\frac{3}{5}$ b) $\frac{1}{3}$ c) 0 d) 0

8. Zum Beispiel $a(n) = 13$; $b(n) = \frac{13n+2}{n}$; $c(n) = \frac{26n^2+2n+8}{3n+2n^2-4}$

9. Der Flächeninhalt und der Umfang der Quadrate ist jeweils
Erstes Quadrat: $u(1) = 4+\frac{2}{3}$ $A(1) = 1-\frac{1}{9}$
Zweites Quadrat: $u(2) = 4+\frac{4}{5}$ $A(2) = 1-\frac{2}{25}$
Drittes Quadrat: $u(3) = 4+\frac{6}{7}$ $A(3) = 1-\frac{3}{49}$
Der Umfang des n-ten Quadrates wird berechnet durch: $u(n) = 4+\frac{2n}{2n+1}$.
Bei unendlicher Fortsetzung des Prozesses hat das Quadrat einen Umfang von 5 LE.
Das heißt allgemein berechnet sich der Flächeninhalt des n-ten Quadrates durch: $A(n) = 1-\frac{n}{(2n+1)^2}$. Wird dieser Prozess unendlich fortgesetzt hat das Quadrat Flächeninhalt 1 FE.

10. $a(n) = 3^{n-1}$ hat keinen Grenzwert.
$s(n) = 3^{n-1}\cdot\frac{1}{3^{n-1}} = 1$
$u(n) = 4+\frac{2(n-1)}{3}$ hat keinen Grenzwert
$f(n) = f(n-1)+\left(\frac{1}{3}\right)^n$; $f(1) = 1$ der Grenzwert dieser Folge ist $\frac{7}{6}$.
Explizit ist die Folge $f(n) = \frac{7}{6}-\frac{1}{2}\cdot\left(\frac{1}{3}\right)^n$

35 **11. a)** $l(0) = 9$; $l(1) = 12$; $l(2) = 16$; $l(3) = 21\frac{1}{3}$; $l(4) = 28\frac{4}{9}$

Das heißt, die Länge wird immer um das $\frac{4}{3}$-fache verlängert.

Also $l(n) = \frac{4}{3} l(n-1)$; $l(0) = 9$ bzw. explizit: $l(n) = 9 \cdot \left(\frac{4}{3}\right)^n$.

Diese Folge hat keinen Grenzwert.

b) $f(1) = \frac{9 \cdot \sqrt{3}}{4}$; $f(2) = \frac{13 \cdot \sqrt{3}}{4}$; $f(3) = \frac{13 \cdot \sqrt{3}}{4} + \left(\frac{4}{9}\right)^2 \cdot \frac{9 \cdot \sqrt{3}}{4} = \frac{133 \cdot \sqrt{3}}{36}$; $f(4) = 1\frac{261 \cdot \sqrt{3}}{324}$

Das heißt, zu dem Flächeninhalt wird immer $\left(\frac{4}{9}\right)^{n-1}$ des Flächeninhalts $f(1)$ dazu addiert. $f(0)$ entfällt.

Also $f(n) = f(n-1) + \left(\frac{4}{9}\right)^{n-1} \cdot \frac{9 \cdot \sqrt{3}}{4}$; $f(1) = \frac{9 \cdot \sqrt{3}}{4}$ bzw. explizit:

$f(n) = \frac{81 \cdot \sqrt{3}}{20} - \frac{81 \cdot \sqrt{3}}{20} \cdot \left(\frac{4}{9}\right)^{n+1}$.

Diese Folge hat den Grenzwert $\frac{81 \cdot \sqrt{3}}{20}$.

1.7 Grenzverhalten der Funktion f mit $f(x) = \frac{1}{x}$

36 **1. a)** $x = 10$ **b)** $x = 100$ **c)** $x = 20$ **d)** $x = 500$

2. a) Grenzwert $y = 2$

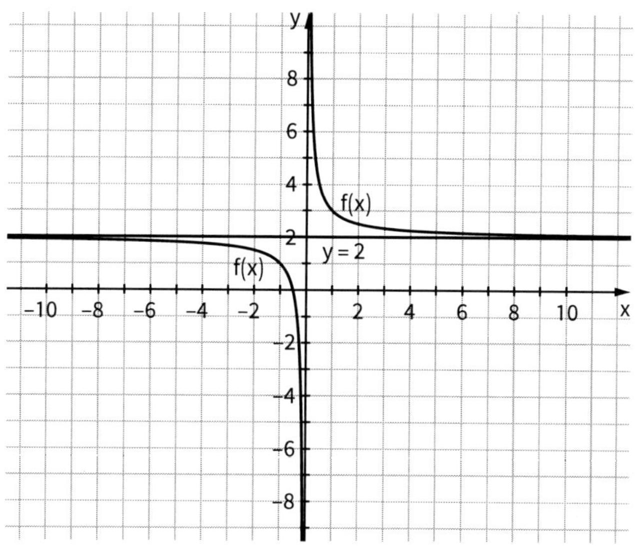

36 **2. b)** Grenzwert y = 3

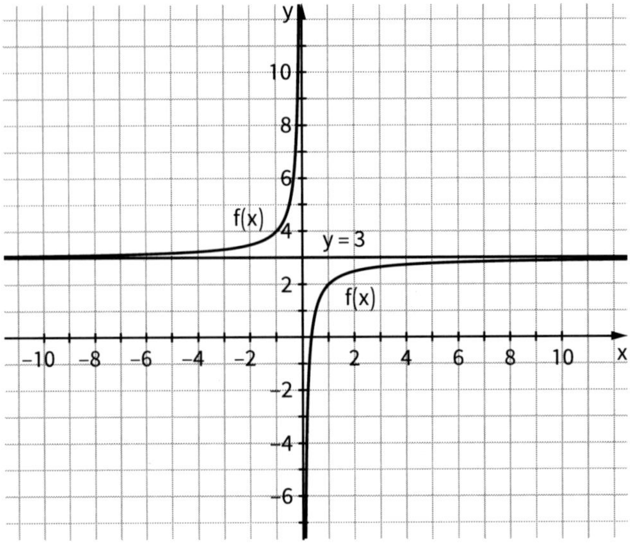

c) Grenzwert y = –4

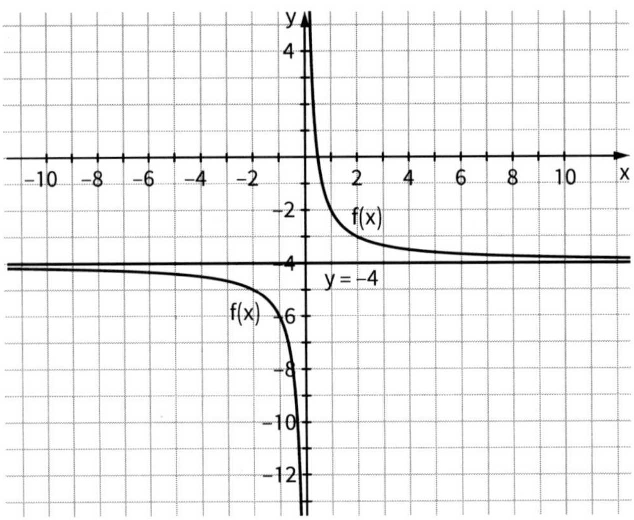

36 2. d) Grenzwert $y = 3$

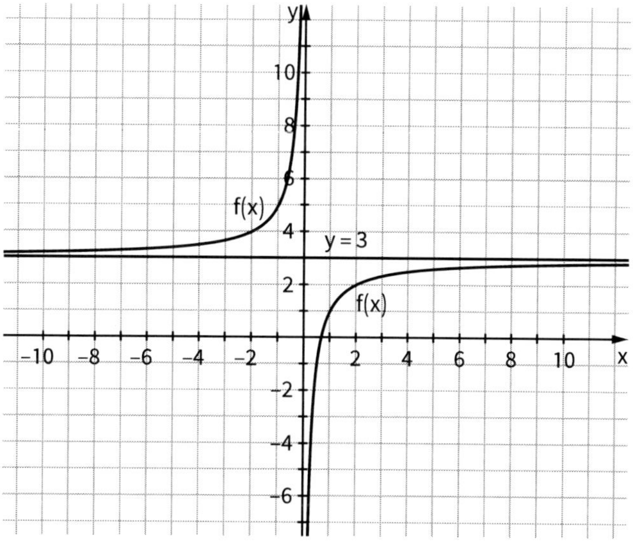

3. Die Funktionen $f(x) = a + \frac{b}{x}$ haben immer den Grenzwert a, da $\frac{b}{x}$ für beliebige reelle Zahlen b den Grenzwert 0 hat.

Im Blickpunkt: Fraktale Handy-Antenne

37 1. Jedes Quadrat wird in 9 kleinere Quadrate unterteilt; jeweils das neue Quadrat, welches die Mitte des alten Quadrates bildet, wird ausgeschnitten.

2. 1; 9; 91; … rekursiv: $a_n = a_{n-1} \cdot 9;\ a_1 = 1$
explizit: $a_n = 9^{n-1}$

3. 72; 64; $\frac{512}{9}$; $\frac{4\,096}{81}$ rekursiv: $a_n = a_{n-1} \cdot \frac{8}{9};\ a_1 = 72$
explizit: $a_n = 81 \cdot \left(\frac{8}{9}\right)^n$ für $m \geq 1$

4. 48; 80; $\frac{400}{3}$ rekursiv: $a_n = a_{n-1} + \frac{2}{3} a_{n-1};$
explizit: $a_n = 48 \cdot \left(\frac{5}{3}\right)^{n-1}$

5. Während der Flächeninhalt gegen 0 konvergiert, divergiert die Umfangsfolge. Der Umfang wird unendlich groß, wobei der Flächeninhalt immer kleiner wird.

Auf den Punkt gebracht: So gelingen Präsentationen

38 Keine Lösungen

2. Potenzen

41 **Einstiegsseite:**

→ $40\,000\,km = 40\,000\,000\,m = 4 \cdot 10^7\,m$

→ 150 Millionen $km = 150\,000\,000\,km = 15 \cdot 10^7\,km = 1{,}5 \cdot 10^8\,km$

→ $0{,}06\,nm = \frac{6}{100\,000\,000\,000}\,m = \frac{6}{10^{11}}\,m = \frac{6}{100\,000\,000}\,km = \frac{6}{10^8}\,km$

Lernfeld: Mit „… hoch …“ hoch hinaus

42 Weitgehend eigenständig entdecken die Schülerinnen und Schüler die Potenzgesetze durch zielgerichtetes Experimentieren mit oder ohne Rechnerhilfe. Sie üben sich dabei im mathematischen Argumentieren, entwickeln eigenständig Problemlösestrategien und vertiefen ihre Erfahrungen im Umgang mit formalen Darstellungen in der Algebra.
Die Aufgabenstellungen ermöglichen Eigenaktivitäten und Kommunikation. In Partnerarbeit festigen die Schülerinnen und Schüler das erworbene Wissen. Sie schärfen in der direkten Auseinandersetzung mit dem Partner das Überprüfen von Lösungstrategien und mathematische Argumentationsketten.

1. Auftrag: Rasantes Wachstum

Die 1 dm^2 große Fläche mit Wasserlinsen vervierfacht sich jeden Woche.

→ Größe nach 1 Woche:	4 dm^2
Größe nach 2 Wochen:	16 dm^2
Größe nach 3 Wochen:	64 dm^2
Größe nach 4 Wochen:	256 dm^2
Größe nach 5 Wochen:	1 024 dm^2
Größe nach 6 Wochen:	4 096 dm^2
Größe nach 7 Wochen:	16 384 dm^2
Größe nach 8 Wochen:	65 536 dm^2
Größe nach 9 Wochen:	262 144 dm^2
Größe nach 10 Wochen:	1 048 576 dm^2

42 **1. Auftrag:** Fortsetzung

→ Größe vor 1 Woche:	$\frac{1}{4}\,dm^2 = 0{,}25\,dm^2 = 25\,cm^2$
Größe vor 2 Wochen:	$\frac{1}{16}\,dm^2 = 0{,}0625\,dm^2 = 6{,}25\,cm^2$
Größe vor 3 Wochen:	$\frac{1}{64}\,dm^2 = 0{,}015625\,dm^2 \approx 1{,}56\,cm^2$
Größe vor 4 Wochen:	$\frac{1}{256}\,dm^2 \approx 0{,}00390625\,dm^2 \approx 39{,}06\,mm^2$
Größe vor 5 Wochen:	$\frac{1}{1\,024}\,dm^2 \approx 0{,}0009765625\,dm^2 \approx 9{,}77\,mm^2$
Größe vor 6 Wochen:	$\frac{1}{4\,096}\,dm^2 \approx 0{,}0002441406\,dm^2 \approx 2{,}44\,mm^2$
Größe vor 7 Wochen:	$\frac{1}{16\,384}\,dm^2 \approx 0{,}0000610352\,dm^2 \approx 0{,}61\,mm^2$
Größe vor 8 Wochen:	$\frac{1}{65\,536}\,dm^2 \approx 0{,}0000152588\,dm^2 \approx 0{,}15\,mm^2$
Größe vor 9 Wochen:	$\frac{1}{262\,144}\,dm^2 \approx 0{,}0000038147\,dm^2 \approx 0{,}04\,mm^2$
Größe vor 10 Wochen:	$\frac{1}{21\,048\,576}\,dm^2 \approx 0{,}0000009537\,dm^2 \approx 0{,}01\,mm^2$
→ In 2 Wochen:	$4^2 = 16$
In einem Monat (30 Tage):	$4^{\frac{30}{7}} \approx 300$
In einem Jahr:	$4^{12} = 16\,777\,216$
→ An einem Tag $\left(\frac{1}{7}\text{ Woche}\right)$:	$4^{\frac{1}{7}} = \sqrt[7]{4} \approx 1{,}22$

2. Auftrag: Zweimal hoch, was ergibt das?

Die Schülerinnen und Schüler begründen die vorgegebene Vereinfachung mithilfe der Definition für Potenzen mit gleicher Basis und mit natürlichem Exponenten. Sie verändern die Exponenten, wenden die Definition an und argumentieren analog. Durch Generalisieren und Verallgemeinern gelangen sie zu der Formel für die Multiplikation von Potenzen mit gleicher Basis und mit natürlichem Exponenten. Entsprechende Überlegungen führen zu der Formel für die Division von Potenzen mit gleicher Basis und mit natürlichem Exponenten sowie zu der Erkenntnis, dass es keine Gesetze für die Addition und Subtraktion gibt, da eine Vereinfachung nicht möglich ist.

Die Verfügbarkeit eines CAS verändert die Blickrichtung der Argumentation, da der Rechner das Ergebnis vorgibt und diese somit nicht mehr über die direkte Anwendung der Definition von dem Lernenden selbst gefunden wird.

→ Die Notizen von Mehmed liefern sowohl einen Ausgangspunkt für eine Vermutung für das Potenzgesetz zum Multiplizieren von Potenzen mit gleicher Basis als auch für eine Begründung.
Man multipliziert Potenzen mit gleicher Basis, indem man die Exponenten addiert. Die Basis bleibt erhalten.

42 **2. Auftrag:** Fortsetzung

- Schülerinnen und Schüler sollen erkennen, dass es für das Addieren und Subtrahieren von Potenzen keine einfachen Regeln gibt. Beim Dividieren von Potenzen kann sowohl der Fall gleicher Exponenten als auch der Fall gleicher Basen untersucht werden.
  Man multipliziert Potenzen mit gleichem Exponenten, indem man die Basen multipliziert. Der Exponent bleibt erhalten.
  Man potenziert eine Potenz, indem man die Exponenten multipliziert. Die Basis bleibt erhalten.
  Eine Summe oder Differenz kann man vereinfachen, wenn dabei gleichartige Glieder zusammengefasst werden.
  Man dividiert Potenzen mit gleicher Basis, indem man die Exponenten subtrahiert. Die Basis bleibt erhalten.
  Man dividiert Potenzen mit gleichem Exponenten, indem man die Basen dividiert. Der Exponent bleibt erhalten.
- Das Experimentieren mit einem Computer-Algebra-System bietet sich an dieser Stelle an, das man sehr leicht Vermutungen gewinnen und überprüfen kann. Die Beweisnotwendigkeit kann dennoch durch die Frage nach dem Vorgehen des CAS erzeugt werden.

2.1 Potenzen mit ganzzahligen Exponenten

43 **Einstieg:**

a)

Zeit (in h)	1	2	3	4	5	6	…
Größe (in cm²)	$3 = 3^1$	$9 = 3^2$	$27 = 3^3$	$81 = 3^4$	3^5	3^6	…

$\cdot 3$ $\cdot 3$ $\cdot 3$ $\cdot 3$ $\cdot 3$ …

b)

Zeit (in h)	−1	−2	−3	−4	−5	−6	…
Größe (in cm²)	$\frac{1}{3} = \frac{1}{3^1}$	$\frac{1}{9} = \frac{1}{3^2}$	$\frac{1}{27} = \frac{1}{3^3}$	$\frac{1}{81} = \frac{1}{3^4}$	$\frac{1}{3^5}$	$\frac{1}{3^6}$	…

$:3$ $:3$ $:3$ $:3$ $:3$ …

c) t: Anzahl der vergangenen Stunden
y: Größe der Kultur (in cm²)
$y = 3^t$

46 2. a) 1; 2; 4; 8; 16; 32; 64; 128; 256; 512; 1 024
b) 1; 3; 9; 27; 81; 243; 729
c) 1; 5; 25; 125; 625; 3 125
d) 1; −2; 4; −8; 16; −32; 64; −128; 256; −512; 1 024
e) $\frac{1}{1} = 1$; $\frac{1}{2}$; $\frac{1}{4}$; $\frac{1}{8}$; $\frac{1}{16}$; $\frac{1}{32}$; $\frac{1}{64}$; $\frac{1}{128}$; $\frac{1}{256}$; $\frac{1}{512}$; $\frac{1}{1024}$
f) 1; $\sqrt{2}$; 2; $2\sqrt{2}$; 4; $4\sqrt{2}$; 8

46 **3.** a) $2^4 < 2^5$ b) $2^4 < 3^4$ c) $\left(\frac{1}{2}\right)^3 > \left(\frac{1}{2}\right)^4$ d) $2^4 = 4^2$ e) $3^0 = 7^0$

4. a) $2+2+2+2+2 < 2\cdot2\cdot2\cdot2\cdot2$
b) $5+5 < 5\cdot5$
c) $\frac{1}{2}+\frac{1}{2}+\frac{1}{2}+\frac{1}{2} > \frac{1}{2}\cdot\frac{1}{2}\cdot\frac{1}{2}\cdot\frac{1}{2}$
d) $(-3)+(-3)+(-3)+(-3) < (-3)\cdot(-3)\cdot(-3)\cdot(-3)$

5. a) $8 < 9$
b) $-125 < 125$
c) $625 > -625$
d) $4 > -4$
e) $-8 = -8$
f) $2^6 = 6^4 < 256 = 2^8$

6. a) 1 000; 100; 10; 1; 0,1; 0,01; 0,001
b) 27; 9; 3; 1; $\frac{1}{3}$; $\frac{1}{9}$; $\frac{1}{27}$
c) 125; 25; 5; 1; $\frac{1}{5}$; $\frac{1}{25}$; $\frac{1}{125}$
d) −64; 16; −4; 1; $-\frac{1}{4}$; $\frac{1}{16}$; $-\frac{1}{64}$
e) $\frac{1}{8}$; $\frac{1}{4}$; $\frac{1}{2}$; 1; 2; 4; 8

7. –

8. a) $16 > -16$
b) $-64 = -64$
c) $1 > -1$
d) $10\,000 > -10\,000$
e) $64 < 256$
f) $-8 < 9$

9. a) $\frac{1}{8}$; −8; −8; $-\frac{1}{8}$; $-\frac{1}{8}$ b) $\frac{1}{25}$; −25; 25; $\frac{1}{25}$; $-\frac{1}{25}$

10. a^n ist negativ, wenn $a < 0$ und n ungerade ist.
In den anderen Fällen ist a^n positiv $(a \neq 0)$.

47 **11.** Es gibt die Ausnahmen $a^0 = 1$ und $a^1 = a$. Das sind keine Produkte aus gleichen Faktoren.

12. $0^0 = 1$
Der Graph zu $y = x^0$ ist für $x < 0$ und $x > 0$ identisch mit dem Graphen zu $y = 1$. Daher ist auch für $x = 0$ die Definition $0^0 = 1$ sinnvoll, denn dann ist der Funktionswert 1 und der zugehörige Punkt liegt auch auf dem Graphen von $y = 1$.

13. a) Falsch, $-5^{-2} = -\frac{1}{25}$
b) Richtig, da $\frac{1}{16} < \frac{1}{8}$
c) Richtig, da $0{,}1 = \frac{1}{10}$
d) Falsch, da $8 > \frac{1}{8}$
e) Falsch, da $\frac{16}{9} > -\frac{16}{9}$
f) Richtig, da $1 > -\frac{1}{27}$
g) Richtig, da $\frac{1}{4} < \frac{1}{2}$
h) Richtig, da $\frac{1}{8} = \frac{1}{8}$
i) Richtig, da $-\frac{1}{2\sqrt{2}} < 0$

14 Patrick muss Klammern setzen, da sonst das Minuszeichen vor der Potenz steht und nicht potenziert wird: $(-47)^4 = 4\,879\,681$

47

15. a) $1{,}331$

b) $\frac{81}{625} = 0{,}1296$

c) $\frac{1}{4^{10}} \approx 0{,}0000009537$

d) 1

e) $-\frac{8}{27} = -0{,}296296$

f) $\frac{1}{(-3{,}4)^7} \approx -0{,}00019039$

g) $2\,401$

h) $0{,}00000001$

i) $\left(\frac{3}{2}\right)^5 \approx 7{,}59375$

j) 1

k) $\frac{1}{4} = 0{,}25$

l) $\frac{1}{(\sqrt{3})^9} \approx 0{,}007128$

m) $0{,}8170728\ldots$

n) $1{,}22019\ldots$

o) $\frac{1}{(4\cdot\sqrt{5})^5} \approx 0{,}00001747$

16. Druckfehler in der 1. Auflage:
Die Teilaufgaben sind falsch nummeriert.

a) $8^2 = 4^3 = 2^6 = (-8)^2 = (-2)^6$

b) $(-5)^3 = -5^3$

c) $16^{-1} = 4^{-2} = 2^{-4} = (-2)^{-4} = (-4)^{-2}$

d) $25^2 = 5^4 = (-25)^2 = (-5)^4$

e) $16^2 = 4^4 = 2^8 = (-16)^2 = (-4)^4 = (-2)^8$

f) $25^{-1} = 5^{-2} = (-5)^{-2}$

g) $20^2 = (-20)^2$

h) $100^2 = 10^4 = (-100)^2 = (-10)^4$

i) $64^{-1} = 8^{-2} = 4^{-3} = 2^{-6} = (-8)^{-2} = (-2)^{-6}$

j) $\left(\frac{1}{16}\right)^2 = \left(\frac{1}{4}\right)^4 = \left(\frac{1}{2}\right)^8 = \left(-\frac{1}{16}\right)^2 = \left(-\frac{1}{4}\right)^4 = \left(-\frac{1}{2}\right)^8$

k) $\left(\frac{1}{9}\right)^2 = \left(\frac{1}{3}\right)^4 = \left(-\frac{1}{9}\right)^2 = \left(-\frac{1}{3}\right)^4$

l) $900^{-1} = 30^{-2} = (-30)^{-2}$

m) $\left(\frac{2}{5}\right)^5$

n) $0{,}5^3$

o) $1\,600^{-1} = 40^{-2} = (-40)^{-2}$

p) *Beispiele*: $1^7 = 3^0 = 17^0 = 0^0 = (-1)^8 = (-4)^0$

q) $2{,}5^2 = (-2{,}5)^2$

r) $40\,000^{-1} = 200^{-2} = (-200)^{-2}$

17. a) Richtig, denn wenn n gerade ist, dann ist $a^n > 0$ also auch $\frac{1}{a^n} > 0$.

b) Falsch, Gegenbeispiel: $2^{-3} = \frac{1}{8} > 0$ mit n ungerade.

c) Richtig, wenn ein Bruch größer als 1 ist, dann ist der Kehrwert des Bruches kleiner als 1.

d) Richtig, denn der Kehrbruch eines Bruches $\frac{1}{a}$ mit $0 < \frac{1}{a} < 1$ ist größer als 1.

e) Richtig, wenn ein Bruch kleiner als 1 und größer als 0 ist, dann ist der Kehrwert des Bruches größer als 1.

f) Falsch, Gegenbeispiel: $(-2)^3 = -8 < 0$ mit n ungerade.

18. $9^9\,[9^{(9^9)}]$

47 **19.**

Zeit (in Wochen)	1	2	3	4	5	6	7	8	9	10	…
Masse (in mg)	256	128	64	32	16	8	4	2	1	0,5	…

Allgemein gilt für die Masse m (in mg) und die Zeit t (in Wochen): $m = 512 \cdot 0{,}5^t$

48 **20.** Die n-te Figur enthält 2^{n-1} Punkte, die 12. Figur enthält also $2^{11} = 2048$ Punkte.

21. Der grün gefärbte Anteil im n-ten Quadrat ist $\frac{1}{2^{n-1}}$.
Der Anteil im 10. Quadrat beträgt also: $\frac{1}{2^9} = \frac{1}{512} = 2^{-9}$

22. **a)** $x \neq 0$ **b)** $z \neq 0$ **c)** $z \neq -1$ **d)** $a \neq 0$ und $b \neq 0$ **e)** $a \neq -2$ und $b \neq 0$

23. **a)** $\frac{1}{(2a)^3}$ **b)** $\frac{1}{(3ab)^4}$ **c)** $\frac{1}{5x}$ **d)** x^4 **e)** $\frac{1}{(a+b)^5}$ **f)** $1 + \frac{1}{x^2} = \frac{x^2+1}{x^2}$ **g)** $\frac{a}{(x+y)^2}$ **h)** $a - \frac{1}{x} = \frac{ax-1}{x}$ **i)** $\frac{y}{x^2}$

24. **a)** x^{-1} **b)** $(a \cdot b)^{-3}$ **c)** $(\sqrt{a})^{-3}$ **d)** $a \cdot c^{-5}$ **e)** $x^3 \cdot (4y)^{-1}$ **f)** $(a+b)^{-2}$ **g)** $(1+z)^{-1}$ **h)** x^3 **i)** $4y^4$ **j)** $x^{-4} \cdot y^{-1}$ **k)** $(x-y)^{-2} \cdot (x+y)^3$ **l)** $y^2 \cdot z^3$

Das kann ich noch!

A) **1)** Fahrstrecke x (in km), Preis y (in €)
Rent a Car: $y = 0{,}25x + 45{,}00$ Car4you: $y = 0{,}30x + 37{,}50$

2) Rent a Car: $y = 0{,}25 \cdot 120 + 45{,}00 = 75{,}00$, also 75,00 €.
Car4you: $y = 0{,}30 \cdot 120 + 37{,}50 = 73{,}50$, also 73,50 €.

3)

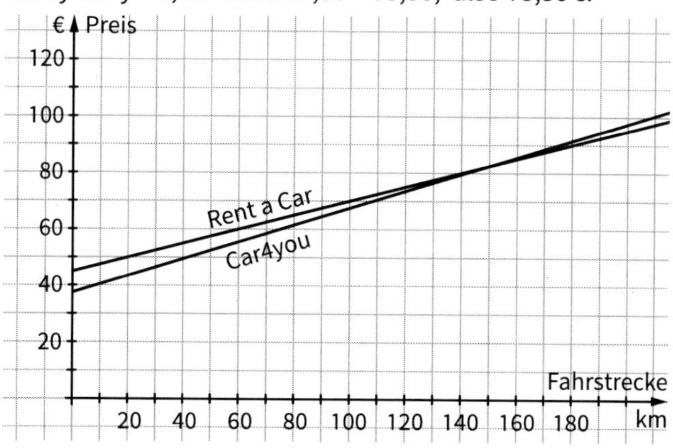

4) $0{,}25x + 45{,}00 = 0{,}30x + 37{,}50$; Lösung: $x = 150$

Bei 150 km sind die beiden Tarife gleich günstig. Es sind dann 82,50 € zu zahlen.

2.2 Zahlendarstellung mit abgetrennten Zehnerpotenzen

49 1. a) $3{,}507 \cdot 10^3$; $4{,}85 \cdot 10^1$; $1{,}2304 \cdot 10^1$; $7{,}548048 \cdot 10^5$
b) 430; 8 357; 720 000; 37 542,1

2. a) 1 000 000 000 000 km³
b) 30 300 000 km²
c) 1 100 000 000 km
d) 940 000 000 km

3. a) $3 \cdot 10^5 \frac{\text{km}}{\text{s}}$
b) $1{,}39 \cdot 10^6$ km
c) $3{,}84 \cdot 10^5$ km
d) $4{,}16 \cdot 10^7$ km²
e) $4{,}5 \cdot 10^9$ km
f) $3{,}962 \cdot 10^9$ Jahre

50 4. a) Wenn das Ergebnis zu viele Ziffern hat, verwendet der Taschenrechner die Normdarstellung mit abgetrennten Zehnerpotenzen.
b) Meist gibt es eine besondere Taste für die verkürzte Eingabe der Normdarstellung mit abgetrennten Zehnerpotenzen (z. B. die Tasten E; EE; Exp, ...) bzw. findet die Befehle in einem Untermenü des Rechners.

5. Hier wurde mit 365 Tagen pro Jahr gerechnet, das sind 31 536 000 s.
a) $9{,}4608 \cdot 10^{12}$ km
b) 500 s = 8 min 20 s
c) $9{,}4608 \cdot 10^{17}$ km
d) $6{,}3 \cdot 10^5$ Jahre

6. a) 1 GB = 2^{30} Byte = 1 073 741 824 Byte (siehe Schülerband Seite 46).
222 627 688 448 Byte ≈ 207,338 GB ≈ 207 GB
777 574 350 848 Byte ≈ 207,338 GB ≈ 207 GB
b) 1 kB = 2^{10} Byte; 671 088,64, also gut 671 000 Briefe.
c) 1 MB = 2^{20} Byte, 1 GB = 2^{30} Byte, 1 TB = 2^{40} Byte
(1) 1 780,87, also 1 780 Bilder
(2) 227 951,3, also 227 951 Bilder

7. a) $1 \cdot 10^{-2}$
b) $7 \cdot 10^{-2}$
c) $6{,}8 \cdot 10^{-1}$
d) $4{,}9 \cdot 10^{-3}$
e) $3{,}9 \cdot 10^{-5}$

8. a) 0,03
b) 0,00042
c) 0,0000075
d) 0,0000253
e) 0,000003

9. (1) 0,0007 cm
(2) 0,000094 cm
(4) 0,000086 m
(3) 0,00025 m
(5) 0,0055 g

51 10. a) Wenn das Ergebnis zu viele Ziffern hat, verwendet der Taschenrechner die Normdarstellung mit abgetrennten Zehnerpotenzen.
b) Meist gibt es eine besondere Taste für die verkürzte Eingabe der Normdarstellung mit abgetrennten Zehnerpotenzen (z. B. die Tasten E; EE; Exp, ...) bzw. findet die Befehle in einem Untermenü des Rechners.

11. a) 3 g
b) $2 \cdot 10^{-5}$ kg
c) $5 \cdot 10^{-7}$ mm
d) $3{,}2 \cdot 10^{-6}$ m

51 12. a) (1) 10^{-6} m = 1 Mikrometer
(2) 10^{-7} m = 100 Nanometer
(3) 10^{-9} m = 1 Nanometer
(4) 10^{-6} m = 1 Mikrometer
(5) 10^{-6} m = 1 Mikrometer

b) (1) $\frac{m}{s}$ ist eine Einheit für die Geschwindigkeit.
(2) $\frac{km}{h}$ ist eine Einheit für die Geschwindigkeit.
(3) $\frac{g}{cm^3}$ ist eine Einheit für die Dichte.
(4) $\frac{N}{m^2}$ ist eine Einheit für den Druck.
(5) $\frac{N}{m}$ ist eine Einheit für die Oberflächenspannung.

13. –

14. Abhängig vom Taschenrechner, z. B.: $9{,}99 \cdot 10^{-99}$ [$9{,}99 \cdot 10^{99}$]

15. a) 0,01 m = 1 cm Zum Beispiel eine Murmel.
b) 9 990 kg

2.3 Potenzen mit rationalen Exponenten

2.3.1 Potenzen mit Stammbrüchen als Exponenten – n-te Wurzeln

52 **Einstieg:**
a) 5 cm b) Ungefähr 5,85 cm

54 2. Druckfehler in der ersten Auflage in Teilaufgabe b) (1): Potenziere jedes Ergebnis mit 4.

a) (1)

8	2	8
27	3	27
512	8	512
729	9	729
1 331	11	1 331

(2)

5	125	5
6	216	6
12	1 728	12
20	8 000	20
30	27 000	30

Die linke und die rechte Spalte der Tabellen stimmen jeweils überein.

b) (1) $\sqrt[4]{625} = 5$; $5^4 = 625$
$\sqrt[4]{1296} = 6$; $6^4 = 1296$
$\sqrt[4]{10\,000} = 10$; $10^4 = 10\,000$

(2) $8^4 = 4096$; $\sqrt[4]{4096} = 8$
$11^4 = 14\,641$; $\sqrt[4]{14\,641} = 11$
$4^4 = 256$; $\sqrt[4]{256} = 4$

c) 125; 4 913; 7; 2; 19; 74

55

3. a) *Beweis:* Der Bruch $\frac{m}{n}$ sei gekürzt.

$\frac{m}{n} = \sqrt[3]{2}$ bedeutet $\frac{m^3}{n^3} = 2 = \frac{2}{1}$.

Wegen $\frac{m}{n}$ ist auch $\frac{m^3}{n^3}$ ein gekürzter Bruch, denn m^3 enthält dieselben Primfaktoren wie m.

Mit $\frac{m^3}{n^3} = \frac{2}{1}$ müsste $m^3 = 2$ und $n^3 = 1$ sein.

Es gibt aber keine natürliche Zahl m, deren 3. Potenz gleich 2 ist und damit keinen Bruch $\frac{m}{n}$ mit $\frac{m}{n} = \sqrt[3]{2}$, d.h. $\sqrt[3]{2}$ ist irrational.

b) $\sqrt[3]{2}$ liegt zwischen 1 und 2, denn $1^3 = 1$ und $2^3 = 8$.

Untere Näherungszahl	Obere Näherungszahl	Mittelwert m	m^3
1	2	1,5	3,375
1	1,5	1,25	1,953125
1,25	1,5	1,375	≈ 2,5996
1,25	1,375	1,3125	≈ 2,2610

$\sqrt[3]{2} \approx 1{,}3$, denn $\sqrt[3]{2}$ liegt zwischen 1,25 und 1,315.

Der Taschenrechner liefert $\sqrt[3]{2} \approx 1{,}25992105$.

4. a) 2; denn $2^3 = 8$
b) 10; denn $10^3 = 1\,000$
c) 8; denn $8^3 = 512$
d) 2; denn $2^5 = 32$
e) 0,2; denn $0{,}2^3 = 0{,}008$
f) 4; denn $4^4 = 256$
g) 11; denn $11^2 = 121$
h) 0,3; denn $0{,}3^4 = 0{,}0081$
i) 1; denn $1^7 = 1$
j) 0,1; denn $0{,}1^5 = 0{,}00001$
k) 0; denn $0^{12} = 0$
l) $\frac{1}{2}$; denn $\left(\frac{1}{2}\right)^4 = \frac{1}{16}$
m) $\frac{2}{3}$; denn $\left(\frac{2}{3}\right)^3 = \frac{8}{27}$
n) $\frac{3}{2}$; denn $\left(\frac{3}{2}\right)^5 = \frac{243}{32}$
o) $\frac{3}{4}$; denn $\left(\frac{3}{4}\right)^2 = \frac{9}{16}$

5. a) $\sqrt{25} = 5$
b) $\sqrt[3]{512} = 8$
c) wahr
d) wahr
e) $\sqrt[5]{3\,200\,000} = 20$
f) $\sqrt[6]{0{,}000001} = 0{,}1$
g) wahr
h) wahr

55

6. a) $\sqrt[3]{10}$ liegt zwischen 2 und 3, denn $2^3 = 8$ und $3^3 = 27$.

Untere Näherungszahl	Obere Näherungszahl	Mittelwert m	m^3
2	3	2,5	15,625
2	2,5	2,25	11,390625
2	2,25	2,125	≈ 9,5957
2,125	2,25	2,1875	≈ 10,4675
2,125	2,1875	2,15625	≈ 10,0253
2,125	2,15625	2,140625	≈ 9,8089
2,140625	2,15625	2,1484375	≈ 9,9167
2,1484375	2,15625	2,15234375	≈ 9,9709

$\sqrt[3]{10} \approx 2.2\$$, denn $\sqrt[3]{10}$ liegt zwischen 2,15234375 und 2,15625.

Der Taschenrechner liefert $\sqrt[3]{10} \approx 2.15443469$.

b) $\sqrt[4]{100}$ liegt zwischen 3 und 4, denn $3^4 = 81$ und $4^4 = 256$.

Untere Näherungszahl	Obere Näherungszahl	Mittelwert m	m^4
3	4	3,5	150,0625
3	3,5	3,25	≈ 111,5664
3	3,25	3,125	≈ 95,3674
3,125	3,25	3,1875	≈ 103,2288
3,125	3,1875	3,15625	≈ 99,2397

$\sqrt[4]{100} \approx 3{,}2$, denn $\sqrt[4]{100}$ liegt zwischen 3,15625 und 3,1875.

Der Taschenrechner liefert $\sqrt[4]{100} \approx 3{,}16227766$.

c) $\sqrt[3]{480}$ liegt zwischen 7 und 8, denn $7^3 = 343$ und $8^3 = 512$.

Untere Näherungszahl	Obere Näherungszahl	Mittelwert m	m^3
7	8	7,5	421,875
7,5	8	7,75	≈ 465,4844
7,75	8	7,875	≈ 488,3730
7,75	7,875	7,8125	≈ 476,8372
7,8125	7,875	7,84375	≈ 482,5821

$\sqrt[3]{480} \approx 7{,}8$, denn $\sqrt[3]{480}$ liegt zwischen 7,8125 und 7,84375.
Der Taschenrechner liefert $\sqrt[3]{480} \approx 7{,}829735282$.

55

6. d) $\sqrt[3]{2000}$ liegt zwischen 12 und 13, denn $12^3 = 1\,728$ und $13^3 = 2\,197$.

Untere Näherungszahl	Obere Näherungszahl	Mittelwert m	m^3
12	13	12,5	1953,125
12,5	13	12,75	≈ 2072,6719
12,5	12,75	12,625	≈ 2012,3066
12,5	12,625	12,5625	≈ 1982,5686

$\sqrt[3]{2000} \approx 12{,}6$, denn $\sqrt[3]{2000}$ liegt zwischen 12,5625 und 12,625.
Der Taschenrechner liefert $\sqrt[3]{2000} \approx 12{,}5992105$.

e) $\sqrt[3]{87{,}6}$ liegt zwischen 4 und 5, denn $4^3 = 64$ und $5^3 = 125$.

Untere Näherungszahl	Obere Näherungszahl	Mittelwert m	m^3
4	5	4,5	91,125
4	4,5	4,25	≈ 76,7656
4,25	4,5	4,375	≈ 83,7402
4,375	4,5	4,4375	≈ 87,3806
4,4375	4,5	4,46875	≈ 89,2397
4,4375	4,46875	4,453125	≈ 88,3069
4,4375	4,453125	4,4453125	≈ 87,8429

$\sqrt[3]{87{,}6} \approx 4{,}4$; denn $\sqrt[3]{87{,}6}$ liegt zwischen 4,4375 und 4,4453125.
Der Taschenrechner liefert $\sqrt[3]{87{,}6} \approx 4{,}441210611$.

7. a) $2 \cdot 4 = 8$ **b)** $7 - 6 = 1$ **c)** $\sqrt[5]{32} = 2$ **d)** $\sqrt[3]{64} = 4$ **e)** $1 + 10 = 11$ **f)** $50 \cdot 0{,}1 - 2 = 3$ **g)** $5 \cdot 2 + 4 \cdot 2 = 18$ **h)** $\frac{1}{7} \cdot 7 - \frac{1}{8} \cdot 8 = 0$

8. a) $6 = 6$; wahr **b)** $2 = 2$; wahr **c)** $4 \neq \sqrt{\sqrt{8}} = 1{,}68\ldots$; falsch **d)** $2 = 2$; wahr

9. a) 2 **b)** 2 **c)** 2 **d)** 1 **e)** 0 **f)** 5 **g)** 3 **h)** $64^{0,\overline{3}} = 64^{\frac{1}{3}} = 4$

10. a) $\sqrt[5]{a}$ **b)** $\sqrt[4]{x}$ **c)** $\sqrt[5]{y}$ **d)** $\sqrt{1 + x}$ **e)** $\sqrt[3]{a + b}$ **f)** $\sqrt[8]{n + 1}$

11. –

12. a) 81 **b)** 37 **c)** 1,2 **d)** 0 **e)** 8 **f)** 4

56

13. a) $|c|$; c beliebig **b)** $2a$; $a \geq 0$ **c)** $-|a|$; a beliebig **d)** $1{,}5 \cdot |r|$; r beliebig **e)** $|a + b|$; a, b beliebig **f)** $a + b$; $a + b \geq 0$

14. a) 3 **b)** -18 **c)** richtig **d)** $\frac{1}{16}$

56

15. a) *Beweis:* Der Bruch $\frac{m}{n} = \sqrt[4]{8}$ sei gekürzt, damit auch $\frac{m^4}{n^4}$.
Wegen $\frac{m^4}{n^4} = 8 = \frac{8}{1}$ müsste $m^4 = 8$ sein. Es gibt aber keine natürliche Zahl m, deren 4. Potenz gleich 8 ist. Aus dem Widerspruch folgt, dass die Annahme falsch und $\sqrt[4]{8}$ irrational ist.

b) Aus der Annahme $\frac{m}{n} = \sqrt[3]{216}$ erhält man keinen Widerspruch, da es eine natürliche Zahl $m = 6$ gibt, sodass $m^3 = 216$ ist.
$\sqrt[3]{216} = 6$ ist nicht irrational.

16. a)

n	(1) $\sqrt[n]{500}$	(2) $\sqrt[n]{0{,}01}$
2	22,3607	0,1
3	7,9370	0,2154
4	4,7287	0,3162
5	3,4657	0,3981

$\sqrt[n]{500}$ wird immer kleiner, ist aber immer größer als 1.
$\sqrt[n]{0{,}01}$ wird immer kleiner, ist aber immer größer als 1.

b) (1) $n \geq 9$ (2) $n \geq 7$

17. Für alle a wird der Radikand a^n bei geraden n positiv bzw. 0. Damit ist $\sqrt[n]{a^n}$ immer definiert. Für $a < 0$ ist $\sqrt[n]{a^n} = -a = |a|$. Für $a \geq 0$ ist $\sqrt[n]{a^n} = a = |a|$.
Insgesamt folgt also $\sqrt[n]{a^n} = |a|$.
Für ungerade n und für $a \geq 0$ ist $\sqrt[n]{a^n} = a = |a|$.
Für n ungerade und negative a ist a^n auch negativ. Die n-te Wurzel ist also nicht definiert.
Wenn man diese Definition zulässt (vergleiche auch Information auf Seite 21 des Schülerbandes) erhält man:
Für $a < 0$ ist $\sqrt[n]{a^n} = -\sqrt[n]{|a|^n} = -|a| = a \neq |a|$.

2.3.2 Potenzen mit rationalen Exponenten

Einstieg:

Die Größe der Schimmelpilzkultur wächst in einer Stunde um den Faktor 3, in einer halben Stunde um den Faktor a. In einer Stunde, also zweimal einer halben Stunde, um den Faktor $a \cdot a = a^2$. Damit erhalten wir $a^2 = 3$, also $a = \sqrt{3}$.
In einer halben Stunde wächst die Schimmelpilzkultur um den Faktor $\sqrt{3} \approx 1{,}732$.
Die Größe der Schimmelpilzkultur wächst in einer viertel Stunde um den Faktor b. In einer Stunde, also viermal einer viertel Stunde, um den Faktor $b \cdot b \cdot b \cdot b = b^4$.
Damit erhalten wir $b^4 = 3$, also $b = \sqrt[4]{3}$.
In $\frac{5}{4}$ Stunden wächst die Schimmelpilzkultur um den Faktor $\left(\sqrt[4]{3}\right)^5 \approx 3{,}948$.

58

2. $a^{1,5} = a^{\frac{3}{2}} = a^{\frac{3\cdot 5}{2\cdot 5}} = a^{\frac{15}{10}}$ also $\sqrt[2]{a^3} = \sqrt[10]{a^{15}}$

Beweis des Satzes:

$\frac{m}{n} = \frac{p}{q}$ also ist:

(1) $p = b\cdot n$ und $q = b\cdot m$ oder (2) $n = b\cdot p$ und $m = b\cdot q$ mit $b \in \mathbb{N}^*$

Damit folgt:

(1) $\sqrt[p]{a^q} = a^{\frac{q}{p}} = a^{\frac{b\cdot m}{b\cdot n}} = a^{\frac{m}{n}} = \sqrt[n]{a^m}$ (2) $\sqrt[n]{a^m} = a^{\frac{m}{n}} = a^{\frac{b\cdot q}{b\cdot p}} = a^{\frac{q}{p}} = \sqrt[p]{a^q}$

3. Die Hefekultur verdoppelt sich in einer Stunde.

a) Drei drittel Stunden ergeben zusammen eine Stunde.
Wir suchen also einen Vervielfachungsfaktor a mit $a\cdot a\cdot a = a^3 = 2$, also $a = \sqrt[3]{2}$.

b) $1\frac{1}{2}$ Stunden sind die Hälfte von 3 Stunden. In 3 Stunden ist die Hefekultur auf das 2^3-fache angewachsen. Wir suchen also einen Vervielfachungsfaktor a mit $a^2 = 2^3$, also $a = \sqrt{2^3}$.

4. a) $\sqrt{5}$; $\sqrt[3]{4}$; $\sqrt[4]{8}$

c) $\frac{1}{\sqrt{4}} = \sqrt{4^{-1}}$; $\frac{1}{\sqrt{5^3}} = \sqrt{5^{-3}}$; $\frac{1}{\sqrt[5]{2^2}} = \sqrt[5]{\frac{1}{2^2}} = \sqrt[5]{2^{-2}}$

b) $\sqrt[4]{2^3}$; $\sqrt[3]{2^4}$; $\sqrt{3}$

d) $\sqrt{2}$; $\sqrt{3^3}$; $\sqrt[5]{5^{16}}$

5. a) $18^{\frac{1}{2}}$; $5^{\frac{1}{3}}$; $7^{\frac{1}{5}}$ b) $2^{\frac{4}{3}}$; $3^{-\frac{1}{4}}$; $3^{\frac{1}{2}}$ c) $4^{-\frac{2}{3}}$; $7^{-\frac{1}{5}}$; $2^{-\frac{3}{4}}$

6. a) $\sqrt[3]{x^2}$; $x > 0$

b) $\sqrt[4]{y^3}$; $y > 0$

c) $\sqrt[3]{a}$; $a > 0$

d) $\frac{1}{\sqrt[4]{b^3}} = \sqrt[4]{\frac{1}{b^3}} = \sqrt[4]{b^{-3}}$; $x > 0$

e) $d^{\frac{1}{2}} = \sqrt{d}$; $d > 0$

f) $e^{\frac{4}{5}} = \sqrt[5]{e^4}$; $e > 0$

g) $p^{-\frac{26}{5}} = \frac{1}{p^{\frac{26}{5}}} = \frac{1}{\sqrt[5]{p^{26}}} = \sqrt[5]{\frac{1}{p^{26}}} = \sqrt[5]{p^{-26}}$; $p > 0$

h) $a^{\frac{36}{5}} = \sqrt[5]{a^{36}}$; $a > 0$

7. a) $a^{\frac{5}{3}}$; $x^{\frac{2}{5}}$; $z^{\frac{5}{4}}$ c) $x^{-\frac{3}{2}}$; $c^{\frac{4}{3}}$; $k^{\frac{1}{2}}$

b) $x^{-\frac{1}{4}}$; $z^{-\frac{2}{5}}$; $u^{-\frac{7}{3}}$ d) $z^{-\frac{2}{3}}$; $x^{-\frac{4}{5}}$; $m^{-\frac{3}{2}}$

59

8. a) 2 c) 8 e) 1 g) 2 i) $\frac{1}{6}$ k) $\frac{1}{8}$

b) $\frac{1}{6}$ d) 4 f) 0,5 h) 2 j) 8 l) 8

9. a) –

b) (1) 1,19581317… (5) 1,21901365…

(2) 0,69314484… (6) 6,24025146…

(3) 470,533239… (7) 1,31607401…

(4) 0,00781497… (8) 1,71743303…

59

10. a) $3 = 9^{\frac{1}{2}} = 27^{\frac{1}{3}} = 81^{\frac{1}{4}}$

b) $5 = 25^{\frac{1}{2}} = 125^{\frac{1}{3}} = 625^{\frac{1}{4}}$

c) $9 = 81^{\frac{1}{2}} = 729^{\frac{1}{3}} = 6\,561^{\frac{1}{4}}$

d) $4 = 16^{\frac{1}{2}} = 64^{\frac{1}{3}} = 256^{\frac{1}{4}}$

e) $2^3 = 4^{\frac{3}{2}} = 8^{\frac{3}{3}} = 16^{\frac{3}{4}}$

f) $2^6 = 4^{\frac{6}{2}} = 8^{\frac{6}{3}} = 16^{\frac{6}{4}}$

g) $3^9 = 9^{\frac{9}{2}} = 27^{\frac{9}{3}} = 81^{\frac{9}{4}}$

11. a) 4 b) 25 c) 8 d) 27 e) 32 f) 81

12. a) $(-5)^{\frac{2}{3}}$ ist nicht definiert; $\sqrt[3]{(-5)^2} = 5^{\frac{2}{3}}$

b) $\sqrt[5]{(-1)^3} = \sqrt[5]{-1}$ ist nicht definiert

c) richtig

d) $(-10\,000)^{-\frac{1}{4}}$ ist nicht definiert.

13. a) $x - 1 > 0$, also $x > 1$

b) $x + 5 > 0$, also $x > -5$

c) $2x - 1 > 0$, also $x > 0{,}5$

d) $3x + 6 > 0$, also $x > -2$

e) $1 - 4x > 0$, also $x < 0{,}25$

f) $40 - 4x > 0$, also $x < 10$

14. a) $(x-1)^{\frac{2}{3}}$

b) $(a-b)^{\frac{2}{3}}$

c) $(x^3 + y^3)^{\frac{1}{2}}$

d) $(a \cdot b)^{\frac{3}{4}}$

e) $x^{-\frac{1}{4}}$

f) $-7(a-b)^{-n}$

15. a) $\sqrt[3]{(a+1)^2}$

b) $\sqrt[9]{(x+y)^4}$

c) $\sqrt[4]{(x-7y)^{-3}} = \frac{1}{\sqrt[4]{(x-7y)^3}}$

d) $\sqrt[7]{(x \cdot y)^4}$

e) $\sqrt[n]{(a \cdot b)^m}$

f) $\sqrt[n \cdot q]{a^p}$

16. a) $\sqrt[4]{a^6} = a^{\frac{6}{4}} = a^{\frac{3}{2}} = \sqrt[2]{a^3};\ a > 0$

b) $\sqrt[9]{x^3} = x^{\frac{3}{9}} = x^{\frac{1}{3}} = \sqrt[3]{x};\ x > 0$

c) $\sqrt[10]{z^5} = 7^{\frac{5}{10}} = 7^{\frac{1}{2}} = \sqrt{z};\ z > 0$

d) $\frac{1}{\sqrt[12]{x^8}} = x^{-\frac{8}{12}} = x^{-\frac{2}{3}} = \sqrt[3]{x^{-2}} = \frac{1}{\sqrt[3]{x^2}};\ x > 0$

e) $\sqrt[3k]{x^k} = x^{\frac{k}{3k}} = x^{\frac{1}{3}} = \sqrt[3]{x};\ x > 0;\ k \in \mathbb{N};\ k \neq 0$

f) $\sqrt[2n]{r^{-n}} = r^{-\frac{n}{2n}} = r^{-\frac{1}{2}} = \sqrt{r-1} = \frac{1}{\sqrt{r}};\ x > 0;\ n \in \mathbb{N};\ n \neq 0$

17. Nach einer Stunde steht das Wasser nur noch $\frac{1}{4}$ so hoch wie vorher.

a) $80\,\text{cm} \cdot \left(\frac{1}{4}\right)^2 = 80\,\text{cm} \cdot \frac{1}{16} = 5\,\text{cm}$

b) $80\,\text{cm} \cdot \left(\frac{1}{4}\right)^{-1} = 80\,\text{cm} \cdot 4 = 320\,\text{cm}$

c) $80\,\text{cm} \cdot \left(\frac{1}{4}\right)^{\frac{1}{2}} = 80\,\text{cm} \cdot \frac{1}{2} = 40\,\text{cm}$

d) $80\,\text{cm} \cdot \left(\frac{1}{4}\right)^{\frac{1}{4}} = 80\,\text{cm} \cdot \frac{\sqrt{2}}{2} \approx 56{,}6\,\text{cm}$

2.4 Potenzen mit irrationalen Exponenten

60 **Einstieg:**
Man kann sie durch Einschachtelung von z. B. $\sqrt{2}$ durch rationale Zahlen definieren.

61 **2.** **a)** In der ersten Abbildung sind 1 und 2 die Intervallgrenzen für $\sqrt{2}$.
Für $1{,}8^{\sqrt{2}}$ erhält man dann ungefähr die Intervallgrenzen 1,8 und 3,25.
In der zweiten Abbildung sind 1 und 1,8 die Intervallgrenzen für $\sqrt{2}$.
Für $1{,}8^{\sqrt{2}}$ erhält man dann ungefähr die Intervallgrenzen 1,8 und 2,9.
In der dritten Abbildung sind 1,4 und 1,5 die Intervallgrenzen für $\sqrt{2}$.
Für $1{,}8^{\sqrt{2}}$ erhält man dann ungefähr die Intervallgrenzen 2,25 und 2,4.

b) $1{,}8^1 = 1{,}8$ und $1{,}8^2 = 3{,}24$
$1{,}8^1 = 1{,}8$ und $1{,}8^{1{,}8} \approx 2{,}88$
$1{,}8^{1{,}4} \approx 2{,}277$ und $1{,}8^{1{,}5} \approx 2{,}415$
Mit dem Taschenrechner erhält man $1{,}8^{\sqrt{2}} \approx 2{,}296282$.

3. **a)** 4,7288 **b)** 22,1946 **c)** 31,5443 **d)** 355,5336

4. Man nutzt aus, dass für $a < b$ $2^a < 2^b$ ist.
$2^{0{,}7} < 2^{\sqrt{0{,}7}} < 2 < 2^{\sqrt{2}} < 2^{\sqrt{3}} < 2^2 < 2^{2{,}5} < 2^{\sqrt{7}}$

Das kann ich noch!

A) Ähnlich zueinander sind: B und C, D und E, G und H, G und I, H und I.
Insbesondere sind die Figuren G und I zueinander kongruent, was einen Spezialfall der Ähnlichkeit mit dem Streckfaktor $k = 1$ darstellt.

B) $\frac{x}{27} = \frac{42 + 14}{42}$ ergibt nach Umstellen für $x = 36\,\text{m}$.
Die Länge der Strecke $\overline{CD}$ beträgt also 36 m.

Im Blickpunkt: Kleine Anteile – große Wirkung

62 **1.** Der Verlauf der Temperatur und der Verlauf der Konzentration des Kohlendioxids ist in der Vergangenheit sehr ähnlich. Bei geringen Temperaturen ist auch die Kohlendioxidkonzentration geringer. Der Wert der CO_2-Konzentration für das Jahr 2007 jedoch ist erheblich höher als man aufgrund der Messungen für die Vergangenheit erwarten würde. Dieser Wert war seit 160 000 Jahren nie so hoch wie heute.

2. $1\,\text{ppm} = 10^{-6}$; $1\,\text{ppb} = 10^{-9}$; $1\,\text{ppt} = 10^{-12}$; $1\,\text{ppq} = 10^{-15}$

63 **3.** **a)** $2{,}7 \cdot 10^6\,\text{g} = 2{,}7\,\text{t}$
b) $2{,}7 \cdot 10^9\,\text{g} = 2\,700\,\text{t}$
c) $2{,}7 \cdot 10^{12}\,\text{g} = 2\,700\,000\,\text{t}$
d) $2{,}7 \cdot 10^{15}\,\text{g} = 2\,700\,000\,000\,\text{t}$

63

4. **a)** Chemische Verfahren: $\frac{10^{-9}\,g}{1\,000\,g} = \frac{1}{10^{12}} = 1$ ppt

Elektrochemische Verfahren: 1 ppq

Spektroskopische Verfahren: 0,1 ppq

b) **(1)** 1 Liter Wasser, also 1 dm^3 Wasser, wiegt 1 kg.

Harnanteil im Wasser in g pro kg:

$\frac{5}{143\,000\,000} \approx 0{,}000000035 = 3{,}5 \cdot 10^{-8} = 35 \cdot 10^{-9} = 35$ ppb

(2) Laut den Angaben in Teilaufgabe a) kann dieser Anteil nachgewiesen werden.

(3) $7 \cdot 10^{-9}$ g

5. In einem Liter befinden sich 10^{-5} l Ozon.

6. In einem Liter Luft sind zwischen 0,00019 l und 0,042 l Wasser enthalten.

2.5 Potenzgesetze ihre Anwendung

2.5.1 Multiplizieren und Potenzieren von Potenzen

64

Einstieg:

(1) $3^5 \cdot 3^2 = (3 \cdot 3 \cdot 3 \cdot 3 \cdot 3)\,(3 \cdot 3) = 3^7$

$3^{-5} \cdot 3^{-2} = \frac{1}{3^5} \cdot \frac{1}{3^2} = \frac{1}{(3 \cdot 3 \cdot 3 \cdot 3 \cdot 3) \cdot (3 \cdot 3)} = \frac{1}{3^7} = 3^{-7}$

$a^n \cdot a^m = a^{n+m}$

(2) $2^4 \cdot 3^4 = (2 \cdot 2 \cdot 2 \cdot 2) \cdot (3 \cdot 3 \cdot 3 \cdot 3) = (2 \cdot 3) \cdot (2 \cdot 3) \cdot (2 \cdot 3) \cdot (2 \cdot 3) = 6 \cdot 6 \cdot 6 \cdot 6 = 6^4$

$2^{-4} \cdot 3^{-4} = \frac{1}{2^4} \cdot \frac{1}{3^4} = \frac{1}{(2 \cdot 2 \cdot 2 \cdot 2) \cdot (3 \cdot 3 \cdot 3 \cdot 3)} = \frac{1}{(2 \cdot 3) \cdot (2 \cdot 3) \cdot (2 \cdot 3) \cdot (2 \cdot 3)} = \frac{1}{6 \cdot 6 \cdot 6 \cdot 6} = \frac{1}{6^4} = 6^{-4}$

$a^n \cdot b^n = (a \cdot b)^n$

(3) $(3^2)^3 = (3^2) \cdot (3^2) \cdot (3^2) = 3^{2+2+2} = 3^6$

$(3^2)^{-3} = \frac{1}{(3^2) \cdot (3^2) \cdot (3^2)} = \frac{1}{3^{2+2+2}} = \frac{1}{3^6} = 3^{-6}$

$(a^m)^n = a^{m \cdot n}$

66

3. $(2^3)^4 = 2^3 \cdot 2^3 \cdot 2^3 \cdot 2^3 = 2^{12}$

$(3^5)^{-1} = \frac{1}{3^5} = 3^{-5}$

$(4^{-2})^{-3} = \frac{1}{(4^{-2})^3} = \frac{1}{4^{-2} \cdot 4^{-2} \cdot 4^{-2}} = \frac{1}{\frac{1}{4^2} \cdot \frac{1}{4^2} \cdot \frac{1}{4^2}} = \frac{1}{\frac{1}{4^6}} = 4^6$

$\left(4^{\frac{3}{2}}\right)^2 = \left(4^{\frac{3}{2}}\right) \cdot \left(4^{\frac{3}{2}}\right) = 4^{\frac{3}{2} + \frac{3}{2}} = 4^{\frac{6}{2}} = 4^3$

Allgemeine Begründung für m, n ∈ ℕ; m, n > 0:

$(a^m)^n = a^{m \cdot n}$

$$(a^m)^n = \underbrace{a^m \cdot a^m \ldots a^m}_{n \text{ Faktoren } a^m} = \underbrace{\underbrace{a \cdot a \ldots a}_{m \text{ Faktoren } a} \cdot \underbrace{a \cdot a \ldots a}_{m \text{ Faktoren } a} \ldots}_{n \cdot m \text{ Faktoren } a} = a^{m \cdot n}$$

67 **4.** Man kann nur gleichartige Glieder zusammenfassen. Das ist nur bei folgenden Teilaufgaben möglich:

d) $2a^n$ **h)** 0 **i)** $4a^n$ **j)** $6a^n$

5. a) **(1)** Anwendung von P1
(2) Anwendung von P2
(3) Anwendung von P3

b) **(1)** $(\sqrt{a})^5 = (\sqrt{a})^{4+1} = (\sqrt{a})^4 \cdot (\sqrt{a})^1 = a^2 \cdot \sqrt{a}$; für $a \geq 0$
(2) $(a\sqrt{b})^{-2} = a^{-2} \cdot (\sqrt{b})^{-2} = a^{-2}b^{-1}$; für $a \neq 0,\ b > 0$
(3) $(\sqrt{a})^{10} = (\sqrt{a})^{2 \cdot 5} = ((\sqrt{a})^2)^5 = a^5$; für $a \geq 0$

6. a) $2^5 = 32$
b) $3^9 = 19683$
c) $5^5 = 3125$
d) $5^{-5} = \frac{1}{5^5} = \frac{1}{3125}$
e) $4^2 = 16$
f) $1^9 = 1$
g) $0^{15} = 1$
h) $10^2 = 100$
i) $(-1)^6 = 1$
j) $(-2)^0 = 1$
k) $(-10)^{-7} = -\frac{1}{10\,000\,000} = -0{,}0000001$
l) $0{,}2^4 = \left(\frac{1}{5}\right)^4 = \frac{1}{5^4} = \frac{1}{625} = 0{,}0016$
m) $1{,}5^2 = 2{,}25$
n) $(-0{,}5)^{-6} = \left(-\frac{1}{2}\right)^{-6} = (-2)^6 = 64$
o) $\left(\frac{2}{3}\right)^5 = \frac{2^5}{3^5} = \frac{32}{243}$
p) $\left(\frac{1}{2}\right)^{-1} = 2$

7. a) $2^{\frac{4}{4}} = 2^1 = 2$
b) $5^{\frac{6}{3}} = 5^2 = 25$
c) $6^1 = 6$
d) $4^{-\frac{3}{15}+\frac{5}{15}} = 4^{\frac{2}{15}} = \sqrt[15]{42} = \sqrt[15]{16}$
e) $\left(\frac{1}{2}\right)^{-\frac{3}{6}-\frac{4}{6}} = \left(\frac{1}{2}\right)^{-\frac{7}{6}} = \left(\frac{1}{2}\right)^{-1-\frac{1}{6}} = \left(\frac{1}{2}\right)^{-1} \cdot \left(\frac{1}{2}\right)^{-\frac{1}{6}} = 2 \cdot 2^{\frac{1}{6}} = 2 \cdot \sqrt[6]{2}$
f) $\left(\frac{5}{3}\right)^{\frac{2}{4}} = \left(\frac{5}{3}\right)^{\frac{1}{2}} = \sqrt{\frac{5}{3}}$

8. Nach der Schätzung sind es $(1 \cdot 10^{11}) \cdot (2 \cdot 10^{11}) = 2 \cdot 10^{22}$ Sterne.

68 **9. a)** x^5
b) a; $a \neq 0$
c) z^{-7}; $z \neq 0$
d) y^{-3}; $y \neq 0$
e) a^8
f) b^{-6}; $b \neq 0$
g) $30a^6$
h) $u^{-1} \cdot v$; $u, v \neq 0$
i) $120z^{-1}y^2$; $z, y \neq 0$
j) $x^{\frac{5}{6}}$; $x > 0$
k) $z^{\frac{2}{3}}$; $z > 0$
l) $a^{\frac{1}{3}}$; $a > 0$

10. a) $(x+y)^5$
b) $(x-y)^{-10}$
c) $(2p)^{-2}$
d) $(x \cdot y)^4$
e) $u+v$
f) $(2a+b)^4$

11. a) x^{3n+2m}; $x > 0$
b) p^{6a}; $p > 0$
c) a^p; $a > 0$
d) y^{6r}; $y > 0$
e) z^{6k}; $z > 0$

12. $6\,l = 6\,dm^3 = 6 \cdot 106\,mm^3$
$6 \cdot 10^6 \cdot 5{,}5 \cdot 10^6 = 33 \cdot 10^{12} = 3{,}3 \cdot 10^{13}$ Blutkörperchen

68

13. a) $100^3 = 1\,000\,000$

b) $10^{-6} = 0{,}000001$

c) $10^{-4} = 0{,}0001$

d) $(-2)^8 = 256$

e) $16^{\frac{1}{2}} = \sqrt{16} = 4$

f) $256^{\frac{1}{2}} = \sqrt{256} = 16$

g) $36^{-\frac{1}{2}} = \frac{1}{36^{\frac{1}{2}}} = \frac{1}{\sqrt{36}} = \frac{1}{6}$

h) $81^{\frac{3}{4}} = \left(\sqrt[4]{81}\right)^3 = 33 = 27$

14. a) Falsch, richtig wäre: $2^3 + 4^3 = 8 + 64 = 72$
b) Falsch, richtig wäre: $2^3 + 2^4 = 8 + 16 = 24$ oder $2^3 \cdot 2^4 = 2^7$
c) Richtig
d) Falsch, richtig wäre: $4^3 - 4^{-2} = 64 - \frac{1}{16} = 63\frac{15}{16}$ oder $4^3 \cdot 4^{-2} = 4^1$
e) Falsch, richtig wäre: $(2 + 4)^3 = 6^3$
f) Falsch, richtig wäre: $(3 - 1)^2 = 2^2 = 4$

15. a) $(a \cdot b)^3$

b) $(c \cdot d)^{-2}$; $c, d \neq 0$

c) $(a \cdot b)^0 = 1$

d) $(r \cdot s \cdot t)^{-4}$; $r, s, t \neq 0$

e) $\left(a \cdot \frac{1}{a}\right)^4 = 1^4 = 1$; $a \neq 0$

f) $\left(z \cdot \frac{2}{z}\right)^{\frac{2}{3}} = 2^{\frac{2}{3}} = \sqrt[3]{22} = \sqrt[3]{4}$; $z > 0$

16. a) 10^n **b)** $\left(\frac{1}{3}\right)^{2n}$ **c)** 20^{m+1} **d)** 6^{z-1} **e)** 10^{2n+1} **f)** $(a \cdot b)^{3n}$ **g)** $6^{u+\frac{2}{3}}$ **h)** $8^{r-0{,}5}$

69

17. $a^5 \cdot b^5 = (a \cdot b)^5$
$a^5 \cdot a^3 = a^8$
$a^5 \cdot b^{-4}$
$b^3 \cdot b^5 = b^8$
$b^3 \cdot a^3 = (b \cdot a)^3$
$b^3 \cdot b^{-4} = b^{-1}$
$a^{-4} \cdot b^5$
$a^{-4} \cdot a^3 = a^{-1}$
$a^{-4} \cdot b^{-4} = (a \cdot b)^{-4}$

18. a) $3^{-3} = \frac{1}{27}$

b) $10^5 = 100\,000$

c) $\left(\frac{1}{2}\right)^{-4} = 2^4 = 16$

d) $\left(\frac{1}{3}\right)^{-3} = 3^3 = 27$

e) $\left(-\frac{9}{4}\right)^{-5} = \left(-\frac{4}{9}\right)^5 = -\frac{4^5}{9^5} = -\frac{1\,024}{59\,049}$

f) $\left(\frac{3}{8}\right)^7 = \frac{3^7}{8^7} = \frac{2\,187}{2\,097\,152}$

19. a) $2^6 = 64$
b) $2^{12} = 4\,096$
c) $2^8 = 256$
d) $(-3)^4 = 81$
e) $(-9)^2 = 81$
f) $-3^4 = -81$
g) $2^{12} = 4\,096$
h) $-2^{10} = -1\,024$
i) -2^{-10}
j) $(-1)^7 = -1$
k) $-1^{35} = -1$
l) $(-1)^{35} = -1$

20. a) $5^2 = 25$

b) $36^{\frac{1}{2}} = \sqrt{36} = 6$

c) $49^{-\frac{1}{2}} = \frac{1}{49^{\frac{1}{2}}} = \frac{1}{\sqrt{49}} = \frac{1}{7}$

d) $\left(\frac{1}{4}\right)^{\frac{3}{2}} = \frac{1}{\sqrt{43}} = \frac{1}{\sqrt{64}} = \frac{1}{8}$

e) $\left(\frac{4}{9}\right)^{\frac{2}{3}} = \sqrt[3]{\left(\frac{4}{9}\right)^2} = \sqrt[3]{\frac{16}{81}}$

69

21. a) x^{12}
b) $a^{-6};\ a \neq 0$
c) $z^{21};\ z \neq 0$
d) $w^{10};\ w \neq 0$
e) $(-x)^{12} = x^{12}$
f) $(-x)^{12} = x^{12}$
g) $-x^{12}$
h) $x^{\frac{5}{2}} = \sqrt{x^5};\ x > 0$
i) $x^{\frac{1}{5}} = \sqrt[5]{x};\ x > 0$
j) $y^{\frac{9}{4}} = \sqrt[4]{y^9};\ y > 0$
k) $a^4;\ a > 0$
l) $b^{-1} = \frac{1}{b};\ b > 0$
m) $d^{\frac{1}{5}} = \sqrt[5]{d};\ d > 0$
n) $e^{\frac{1}{2}} = \sqrt{e};\ e > 0$
o) $a^{-\frac{1}{2}} = \frac{1}{a^{\frac{1}{2}}} = \frac{1}{\sqrt{a}};\ a > 0$

22. a) $2^{12} = 4\,096$
b) $-2^{10} = -1\,024$
c) $-2^{10} = -1\,024$
d) $-1^{35} = -1$
e) $-1^{35} = -1$
f) $(-1)^{35} = -1$
g) $2^8 = 256$
h) $(-1)^{-80} = 1$
i) $(-1)^{-24} = 1$
j) $(-1)^6 = 1$

23. (1) Falsch, Gegenbeispiel $2^1 \neq 1^2$
(2) Richtig, denn $(a^m)^n = a^{m \cdot n} = a^{n \cdot m} = (a^n)^m$
(3) Richtig, denn $(a^n)^m = a^{n \cdot m}$

24. a) $2^{10} \cdot 2^{10} \cdot 2^{10} \approx 1\,000 \cdot 1\,000 \cdot 1\,000 = 1\,000\,000\,000$
b) $2^{10} \cdot 2 \approx 1\,000 \cdot 2 = 2\,000$
c) $2^{10} \cdot 2^9 \approx 1\,000 \cdot 512 = 512\,000$
d) $2^{10} \cdot 2^4 \approx 1\,000 \cdot 16 = 16\,000$
e) $5^4 \cdot 2^{10} \cdot 2^{10} \approx 625 \cdot 1\,000 \cdot 1\,000 = 625\,000\,000$

25. a) $3^4 \cdot (\sqrt{5})^4 = 3^4 \cdot 5^2$
b) $(\sqrt{3})^4 \cdot (\sqrt{5})^4 = 3^2 \cdot 5^2$
c) $\left(\frac{1}{3}\right)^{-2} \cdot (\sqrt{3})^{-2}$
d) $x^{-2} \cdot y^{-2}$
e) $3^4 \cdot x^4$
f) $6^3 \cdot x^3 \cdot (\sqrt{2})^3 = 6^3 \cdot 2 \cdot \sqrt{3} \cdot x^3$
g) $(-4)^{-2} \cdot (\sqrt{2})^{-2} = (-4)^{-2} \cdot 2^{-1}$
h) $(\sqrt{6})^{-2} \cdot (\sqrt{8})^{-2} = 6^{-1} \cdot 8^{-1}$
i) $a^{-2} \cdot (\sqrt{2})^{-2} = a^{-2} \cdot 2^{-1}$
j) $x^4 \cdot y^4 \cdot (\sqrt{2})^4 = x^4 \cdot y^4 \cdot 2^2$
k) $e^4 \cdot (\sqrt{5})^4 = e^4 \cdot 5^2$
l) $y^3 \cdot (\sqrt{3})^3 = y^3 \cdot 3 \cdot \sqrt{3}$

70

26. a) $2^2 = 4$
b) $5^4 = 625$
c) $7^5 = 16\,807$
d) $10^6 = 1\,000\,000$
e) $\left(\frac{1}{2}\right)^5 = \frac{1}{2^5} = \frac{1}{32}$
f) $3^3 = 27$
g) $-5^4 = -625$
h) $-3^2 = -9$

27. a) $3^{\sqrt{2} \cdot \sqrt{2}} = 3^2 = 9$
b) $4^{\sqrt{2} \cdot \sqrt{8}} = 4^{\sqrt{16}} = 4^4 = 256$
c) $7^{-\sqrt{7}} = \frac{1}{7^{-\sqrt{7}}} \approx 0{,}0058$
d) $\left(\frac{1}{2}\right)^{2 \cdot \sqrt{2}} = \left(\left(\frac{1}{2}\right)^2\right)^{\sqrt{2}} \approx \left(\frac{1}{4}\right)^{\sqrt{2}} = \frac{1}{4^{\sqrt{2}}} \approx 0{,}1408$

28. a) 6^{10}
b) 5^{10}
c) 10^{12}
d) 10^{16}
e) 2^{16}
f) 3^{12}
g) 2^{30}
h) 2^{50}

29. a) $3x^2 + 3x^3 = 3x^2(1 + x)$
b) $6z^4 - 4z^7 = 2z^4(3 - 2z^3)$
c) $2u^m$
d) $c^2(2 + 3c + 4c^2)$

70 **30. a)** $x^{10} - x^9$ **c)** $x^2 - x^3$ **e)** $5a^9b^2v^{-2} - 10a^3b^7v^{-2}$
b) $a^8 - a^6 - a^4$ **d)** $a^2 - a^{-6} - a^{-2}$ **f)** $5x^3y^3 - 5x^4y^2$

31. a) $12r^7 + 20r^3t^6 - 21s^3r^4 - 35s^3t^6 + 3tr^4 + 5t^7$
b) $2a + 2a^{-1}b^4 + 3b^{-4}a^2 + 3$
c) $5 - 5x^{-4}y^2 - 3y^{-3}x^4 + 3y^{-1}$
d) $9a^{-1} - 9a^2b^2 + 2b^{-5}a^{-3} - 2b^{-3}$
e) $u^{-5} - 2u^{-4} - 2u + 1$
f) $6e - e^{-1} + 1$

32. a) $a\cdot(a^2 + a^3 + 1)$ **c)** $4x^3\cdot(x - 3)$ **e)** $ab\cdot(ab^2 + b - a^4)$
b) $x\cdot(x^4 - x + 1)$ **d)** $3y^2\cdot(5y^3 - 14)$

33. a) Falsch, richtig wäre: $p^4 + p^7 + p^2 = p^2(p^2 + p^5 + 1)$
b) Falsch, richtig wäre: $2x^4 + 6x^6 = 2x^2(x^2 + 3x^4)$ oder: $2x^4 + 6x^6 = 2x^4(1 + 3x^2)$
c) Falsch, richtig wäre: $4x^2y^3 + 2x^3y^2 = 2x^2y^2(2y + x)$
d) Falsch, richtig wäre: $8a^2b^3 - 4a^3b^3 = 4a^2b^2(2b - ab)$

34. –

35. a) $b^{-0{,}5} = \frac{1}{\sqrt{b}}$ **g)** $6x^0 = 6$ **m)** $x^{12} - x^{12} = 0$
b) $(-1)^6 = 1$ **h)** b^{-2} **n)** $81x^4 - 27x^4 = 54x^4$
c) $(-1)^3 = -1$ **i)** $\frac{a^{-2}}{2}$ **o)** $a^{-6} - a^{-6} = 0$
d) $\left(-\frac{1}{2}\right)^{-1} = -2$ **j)** 1 **p)** $a^4\cdot 4 - 8a^4 = -4a^4$
e) z^{10} **k)** $-x^{12}$
f) $(-x)^{12}$ **l)** x^{12}

36. a) x^{-n} **c)** $a^{-n\cdot m - m}$ **e)** x
b) x^{m-n} **d)** $x^{n\cdot k}$ **f)** y^{-3n}

71 **37. a)** $a^6\cdot b^{10}$ **d)** $x^{12}\cdot y^{-8}\cdot z^4$ **g)** $x^{5n+5}\cdot y^{2n+2}$
b) $x^{-12}\cdot z^{18}$ **e)** $a^{2n}\cdot b^{4n}$ **h)** $x^{8n-12}\cdot y^{-4n+6}$
c) $r^9\cdot s^{27}$ **f)** $a^{3n}\cdot b^{4n}\cdot c^{2n}$

38. a) $(x + y)^5$ **c)** $a^6\cdot b^{10}$ **e)** $(2p)^{-2}$
b) $(a - b)^{-10}$ **d)** $x^{-15}\cdot y^{10}$ **f)** $(x\cdot y)^4$

39. a) $5^{\frac{5}{6}}$ **b)** $7^{\frac{8}{15}}$ **c)** $x^{\frac{5}{6}};\ x > 0$ **d)** $2^{-\frac{5}{6}}$ **e)** $x^{\frac{11}{15}};\ x > 0$

40. $a^{\frac{3}{4}}\cdot b^{\frac{3}{4}} = (a\cdot b)^{\frac{3}{4}}$ $b^{\frac{1}{4}}\cdot b^{\frac{3}{4}} = b$ $a^{-\frac{1}{5}}\cdot b^{\frac{3}{4}}$
$a^{\frac{3}{4}}\cdot b^{\frac{1}{4}} = (a^3\cdot b)^{\frac{1}{4}}$ $b^{\frac{1}{4}}\cdot b^{\frac{1}{4}} = b^{\frac{1}{2}}$ $a^{-\frac{1}{5}}\cdot b^{\frac{1}{4}}$
$a^{\frac{3}{4}}\cdot b^{-\frac{1}{5}}$ $b^{\frac{1}{4}}\cdot b^{-\frac{1}{5}} = b^{\frac{1}{20}}$ $a^{-\frac{1}{5}}\cdot b^{-\frac{1}{5}} = (a\cdot b)^{-\frac{1}{5}}$

71 **41. a)** $y^{\frac{5}{6}} = \sqrt[6]{y^5};\ y > 0$ **c)** $b^{\frac{2}{3}} = \sqrt[3]{b^2};\ b > 0$ **e)** $d^{\frac{5}{4}} = \sqrt[4]{d^5};\ d > 0$ **g)** $c^{\frac{1}{2}} = \sqrt{c};\ c > 0$

b) $a^{\frac{1}{3}} = \sqrt[3]{a};\ a > 0$ **d)** $c^{-\frac{1}{3}} = \frac{1}{\sqrt[3]{c}};\ c > 0$ **f)** $b^0 = 1;\ b > 0$ **h)** $a^3;\ a > 0$

42. a) $a^{0,72} = a^{\frac{18}{25}} = \sqrt[25]{a^{18}};\ a > 0$ **d)** $x^1 = x;\ x > 0$

b) $b^{-2} = \frac{1}{b^2};\ b > 0$ **e)** $a^1 = a;\ a > 0$

c) $r^{2,1} \cdot s^{-3,5} = r^{\frac{21}{10}} \cdot s^{-\frac{7}{2}} = \sqrt[10]{r^{21}} \cdot \frac{1}{\sqrt[2]{s^7}};\ r, s > 0$

43. a) $3^{\frac{m+n}{m \cdot n}}$ **c)** $8^0 = 1$ **e)** $p^{\frac{2m}{n}}$

b) $2^{\frac{2n-1}{n^2-n}}$ **d)** $7^{\frac{m}{n-1}} \cdot 7^{\frac{m}{n+1}} = 7^{\frac{2mn}{n^2-1}}$

44. a) Hier wurden die Exponenten multipliziert, statt addiert.
$y^{\frac{2}{3}+3} = a^{\frac{11}{3}} = \sqrt[3]{a^{11}}$ (P1); $a > 0$

b) Hier wurden die Exponenten falsch addiert:
$\frac{2}{3} + \frac{2}{3} \neq \frac{2+2}{3+3} = \frac{4}{6}$, richtig ist $\frac{2}{3} + \frac{2}{3} = \frac{2+2}{3} = \frac{4}{3}$.
$y^{\frac{2}{3}+\frac{2}{3}} = y^{\frac{4}{3}} = \sqrt[3]{y^4}$ (P1*); $y > 0$

c) Hier wurde der Exponent quadriert, statt mit dem anderen multipliziert.
$c^{\frac{5}{3} \cdot 2} = c^{\frac{10}{3}} = \sqrt[3]{c^{10}}$ (P3); $c > 0$

d) Hier wurde (P1) angewendet, obwohl es eine Summe von Potenzen ist. Es kann kein Potenzgesetz angewandt werden, um die Summanden zusammenzufassen.

45. a)

a^3

a^2 | a

$\sqrt{a}$ | $a^{\frac{3}{2}}$ | $a^{-\frac{1}{2}}$

$a^{\frac{1}{2}}$ | 1 | $a^{\frac{3}{2}}$ | a^{-2}

b)

$x^{\frac{2}{3}}y^{\frac{1}{2}}$

$\sqrt{y}$ | $y^{\frac{2}{3}}$

$x^{-\frac{1}{3}}y^{\frac{1}{6}}$ | $(xy)^{\frac{1}{3}}$ | $\left(\frac{x}{y}\right)^{\frac{1}{3}}$

$x^{-\frac{1}{3}}y^{-\frac{1}{6}}$ | $y^{\frac{1}{3}}$ | $\sqrt[3]{x}$ | $y^{-\frac{1}{3}}$

71 45. c)

	$c^{m+\frac{1}{3}}$		
	$c^{-\frac{n}{2}}$	$c^{m+\frac{n}{2}+\frac{1}{3}}$	
c^{-m-n}	$c^{m+\frac{n}{2}}$	$\sqrt[3]{c}$	
c^{-2m-n}	c^{m}	$(\sqrt{c})^{n}$	$\frac{\sqrt[3]{c}}{(\sqrt{c})^{n}}$

Das kann ich noch!

A) Falls es einen rechten Winkel gibt, so liegt er immer der längsten Seite gegenüber. Wir prüfen mit dem Kehrsatz des Satzes des Pythagoras, ob der Winkel ein rechter ist.

1) $(4{,}5\,\text{cm})^2 = 20{,}25\,\text{cm}^2$ und $(3\,\text{cm})^2 + (2\,\text{cm})^2 = 13\,\text{cm}^2$, also $c^2 > a^2 + b^2$, das Dreieck hat beim Eckpunkt C einen stumpfen Winkel.
2) $(6\,\text{cm})^2 = 36\,\text{cm}^2$ und $(3\,\text{cm})^2 + (4\,\text{cm})^2 = 25\,\text{cm}^2$, also $c^2 > a^2 + b^2$, das Dreieck hat beim Eckpunkt C einen stumpfen Winkel.
3) $(9\,\text{cm})^2 = 81\,\text{cm}^2$ und $(8\,\text{cm})^2 + (6\,\text{cm})^2 = 100\,\text{cm}^2$, also $c^2 < a^2 + b^2$, das Dreieck ist ein spitzwinkliges Dreieck.
4) $(7{,}5\,\text{cm})^2 = 56{,}25\,\text{cm}^2$ und $(6\,\text{cm})^2 + (4{,}5\,\text{cm})^2 = 56{,}25\,\text{cm}^2$, also $a^2 = b^2 + c^2$, das Dreieck hat beim Eckpunkt A einen rechten Winkel.

2.5.2 Dividieren von Potenzen

73 1. a) $7^1 = 7$
b) $5^{-2} = \frac{1}{25}$
c) $2^1 = 2$
d) $10^1 = 10$
e) $0{,}5^2 = 0{,}25$
f) $1{,}2^{-1} = \frac{1}{1{,}2}$
g) $7^3 = 343$
h) $2^{-6} = \frac{1}{64}$
i) $(-3)^2 = 9$
j) $(-5)^2 = 25$
k) $10^0 = 1$
l) $5^2 = 25$

2. a) $2^{\frac{1}{4}} = \sqrt[4]{2}$
b) $5^{\frac{3}{4}} = \sqrt[4]{5^3}$
c) $6^{-1} = \frac{1}{6}$
d) $\left(\frac{2}{3}\right)^{-\frac{1}{5}} = \left(\frac{3}{2}\right)^{\frac{1}{5}} = \sqrt[5]{\frac{3}{2}}$
e) $\left(\frac{3}{4}\right)^{\frac{11}{30}} = \sqrt[30]{\left(\frac{3}{4}\right)^{11}}$
f) $\left(\frac{1}{6}\right)^{\frac{19}{4}} = \sqrt[4]{\frac{1}{6^{19}}}$

3. $\frac{2^{22}}{2^1} = 2^{22-1} = 2^{21}$

4. a) 2^5
b) 5^4
c) $\left(\frac{1}{2}\right)^{-10} = 2^{10}$
d) 2^5
e) $\left(\frac{1}{5}\right)^{-4} = 5^4$
f) $4^{-4} = \left(\frac{1}{4}\right)^4$
g) $3^{-5} = \left(\frac{1}{3}\right)^5$
h) 2^9
i) 4^6
j) $\left(\frac{3}{2}\right)^5$
k) $(-1)^{20} = 1$
l) 3^{-3}
m) $\left(-\frac{1}{36}\right)^{-4} = (-36)^4$
n) $\left(\frac{9}{16}\right)^{-3} = \left(\frac{16}{9}\right)^3$
o) $2^{\sqrt{3}}$

73

5\. a) $25^{\frac{1}{2}} = \sqrt{25} = 5$

b) $16^{\frac{1}{4}} = 2$

c) $64^{-\frac{1}{6}} = \frac{1}{\sqrt[6]{64}} = \frac{1}{2}$

d) $8^1 = 8$

e) $\left(\frac{1}{9}\right)^{1,5} = \left(\frac{1}{9}\right)^{\frac{3}{2}} = \frac{1}{\left(\sqrt{9^3}\right)} = \frac{1}{3^3} = \frac{1}{27}$

f) $4^{-0,5} = \frac{1}{\sqrt{4}} = \frac{1}{2}$

6\. a) $a^6;\ a \neq 0$

b) $x^{-9};\ x \neq 0$

c) $(\sqrt{a})^3 = a^{\frac{3}{2}};\ a \geq 0$

d) $c^2;\ c \neq 0$

e) $y^{-3};\ y \neq 0$

f) $z^{-2};\ z \neq 0$

g) $b^{-2};\ b \neq 0$

h) $\left(\sqrt{b}\right)^5 = b^{\frac{5}{2}};\ a \neq 0,\ b \geq 0$

i) $(a \cdot b)^2;\ a,\ b \neq 0$

j) $\left(\sqrt{2}\right)^{-4} = 2^{-2} = \frac{1}{4}$

k) $(x + y)^{-5};\ x + y \neq 0$

l) $\left(x + \sqrt{5}\right)^8;\ x \neq -\sqrt{5}$

2.5.3 Vermischte Übungen zu den Potenzgesetzen – Wurzelgesetze

74

1\. a) (P2):

$a^n \cdot b^n = (a \cdot b)^n$

$a^{\frac{1}{n}} \cdot b^{\frac{1}{n}} = (a \cdot b)^{\frac{1}{n}}$

$\sqrt[n]{a} \cdot \sqrt[n]{b} = \sqrt[n]{a \cdot b}$

(P2*):

$\frac{a^r}{b^r} = \left(\frac{a}{b}\right)^r$

$\frac{a^{\frac{1}{n}}}{b^{\frac{1}{n}}} = \left(\frac{a}{b}\right)^{\frac{1}{n}}$

$\frac{\sqrt[n]{a}}{\sqrt[n]{b}} = \sqrt[n]{\frac{a}{b}}$

(P3):

$(a^r)s = ar \cdot s$

$\left(a^{\frac{1}{n}}\right)^{\frac{1}{m}} = a^{\frac{1}{n} \cdot \frac{1}{m}} = a^{\frac{1}{n \cdot m}}$

$\sqrt[m]{\sqrt[n]{a}} = \sqrt[n \cdot m]{a}$

b) (1) $\sqrt[3]{8} = 2$ (2) $\sqrt[5]{32} = 2$ (3) $\sqrt[12]{2^{12}} = 2$

2\. a) u^{-1}

b) r^6

c) $(v \cdot w)^3$

d) x^2

e) $\left(\frac{r}{s}\right)^{-3}$

f) $x^1 = x$

g) $\left(\frac{a+b}{c+d}\right)^{-2}$

h) $(u - u - 1)^2$

i) c^{-6n}

j) z^{3n}

k) w^{2n-1}

l) $(a \cdot b)^{2n-1}$

3\. a) $\left(\frac{u}{v}\right)^4;\ v \neq 0$

b) $\left(\frac{x}{y}\right)^{-2};\ x, y \neq 0$

c) $\left(\frac{p}{q}\right)^3;\ q \neq 0$

d) $\left(\frac{w}{a}\right)^{-4};\ w, a \neq 0$

e) $\left(\frac{a+b}{c}\right)^2;\ c \neq 0$

f) $\left(\frac{u-1}{v}\right)^{-2};\ u \neq 1, v \neq 0$

4\. a) $a^8;\ a \neq 0$

b) $b^{-8};\ b \neq 0$

c) $\left(\frac{c}{d}\right)^{-5};\ c, d \neq 0$

d) $x^{-4};\ x \neq 0$

e) $y^3;\ y \neq 0$

f) $\left(\frac{a}{u}\right)^5;\ u \neq 0$

g) $a^{-2};\ a \neq 0$

h) $1;\ x \neq 0$

i) $1;\ a \neq 0$

j) $1;\ a \neq 0$

k) $\left(\frac{z}{y}\right)^{-3};\ z, y \neq 0$

l) $\left(\frac{x}{z}\right)^5;\ z \neq 0$

m) $1;\ b \neq 0$

n) $y^{-n};\ y \neq 0$

o) $z^n;\ a \neq 0$

p) $\left(\frac{u}{x}\right)^m;\ x \neq 0$

q) $a^1 = a$

r) x^{-n}

5\. $\frac{a^5}{b^5} = \left(\frac{a}{b}\right)^5$

$\frac{a^5}{a^4} = a$

$\frac{a^5}{b^{-3}} = a^5 b^3$

$\frac{b^4}{b^5} = b^{-1}$

$\frac{b^4}{a^4} = \left(\frac{b}{a}\right)^4$

$\frac{b^4}{b^{-3}} = b^7$

$\frac{a^{-3}}{b^5} = a^{-3} b^{-5}$

$\frac{a^{-3}}{a^4} = a^{-7}$

$\frac{a^{-3}}{b^{-3}} = \left(\frac{a}{b}\right)^{-3}$

74

6. **a)** $\frac{(\sqrt{5})^3}{3^3} = (\sqrt{5})^3 \cdot 3^{-3} = (\sqrt{5})^2 \cdot \sqrt{5} \cdot 3^{-3} = 5 \cdot \sqrt{5} \cdot 3^{-3} = \frac{5}{27}\sqrt{5}$

b) $\frac{(\sqrt{3})^5}{(-2)^5} = (\sqrt{3})^5 \cdot (-2)^{-5} = (\sqrt{3})^4 \cdot \sqrt{3} \cdot (-2)^{-5} = 9 \cdot \sqrt{3} \cdot (-2)^{-5} = -\frac{9}{32}\sqrt{3}$

c) $\frac{(-4)^{-2}}{(\sqrt{2})^{-2}} = (-4)^{-2} \cdot (\sqrt{2})^2 = 16^{-1} \cdot 2 = \frac{2}{16} = \frac{1}{8}$

d) $\frac{(\sqrt{3})^4}{(\sqrt{5})^4} = \frac{3^2}{5^2} = \frac{9}{25}$

e) $\frac{(x \cdot \sqrt{2})^2}{(y \cdot \sqrt{3})^2} = \frac{x^2 \cdot (\sqrt{2})^2}{y^2 \cdot (\sqrt{3})^2} = \frac{2x^2}{3y^2}$

f) $\frac{(x \cdot \sqrt{2})^{-4}}{(y \cdot \sqrt{5})^{-4}} = (x \cdot \sqrt{2})^{-4} \cdot (y \cdot \sqrt{5})^4 = x^{-4} \cdot (\sqrt{2})^{-4} \cdot y^4 \cdot (\sqrt{5})^4 = x^{-4} \cdot 2^{-2} \cdot y^4 \cdot 5^2$

$= \left(\frac{5}{2}\right)^2 x^{-4} y^4 = \frac{25y^2}{4x^2}$

7. **(1)** Die Potenzgesetze können nicht angewendet werden.
$(3+4)^2 = 7^2 = 49$

(2) Verrechnet. $9 \cdot 16 = 144$

(3) Die Potenzgesetze können nicht angewendet werden.
$(3-4)^2 = (-1)^2 = 1$

(4) Richtig.

75

8. **a)**

	216		
	$12a$	$18a^{-1}$	
$2a$	6	$3a^{-1}$	
a^2	$2a^{-1}$	$3a$	a^{-2}

b)

	$8x^{-9}y^{-2}$		
	$4x^{-5}y^{-2}$	$2x^{-4}$	
$4x^{-1}y^{-1}$	$x^{-4}y^{-1}$	$2y$	
$4xy$	$x^{-2}y^{-2}$	$x^{-2}y$	$2x^2$

9. $9^{\frac{1}{6}} = (3^2)^{\frac{1}{6}} = 3^{2 \cdot \frac{1}{6}} = 3^{\frac{1}{3}}$

$125^{\frac{1}{12}} = (5^3)^{\frac{1}{12}} = 5^{3 \cdot \frac{1}{12}} = 5^{\frac{1}{4}}$

$32^{\frac{3}{10}} = (2^5)^{\frac{3}{10}} = 2^{5 \cdot \frac{3}{10}} = 2^{\frac{3}{2}} = 2^1 + \frac{1}{2} = 2^1 \cdot 2^{\frac{1}{2}} = 2 \cdot \sqrt{2}$

$\left(\frac{8}{9}\right)^{\frac{1}{6}} = (2^3)^{\frac{1}{6}} \cdot (3^2) - \frac{1}{6} = 2^{\frac{1}{2}} \cdot 3^{-\frac{1}{3}} = 2^{\frac{1}{2}} \cdot 3^{\frac{2}{3}-1} = 2^{\frac{1}{2}} \cdot 3^{\frac{2}{3}} \cdot 3^{-1} = \frac{3^{\frac{2}{3}} \cdot \sqrt{2}}{3}$

$\left(\frac{1}{2}\right)^{\frac{1}{2}} = \frac{1}{2^{\frac{1}{2}}} = \frac{1}{\sqrt{2}} = \frac{1 \cdot \sqrt{2}}{\sqrt{2} \cdot \sqrt{2}} = \frac{\sqrt{2}}{2}$

75

10. a) $(a \cdot b)^4$

b) $x^{\frac{1}{2}} \cdot y^{\frac{1}{2}} \cdot y^{\frac{1}{4}} = (x \cdot y)^{\frac{1}{2}} \cdot y^{\frac{1}{4}} = \sqrt{x \cdot y} \cdot \sqrt[4]{y}$

c) $(4 \cdot 9)^2 = 36^2 = 1\,296$

d) $(a \cdot b)^7$

e) $(a \cdot b)^{24}$

f) $\left(\sqrt{2} \cdot a\right)^2 = 2\,a^2$

g) $a^{-40} \cdot b^{40} \cdot c^{-40} = (a^{-1} \cdot b \cdot c^{-1})^{40}$

h) $(x \cdot y^2 \cdot z)^{\frac{1}{2}} = x^{\frac{1}{2}} \cdot y \cdot z^{\frac{1}{2}} = \sqrt{x} \cdot y \cdot \sqrt{z}$

11. a) $x^2 y^{-3}$

b) $\left(\frac{b}{a}\right)^{-\frac{3}{2}} = \left(\frac{a}{b}\right)^{\frac{3}{2}} = \sqrt{\left(\frac{a}{b}\right)^3}$

c) $a^{12} \cdot b^{15}$

d) $x^{16} \cdot y^{-14} = \frac{x^{16}}{y^{14}}$

e) $a^{-\frac{2}{n}} \cdot b^2 \cdot c$

12. $V_{klein} = a^3$; $A_{groß} = 4\,a^2$; $h = a^3 : 4\,a^2 = \frac{1}{4}\,a$

13. $1\,g : (4 \cdot 10^{-22}\,g) = 2{,}5 \cdot 10^{21}$

1 g Uran enthält $2{,}5 \cdot 10^{24}$ Atome.

Für den Überschlag nehmen wir an, dass ein Uranatom die Form eines Würfels hat.

$10^{-10}\,m = 10^{-8}\,cm$

Ein Würfel mit 1 cm Kantenlänge enthält also $(10^8)^3 = 10^{24}$ Uranatome.

Er wiegt dann $10^{24} \cdot 4 \cdot 10^{-22}\,g = 400\,g$.

So ein Würfel wäre ungefähr 400 g schwer.

14. Die Potenzgesetze kann man immer anwenden, während die Wurzelgesetze nur für die Spezialfälle sinnvoll angewendet werden können.

15. a) $\sqrt{81} = 9$ **b)** $\sqrt[3]{8} = 2$ **c)** $\sqrt[3]{125} = 5$ **d)** $\sqrt[4]{81} = 3$ **e)** $\sqrt[5]{32} = 2$ **f)** $\sqrt[3]{27} = 3$

16. a) $2^{-\frac{1}{6}}$ **b)** 1 **c)** $2^{-\frac{1}{8}}$ **d)** $b^{\frac{1}{6}}$; $b > 0$ **e)** $z^{\frac{1}{4}}$; $z > 0$ **f)** $a^{\frac{1}{6}}$; $a > 0$

17. a) $\sqrt{9} = 3$ **b)** $\sqrt{9} = 3$ **c)** $\sqrt[3]{27} = 3$ **d)** $\sqrt[3]{125} = 5$ **e)** $\frac{4}{10} = \frac{2}{5} = 0{,}4$ **f)** $\frac{2}{10} = \frac{1}{5} = 0{,}2$

18. a) $\sqrt{4} = 2$ **b)** $\sqrt[3]{\sqrt{144}} = \sqrt[3]{12}$ **c)** $\sqrt{\sqrt[3]{27}} = \sqrt{3}$ **d)** $\sqrt[3]{\sqrt{49}} = \sqrt[3]{7}$ **e)** $\sqrt[4]{4} = \sqrt{\sqrt{4}} = \sqrt{2}$

Im Blickpunkt: Stimmung einer Tonleiter

76

1. a) $c \xrightarrow{\cdot\frac{9}{8}} d \xrightarrow{\cdot\frac{9}{8}} e \xrightarrow{\cdot\frac{256}{243}} f \xrightarrow{\cdot\frac{9}{8}} g \xrightarrow{\cdot\frac{9}{8}} a \xrightarrow{\cdot\frac{9}{8}} h \xrightarrow{\cdot\frac{256}{243}} c'$

Bei einem Ganztonschritt wird die Frequenz mit $\frac{9}{8}$ vervielfacht, bei einem Halbtonschritt mit $\frac{256}{243}$.

b) Für die nicht in der Tonleiter enthaltenen Halbtonschritte müsste gelten

$\xrightarrow{\cdot\frac{9}{8}}$ bzw. $\xrightarrow[\cdot h]{} \xrightarrow[\cdot h]{}$, also $h^2 = \frac{9}{8}$, also $h = \frac{3}{\sqrt{8}} = \frac{3}{2\sqrt{2}} \neq \frac{256}{243}$.

Näherungswerte sind $\frac{256}{243} = 1{,}054\ldots$ und $\frac{3}{2\sqrt{2}} = 1{,}060\ldots$

2. a) $h^{12} = 2$, also $h \sqrt[12]{2} = 1{,}059\ldots$

b)

Ton	c	d	e	f	g	a	b	c′
ν_{Pyth} (in Hz)	260,7	293,3	330	347,7	391,1	440	495	521,5
ν_{Wohl} (in Hz)	261,6	293,7	329,6	349,2	392,0	440	493,9	523,3

3. Die reine Stimmung hat ausgehend von der Frequenz ν des Grundtones c folgende Frequenzen.

Ton	c	d	e	f	g	a	b	c′
Frequenz	ν	$\frac{9}{8}\nu$	$\frac{5}{4}\nu$	$\frac{4}{3}\nu$	$\frac{3}{2}\nu$	$\frac{5}{3}\nu$	$\frac{15}{8}\nu$	2ν

3. Wachstumsprozesse – Exponentialfunktionen

79 **Einstiegsseite:**

→

Feld	1	2	3	4	5	6	7	8	9
Anzahl	$2^0 = 1$	$2^1 = 2$	$2^2 = 4$	$2^3 = 8$	$2^4 = 16$	$2^5 = 32$	$2^6 = 64$	$2^7 = 128$	$2^8 = 256$

Auf dem n-ten Feld liegen also 2^{n-1} Reiskörner.
Auf dem 64. Feld liegen dann $9\,223\,372\,036\,864\,775\,808 \approx 9{,}22337 \cdot 10^{18}$ Reiskörner.

→ Die Summe der Reiskörner bis zum n-ten Feld ist $2^n - 1$. Die Summe der Reiskörner auf allen 64 Feldern ist also
$2^{64} - 1 = 18\,446\,744\,039\,484\,029\,952 \approx 1{,}84467 \cdot 10^{19}$.
Im Internet findet man die Angabe, dass ein Reiskorn 0,03 g wiegt. Alle Reiskörner zusammen wiegen dann
$(2^{64} - 1) \cdot 0{,}03\,\text{g} \approx 5{,}534 \cdot 10^{17}\,\text{g} = 5{,}534 \cdot 10^{14}\,\text{kg} = 5{,}534 \cdot 10^{11}\,\text{t} = 553\,400\,000\,000\,\text{t}$.
Die Welternte an Reis betrug 2016 etwa 480 Mio. t. Auf den Feldern des Schachbretts liegen also über 1000-mal so viele Reiskörner.

Lernfeld: Schnell hinunter, hoch hinaus

80 **1. Auftrag: Würfelspiel „Sechs ist aus"**

→ Die Schülerinnen und Schüler erfahren bei der Bearbeitung der Aufgaben, wie sich exponentielle Abnahme auch im Alltag bemerkbar macht und wie man zu großer Wahrscheinlichkeit im Modell diese exponentielle Abnahme bereits vorhersagen kann. In der Aufgabe zum „Würfelspiel" fließt am Rande darüber hinaus noch die stochastische Streuung mit ein.

→ Im ersten Spiel wird erwartet, dass noch 40 Würfel im Spiel sind, im zweiten dann noch etwa $\frac{5}{6}$ davon, also rund 33, dann 28, 23, 19, 16, 13, 11, 9, 8, 6, 5,…
Diese Prognose basiert auf der verallgemeinernden Annahme, dass nach dem n-ten Spiel noch $40 \cdot \left(\frac{5}{6}\right)^n$ Würfel im Spiel sind.

80 **2. Auftrag: Erneuerbare Energien**

→

Jahr	Prozentuale Zunahme im Vergleich zum Vorjahr
2001	37,36 %
2002	30,13 %
2003	26,69 %
2004	20,81 %
2005	23,95 %
2006	25,25 %
2007	27,06 %
2008	28,43 %
2009	31,84 %
2010	24,53 %
2011	20,25 %
2012	18,86 %
2013	12,58 %
2014	15,98 %
2015	17,02 %
2016	12,56 %

→ Unter der Voraussetzung, dass das Wachstum im Mittel so bleibt wie von 2013 bis 2016, ergibt sich bei der Annahme der konstanten prozentualen Wachstumsrate von 14,53 % (arithmetisches Mittel der einzeln ermittelten Wachstumsraten) ein Wert von $486{,}7 \cdot 1{,}1453^4 \approx 837$ Gigawatt.

→ Diese Wachstumsrate ist nicht realistisch, da in der realen Welt Wachstum stets begrenzt wird. Daher stellt exponentielles Wachstum nur in eingeschränkten Zeitbereichen eine sinnvolle Modellierung dar.

81 **3. Auftrag: Weltbevölkerung wächst und wächst**

Die Schülerinnen und Schüler erfahren bei der Bearbeitung der Aufgaben, wie man zu Aussagen über das Bevölkerungswachstum gelangen kann, wie Prognosen erstellt werden können und welchen Aussagewert diese haben.

Die beiden Texte regen zur Diskussion über die statistische Erfassung der Weltbevölkerung an: Die Weltbevölkerungsuhr arbeitet nach einem linearen Modell, die Vereinten Nationen legen ihren Prognosen ein exponentielles Modell zugrunde. Beide Modelle gehen von verschiedenen Annahmen über das Bevölkerungswachstum hinaus.

Die Schülerinnen und Schüler erstellen mithilfe ihres Rechners für beide Annahmen Graphen und Tabellen und berechnen für beide Modelle Prognosen für das Jahr 2050 sowie das Überschreiten einer Milliardengrenze. Dazu müssen sie zunächst Überlegungen zur Berechnung der Bevölkerungszahl nach n Jahren anstellen. Diese können zu einer expliziten oder einer rekursiven Darstellung führen je nach Vorkenntnis der Schülerinnen und Schüler.

81 → *Weltbevölkerungsuhr*

Pro Sekunde kommen 2,7 Menschen hinzu bedeutet, in einem Jahr kommen $2{,}7 \cdot 60 \cdot 60 \cdot 24 \cdot 365$ Menschen = 85 147 200 Menschen hinzu.

2017 leben am 22.02. um 10.50 Uhr 7 456 875 298 Menschen, dann leben nach 33 Jahren am 22.02.2050 um 10.50 Uhr

7 456 875 298 Menschen + 85 147 200 Menschen · 33 = 10 266 732 898 Menschen.

UN-Prognose vom 22.02.2014

Die Weltbevölkerung wächst nach dieser Prognose der UN jährlich um 1,1 %. Das bedeutet, nach 33 Jahren, am 22.02.2050, leben

7 456 875 298 Menschen $\cdot 1{,}011^{33} \approx$ 10 699 045 018 Menschen.

Statt einer exakten Rechnung kann die Lösung auch tabellarisch ermittelt werden. Dazu werden die Schüler allerdings mit Näherungswerten rechnen, z. B. für die Weltbevölkerungsuhr mit der Formel $y = 7{,}457 + 0{,}0851 \cdot x$, für die UN-Prognose nach der Formel $y = 7{,}457 \cdot 1{,}011^x$ (in Mrd.).

→ Das Überschreiten der Milliardengrenzen kann ebenfalls mithilfe der Tabelle ermittelt werden.

	Weltbevölkerungsuhr	UN-Prognose
8-Milliardengrenze	Zwischen 2023 und 2024	Zwischen 2023 und 2024
9-Milliardengrenze	Zwischen 2035 und 2036	Zwischen 2034 und 2035
10-Milliardengrenze	Zwischen 2046 und 2047	Zwischen 2043 und 2044

Die Tabelle führt zu der zu negierenden Frage, ob exponentielles Wachstum den Prozess für immer beschreiben kann und darüber hinaus wird deutlich, dass jeweils ein Modell eine Annahme trifft (hier: einmal linear und einmal exponentiell).

3.1 Beschreibung exponentieller Prozesse

3.1.1 Lineares und exponentielles Wachstum

82 **Einstieg:**

Stellungnahme Artikel links:

$f(x) = 500 + 200\,x$ (x Anzahl der Monate nach Januar 2015)

$f(12) = 500 + 200 \cdot 12 = 2\,900 > 2\,500$.

Im Januar 2016 werden es unter der Bedingung, dass die Mitgliederzahlen weiterhin derart wachsen, sogar mehr als 2 500 Mitglieder sein, nämlich 2 900. Daher ist die Angabe im Artikel falsch.

Stellungnahme Artikel rechts:

$g(x) = 50 \cdot 1{,}5^x$

$g(12) = 50 \cdot 1{,}5^{12} = 6\,487 > 5\,000$.

Im Januar 2016 kann unter der Bedingung der gleichbleibenden Wachstumsrate mit mehr als 5 000 Nutzern gerechnet werden. Daher ist die Angabe im Artikel richtig.

82 **Einstieg:** Fortsetzung

Berechnung der Mitgliederzahl im Januar 2018:

Im Januar 2018 sind drei Jahre vergangen, also 36 Monate.

$f(36) = 500 + 200 \cdot 36 = 7\,700$

$g(36) = 50 \cdot 1{,}5^{36} \approx 109\,208\,221$

Unter der Bedingung, dass sich das Wachstum nicht verändert, wird das soziale Netzwerk „Kennst-du-den?“ im Januar 2018 rund 7700 Mitglieder haben, der Kurznachrichtendienst wird sogar 109 208 221 Mitglieder haben.

85 **2. a)**

Zeit x (in min)	0	1	2	3	4	5	6
Wassermenge f(x) (in l)	0	0,75	1,5	2,25	3	3,75	4,5

Zeit x (in min)	7	8	9	10	11	12
Wassermenge f(x) (in l)	5,25	6	6,75	7,5	8,25	9

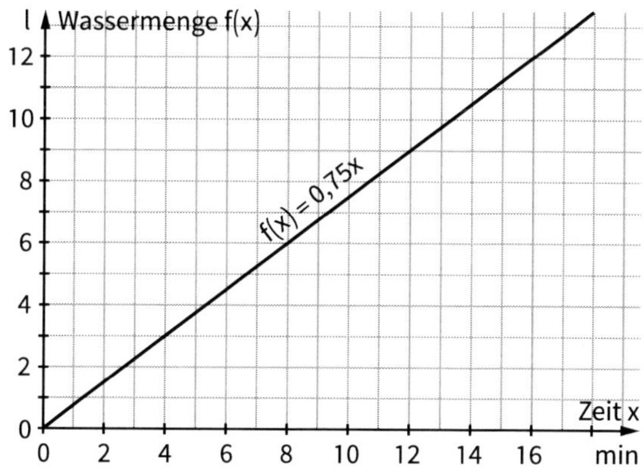

$f(x) = 0{,}75 \cdot x$

b) Nach der doppelten (dreifachen, vierfachen, …) Zeit fließt die doppelte (dreifache, vierfache, …) Menge an Wasser aus dem Hahn. Somit handelt es sich um eine proportionale Zuordnung, also um proportionales Wachstum.

c) Bei $x = 0$ ist auch $f(x) = 0$.

3.

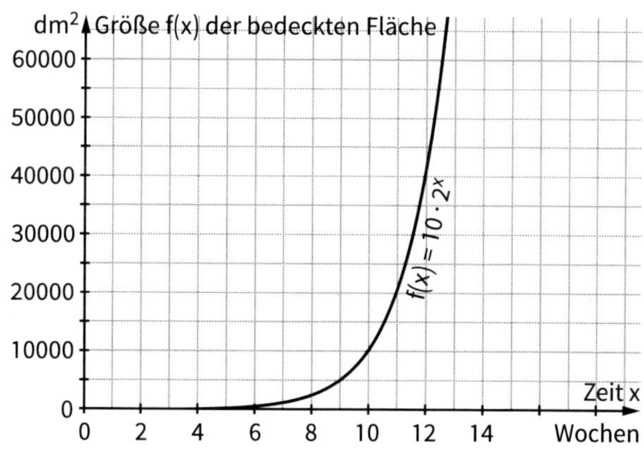

85

3. a) Nach 4 Wochen hat sich die Fläche um den Faktor 16 vergrößert.
Nach 6 Wochen hat sich die Fläche um den Faktor 64 vergrößert.
Nach 8 Wochen hat sich die Fläche um den Faktor 256 vergrößert.
Nach 10 Wochen hat sich die Fläche um den Faktor 1 024 vergrößert.

b) Nach 9 Wochen: 5 120 dm^2
Nach 10 Wochen: 10 240 dm^2
Nach 11 Wochen: 20 480 dm^2

c) Nach $\frac{1}{4}$ Woche: ≈ 11,9 dm^2; nach einem Tag = $\frac{1}{7}$ Woche: ≈ 11 dm^2.

d) Das Ergebnis ist richtig. Die Fläche hat sich um den Faktor 1 024 vergrößert.

4. a) x: Anzahl der Wochen
f(x): Größe des Baggersees (in m^2)
g(x): Größe der Algenfläche (in m^2)

x	0	1	2	3	4	5
f(x)	1 200	1 900	2 600	3 300	4 000	4 700
g(x)	1	3	9	27	81	243

x	6	7	8	9
f(x)	5 400	6 100	6 800	7 500
g(x)	729	2 187	6 561	19 683

Die Fläche des Sees wächst linear, die von den Algen bedeckte Fläche wächst exponentiell.
$f(x) = 1\,200 + 700\,x$
$g(x) = 3^x$

b) Nach etwas mehr als 8 Wochen ist der ganze See mit Algen bedeckt.

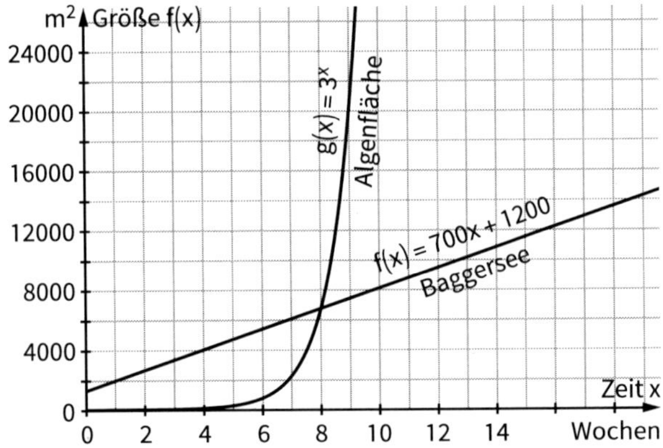

85

5. Arten der Prozesse und Formeln:

a) exponentiell;
$V(x) = 3^x$ (in cm^2)

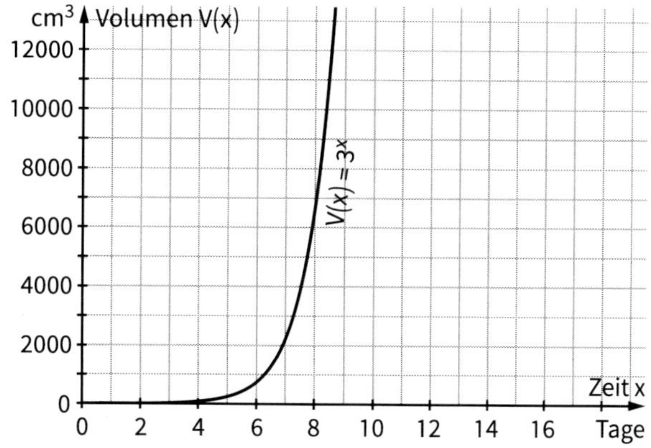

b) linear;
$H(x) = 26 \cdot x$ (in cm)

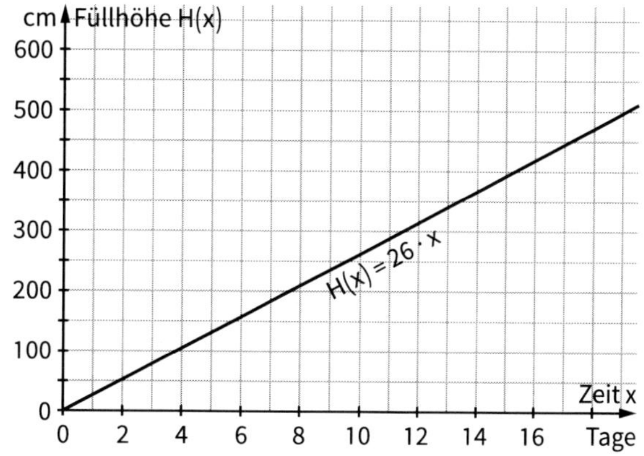

c) exponentiell;
$A(x) = 4^x$
(Anzahl der infizierten Personen)

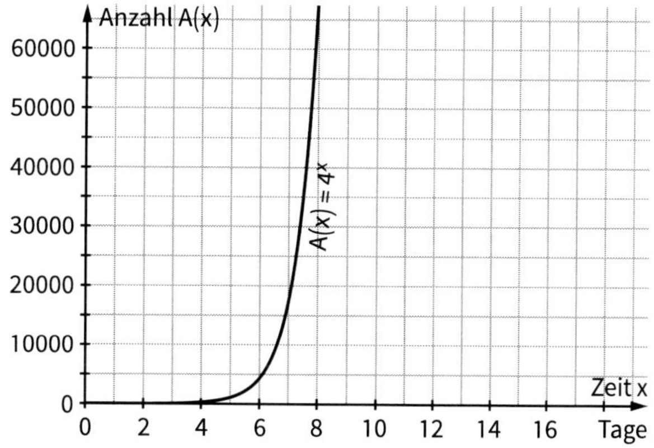

Zeit (in Tagen)	0	1	2	3	4	5	6	7	8
a) Volumen (in cm^3)	1	3	9	27	81	243	729	2 187	6 561
b) Füllhöhe (in cm)	0	26	52	78	104	130	156	182	208
c) Anzahl der infizierten Personen	1	4	16	64	256	1 024	4 096	16 384	65 536

85

6.

Zeit (in Monaten)	Größe der mit Hyazinthen bedeckten Fläche (in m^2)	Größe der mit Hyazinthen bedeckten Fläche (in km^2)
0	2	0,000002
1	6	0,000006
2	18	0,000018
3	54	0,000054
4	162	0,00016
5	486	0,00049
6	1458	0,0015
7	4374	0,0044
8	13122	0,013
9	39366	0,039
10	118098	0,12
11	354294	0,35
12	1062882	1,06
13	3188646	3,19
14	9565938	9,57
15	28697814	28,70

$f(x) = 2 \cdot 3^x$ (in m^2)

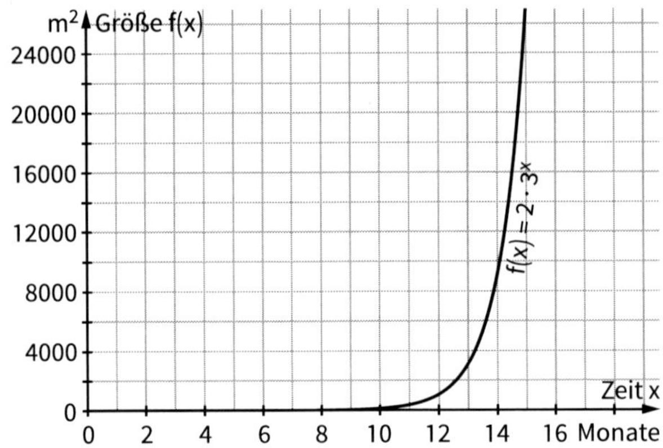

86

7. a) Lineares Wachstum: $f(x) = 1\,200\,x + 71\,300$

Exponentielles Wachstum: $f(x) = 71\,300 \cdot \left(1 + \frac{1\,200}{71\,300}\right)^x = 71\,300 \cdot \left(\frac{725}{713}\right)^x$

Jahr	Anzahl der Jahre	Fläche (in ha) bei linearem Wachstum	Fläche (in ha) bei exponentiellem Wachstum
2014	0	71 300	71 300
2015	1	72 500	72 500
2016	2	73 700	73 720
2017	3	74 900	74 961
2018	4	76 100	76 223
2019	5	77 300	77 505
2020	6	78 500	78 810
2021	7	79 700	80 136
2022	8	80 900	81 485
2023	9	82 100	82 856
2024	10	83 300	84 251
2025	11	84 500	85 669
2026	12	85 700	87 111
2027	13	86 900	88 577
2028	14	88 100	90 068
2029	15	89 300	91 583
2030	16	90 500	93 125

b) Lineares Wachstum: $f(x) = 100\,x + 1\,400$

Exponentielles Wachstum: $f(x) = 1400 \cdot \left(1 + \frac{100}{1\,400}\right)^x = 71\,300 \cdot \left(\frac{15}{14}\right)^x$

Jahr	Anzahl der Jahre	Fläche (in ha) bei linearem Wachstum	Fläche (in ha) bei exponentiellem Wachstum
2014	0	1 400	1 400
2015	1	1 500	1 500
2016	2	1 600	1 607
2017	3	1 700	1 722
2018	4	1 800	1 845
2019	5	1 900	1 977
2020	6	2 000	2 118
2021	7	2 100	2 269
2022	8	2 200	2 431
2023	9	2 300	2 605
2024	10	2 400	2 791
2025	11	2 500	2 990
2026	12	2 600	3 204
2027	13	2 700	3 433
2028	14	2 800	3 678
2029	15	2 900	3 941
2030	16	3 000	4 222

86 *Das kann ich noch!*

A) Länge des Rechtecks (in cm) x

Breite des Rechtecks (in cm); $\frac{11{,}4 - 2x}{2} = 5{,}7 - x$

Der Flächeninhalt A dieses Rechtecks ist: $A = x \cdot (5{,}7 - x) = 5{,}7x - x^2$.

Für den Flächeninhalt des veränderten Rechtecks gilt:

$$(x - 0{,}5) \cdot (5{,}7 - x + 1{,}5) = A + 3{,}4$$
$$-x^2 + 7{,}7x - 3{,}6 = 5{,}7x - x^2 + 3{,}4$$
$$2x = 7$$
$$x = 3{,}5$$

Die eine Rechteckseite ist 3,5 cm lang, die andere 2,2 cm.
Das veränderte Rechteck hat die Seitenlängen 3,0 cm und 3,7 cm.

3.1.2 Prozentuale Wachstumsrate

87 **Einstieg:**
Die Städte wachsen jährlich um 3,0 %, also mit dem Faktor 1,03. In zwei Jahren also mit dem Faktor $1{,}03^2$, in n Jahren mit dem Faktor $1{,}03^n$. Eine Verdopplung der Bevölkerung bedeutet, dass dieser Wert 2 ist. Das ist nach 20 Jahren aber noch nicht der Fall, da $1{,}03^{20} \approx 1{,}81 < 2$. Somit stimmt die Angabe über die Verdopplungszeit im Artikel nicht. Eine Verdopplung ist erst nach 23,45 Jahren der Fall, also im 24. Jahr.

88 2. a) Unter Verwendung der angegebenen Faustformel gilt für die Verdopplungszeiten:
Simbabwe: nach etwa 16,5 Jahren
Liberia: nach etwa 27,6 Jahren
Indien: nach etwa 55,0 Jahren
Malaysia: nach etwa 47,8 Jahren
Nigeria: nach etwa 28,2 Jahren

b)

Wachstumsrate p %	1	2	3	4	5
Verdopplungszeit d (Jahre)	69,7	35	23,4	17,7	14,2
p·d	69,7	70	70,2	70,8	71

Wachstumsrate p %	6	7	8	9	10
Verdopplungszeit d (Jahre)	11,9	11,2	9	8,04	7,3
p·d	71,4	71,4	72	72,4	73

Beide Größen sind antiproportional zueinander.

3. M (x): Masse der Hefekultur (in g)
x: Anzahl der Stunden
$M(x) = 5 \cdot 2{,}5^x$
Die prozentuale Wachstumsrate beträgt 150 %.
Eine Verdopplung (Verdreifachung, …) des Anfangsbestandes führt zu einer Verdopplung (Verdreifachung, …) des Endbestandes, denn:
$M(x) = (n \cdot 5) \cdot 2{,}5^x = n \cdot (5 \cdot 2{,}5^x)$.

88

4. (1) 1 045,70 € (2) 1 077,30 € (3) 1 126,50 €
Wachstum: exponentiell
Formel: $1\,000\,€ \cdot 1{,}015^n$ (n: Anzahl der Jahre)

5. a)

Zeit x (in Jahren)	0	1	2	3	4	5
Bestand B(x) (in Festmeter)	40 000	41 400	42 849	44 349	45 901	47 507

Zeit x (in Jahren)	6	7	8	9	10
Bestand B(x) (in Festmeter)	49 170	50 891	52 672	54 516	56 424

b)

Zeit x (in Jahren)	0	1	2	3	4	5
Bestand B(x) (in Festmeter)	40 000	41 000	42 025	43 076	44 153	45 256

Zeit x (in Jahren)	6	7	8	9	10
Bestand B(x) (in Festmeter)	46 388	47 547	48 736	49 955	51 203

c)

Zeit x (in Jahren)	0	1	2	3	4	5
Bestandsunterschied (in Festmeter)	0	400	824	1 273	1 748	2 251
Verlust (in €)	0	18 000	37 080	57 285	78 660	101 295

6. $1170\,€ : 1000\,€ = 1{,}17$; $1{,}17^{\frac{1}{4}} \approx 1{,}04$
Der Zinssatz beträgt 4 %.

7. K_0: Anfangskapital (am Jahresbeginn)
p %: Wachstumsrate (= Zinssatz)
n: Anzahl der Jahre
K_n: Kapital nach n Jahren

K_0	1 500 €	25 000 €	23 682,28 €	1 000 €	8 945,45 €
p %	4 %	5,75 %	3 %	4,14 %	6 %
n	8	10	8	10	12
K_n	2 052,85 €	43 726,40 €	30 000 €	1 500 €	18 000 €

89

8. Afrika: $72 : 2{,}6 \approx 28$ Jahre
Asien: $72 : 1{,}1 \approx 65$ Jahre

9. Die Rechnung berücksichtigt nicht die Zinseszinsen.
Das Kapital wird sich bereits nach 29 Jahren verdoppelt haben, da die hier geltende Gleichung $1{,}025^x = 2$ die Lösung $x \approx 28{,}07$ besitzt.

10. Prognose A: $\sqrt[25]{2} - 1 = 2{,}8\,\%$ Prognose B: $\sqrt[32]{2} - 1 = 2{,}2\,\%$

11. Funktionsgleichung: $f(x) = 23 \cdot 1{,}2^x$ für f(x) in Mio. und x in Jahren nach 2011
Prognose für 2016: $f(5) = 23 \cdot 1{,}2^5 \approx 57{,}23$
Die Anzahl der verkauften Downlights im Jahr 2016 beträgt rund 57 Mio.

3.1.3 Exponentielle Abnahme – Zerfall

89 **Einstieg:**

a) Funktionsgleichung: $f(x) = 40 \cdot 0{,}8^x$
Der Funktionswert 20 wird bei $x \approx 3{,}11$ erreicht. Also dauert es etwa 3:06 Minuten, bis die Hälfte des injizierten Farbstoffes abgebaut ist. Die Dauer ist aber unabhängig davon, wie groß der Anfangswert ist.

b) Funktionsgleichung: $f(x) = 50 \cdot 0{,}8^x$
Prüfe den Wert $f(10) = 50 \cdot 0{,}8^{10} \approx 5{,}4$.
10 % von 50 sind etwa 5. Dies entspricht dem ermittelten Wert gerundet. Also arbeitet die Leber des Patienten normal.

91 **2.** a)

	1. Tag	2. Tag	3. Tag	4. Tag	5. Tag
Anzahl der Tage	0	1	2	3	4
Masse (in mg)	3	2,76	2,54	2,34	2,15

Abnahmefaktor: $1 - 0{,}08 = 0{,}92$

b) neuer Wert = alter Wert – p % vom alten Wert
$= \text{alter Wert} \cdot \left(1 - \frac{p}{100}\right)$

3. a)

Anzahl x der Jahre	Masse f(x) (in g)
0	6
1	5,500
2	5,042
3	4,622
4	4,236
5	3,883
6	3,560

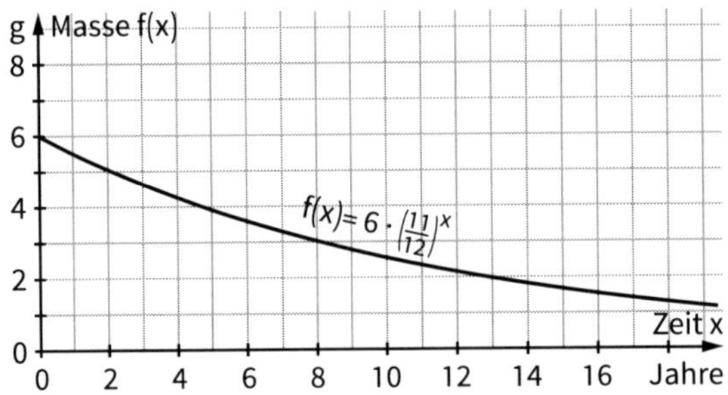

b) $y = 6 \cdot \left(\frac{11}{12}\right)^x$

c) 10 Jahre: 2,513 g

d) Für $x = 8$ erhält man ungefähr 3,000 g. Die Halbwertszeit beträgt also 8 Jahre.

4. a) Nach 3 Stunden ist zum ersten Mal weniger als 0,5 mg vorhanden.

b) Der Zerfallsfaktor beträgt 0,75 [0,5625; 0,421875; 0,237305]

91

5. a) Morgens ist der Gehalt $1{,}6 - 0{,}2 \cdot 5 = 0{,}6$ Promille.
   b) x: Anzahl der Stunden
   Promillegehalt: $P(x) = 1{,}6 - 0{,}2 \cdot t$
   $1{,}6 - 0{,}2 \cdot x = 0$; d. h. $x = 8$
   Um 11:00 Uhr ist der Blutalkoholgehalt auf 0 Promille abgesunken.
   c) Der Abbau des Blutalkohols ist ein linearer Prozess, der Abbau des radioaktiven Jods dagegen ist ein exponentieller Prozess.

6. Nach etwas mehr als 17 Wochen: $135 \cdot 0{,}9^{17} \approx 22{,}51$

7. Zwischen **(1)** 13 mm und 14 mm ; **(2)** 44 mm und 45 mm.

Im Blickpunkt: Mittelwerte bei Zunahme- und Abnahmeprozessen

92

1. a) Der Zug war beim Streckenkilometer 41,5.
   b) Geschwindigkeit des Zuges: $\frac{b-a}{t_2 - t_1}$
   Nach t_1 Sekunden ist der Zug an der Stelle a, d. h. jede weitere gefahrene Sekunde muss mit der Geschwindigkeit multipliziert werden und zu a hinzuaddiert werden. Bei $\frac{t_1 + t_2}{2}$ Sekunden fährt der Zug zusätzlich $\frac{t_1 + t_2}{2} - t_1$ Sekunden, also insgesamt
   $$a + \frac{b-a}{t_2 - t_1} \cdot \left(\frac{t_1 + t_2}{2} - t_1\right) = a + \frac{b-a}{t_2 - t_1} \cdot \left(\frac{t_2 - t_1}{2}\right) = \frac{a+b}{2}$$

2. a) $300 \frac{km}{h}$
   b) Die Länge der zurückgelegten Strecke l ist konstant und beträgt:
   $$l = t_1 \cdot a = t_2 \cdot b = \left(\frac{t_1 + t_2}{2}\right) \cdot x$$
   $$x = \frac{t_1 \cdot a}{t_1 + t_2} \cdot 2 = \frac{\frac{l}{a} \cdot a}{\frac{l}{a} + \frac{l}{b}} \cdot 2 = \frac{2}{\frac{1}{a} + \frac{1}{b}} = \frac{2ab}{a+b}$$

3. a) $60\, m^2$
   b) Für den Wachstumsfaktor w gilt: $a_0 \cdot w^{t_1} = a$ und $a_0 \cdot w^{t_2} = b$
   mit a_0: bedeckte Fläche zu Beobachtungsbeginn.
   Für w folgt: $\frac{w^{t_2}}{w^{t_1}} = \frac{b}{a}$
   $$w = \left(\frac{b}{a}\right)^{\frac{1}{t_2 - t_1}}$$
   Weiter gilt: $a \cdot w^{t_2 - t_1} = b$ und für den gesuchten Term x:
   $$x = a \cdot w^{\frac{t_1 + t_2}{2} - t_1}$$
   $$= a \cdot w^{\frac{t_2 - t_1}{2}} = a \cdot \left(\frac{b}{a}\right)^{\frac{1}{t_2 - t_1} \cdot \frac{t_2 - t_1}{2}}$$
   $$= a \cdot \left(\frac{b}{a}\right)^{\frac{1}{2}}$$
   $$x = \sqrt{a \cdot b}$$

93

4. a) Bei allen 3 Aufgaben wird zu zwei gegebenen Zeitpunkten t_1 und t_2 der zugehörige Wert zum Mittelwert $\frac{t_1 + t_2}{2}$, also dem Zeitpunkt, der genau in der Mitte zwischen t_1 und t_2 liegt, gesucht.
Ergebnis von Aufgabe 1 ist das Arithmetische Mittel.
Ergebnis von Aufgabe 2 ist $x = \frac{2}{\frac{1}{a} + \frac{1}{b}}$ bzw. umgeformt $\frac{1}{x} = \left(\frac{1}{a} + \frac{1}{b}\right) \cdot \frac{1}{2}$, also das Harmonische Mittel.
Aufgabe 3 hat das Geometrische Mittel als Ergebnis.

b) –

c) **(1)** Herleitung siehe Lösung zur Aufgabe 1. b) auf Seite 92 des Schülerbandes.
(2) Herleitung siehe Lösung zur Aufgabe 3. b) auf Seite 92 des Schülerbandes.
(3) Herleitung siehe Lösung zur Aufgabe 2. b) auf Seite 92 des Schülerbandes.

5. **(1)** Arithmetisches Mittel; $15\,\frac{km}{h}$
(2) Harmonisches Mittel; $14{,}4\,\frac{km}{h}$
(3) Geometrisches Mittel; 19,58 %

6. –

7. **(1)** r: Radius des Halbkreises mit $r = |AM| = |BM| = |CM|$.
$2 \cdot |MC| = 2 \cdot r = |AB| = a + b$
$|MC| = \frac{1}{2}(a + b)$

(2) Höhensatz: $|HC|^2 = |AH| \cdot |HB| = a \cdot b$
$|HC| = \sqrt{a \cdot b}$

(3) $|LM| \cdot |CM| = |HM|^2$ (Kathetensatz)

$$(r - |LC|) \cdot r = (b - r)^2$$

$$-|LC| = \frac{(b - r)^2}{r} - r$$

$$|LC| = \frac{r^2 - (b - r)^2}{r}$$

$$\frac{1}{|LC|} = \frac{r}{r^2 - b^2 + 2br - r^2} \qquad \Big| \; r = \frac{a + b}{2}$$

$$= \frac{a + b}{2} \cdot \frac{1}{-b^2 + b(a + b)}$$

$$= \frac{a + b}{2} \cdot \frac{1}{ba}$$

$$\frac{1}{|LC|} = \frac{1}{2} \cdot \left(\frac{1}{b} + \frac{1}{a}\right)$$

(4) $|MC| > |HC| > |LC|$, d. h. das arithmetische Mittel ist größer als das geometrische Mittel und das ist größer als das harmonische Mittel von a und b.

3.2 Exponentialfunktionen und ihre Eigenschaften

94

Einstieg:
Siehe Information auf Seite 96 des Schülerbandes.

95

3. **a)** Siehe Information auf Seite 96 des Schülerbandes.

b) $b = 1$: $b^x = 1^x = 1$ konstante Funktion.
Dieser Fall ist ausgeschlossen, da die Eigenschaften der Exponentialfunktionen (z. B. strenge Monotonie, Asymptote) hierfür nicht gegeben sind.
$b = 0$: $b^x = 0^x = 0$; $x \neq 0$ konstante Funktion. Analog zum Fall $b = 1$
$b < 0$: Sei z. B. $b = -2$. Für die Funktion $f(x) = (-2)^x$ könnte man z. B. an der Stelle $x = 0{,}5$ keinen Funktionswert zuordnen, denn aus einer negativen Zahl darf man keine Wurzel ziehen. Für $b < 0$ könnte man also nicht den Definitionsbereich $\mathbb{R}$ wählen.

96

4. **a)** 2,3; 0,2; 4,0; 5,2; 0,5 **b)** 0,3; 1,6; 2,1; keine

5. **a)** $f(x) = 4 \cdot 2^x$ **d)** $f(x) = \frac{1}{8} \cdot 2^x$ **g)** $f(x) = 4^x$
b) $f(x) = \frac{1}{4} \cdot 2^x$ **e)** $f(x) = \sqrt{2} \cdot 2^x$ **h)** $f(x) = 8^x$
c) $f(x) = 8 \cdot 2^x$ **f)** $f(x) = \frac{\sqrt{2}}{2} \cdot 2^x$ **i)** $f(x) = \left(\sqrt{2}\right)^x$

6. **a)** $f(x) = 2^{10} \cdot 2^x$ $\left[f(x) = \frac{1}{2^{10}} \cdot 2^x\right]$
b) $f(x) = 4^5 \cdot 4^x = 4^{x+5}$ um 5, da $4^5 = 1024 \approx 1000$

7. Multiplikation
a) mit 0,25 **c)** mit $\frac{1}{1024}$ **e)** mit $\frac{1}{\sqrt{2}} \approx 0{,}707$
b) mit $\frac{1}{16}$ **d)** mit 2 **f)** mit sich selbst

97

8. Eigenschaften: siehe Information auf Seite 97 des Schülerbandes.

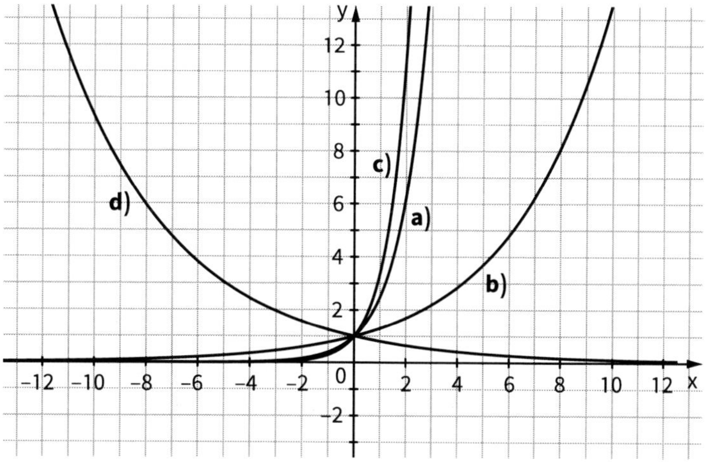

97

9. $f(x) = 5^x$

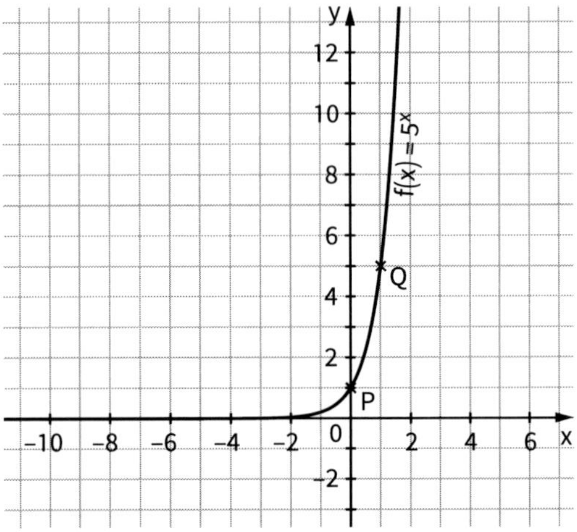

10. Der Graph zu $y = 3^x$ ist steiler als der Graph von $y = 2{,}5^x$. Beide steigen von links nach rechts an.
Der Graph zu $y = 0{,}3^x$ fällt von links nach rechts.
Das linke Bild gehört zu $y = 0{,}3^x$, das mittlere zu $y = 3^x$ und das rechte zu $y \approx 2{,}5^x$.
Es fehlt die Wertetabelle zu $y = 3^x$ (siehe rechts).

x	y
−3	0,037
−2	0,1111
−1	0,3333
0	1
1	3
2	9
3	27

11. a) Wenn man für $f(x) = 2^x$ die Werte für die Zeiten (in h) einsetzt, erhält man die entsprechenden Werte für das Volumen (in cm^3).

b) **(1)** $4\,cm^3$ **(2)** $32\,cm^3$ **(3)** $1\,024\,cm^3$ **(4)** $1\,048\,576\,cm^3$

12. a) Die Punkte P(0 | 1), Q(1 | 2,5) und R(2 | 6,25) liegen auf dem Graphen. Diese Punkte liegen auch auf dem Graphen der Exponentialfunktion mit der Funktionsgleichung $y = 2{,}5^x$. Man erhält folgende Wertetabelle zu $y = 2{,}5^x$:

x	0	0,5	1	1,5	2	3
y	1	1,58	2,5	3,95	6,25	16,625

x	3,5	4	10	20	−1
y	24,705	39,06	9536,7	$9{,}09 \cdot 10^7$	0,4

b) Tims Behauptung ist falsch. Nach 5 Stunden ist die Algenkultur ungefähr $98\,m^2$ groß.

97

13. **(1)** y = 3
(2) z ≈ 0,25
(3) x ≈ 2,66
(4) g (x) > 0;
keine Lösung
(5) x ≈ −1,26

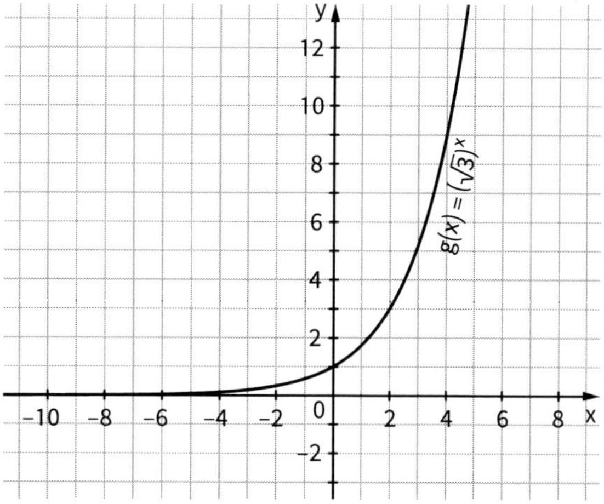

14. Druckfehler in der ersten Auflage in (1): $2{,}1^x$ statt $2{,}7^x$
Die Funktionsterme zu (1), (2) und (5) sind Terme exponentieller Funktionen. Von diesen Graphen verläuft der Graph zu (2) im ersten Quadranten am flachsten, der Graph zu (5) am steilsten. Der Graph zu (1) verläuft dazwischen.
Die Funktionsterme zu (3), (4) und (6) sind Terme linearer Funktionen. Von diesen haben die Graphen zu (3) und(4) beide den y-Achsenabschnitt 1. Der Graph zu (4) ist aber steiler als der Graph zu (3).
Der Graph zu (6) hat den y-Abschnitt 2, schneidet die y-Achse also höher als die Graphen zu (3) und zu (4).
Es ergibt sich also folgende Zuordnung:

(1) Graph j	**(3)** Graph f	**(5)** Graph k
(2) Graph i	**(4)** Graph h	**(6)** Graph g

15. Eigenschaften: Siehe Information auf Seite 96 des Schülerbandes.

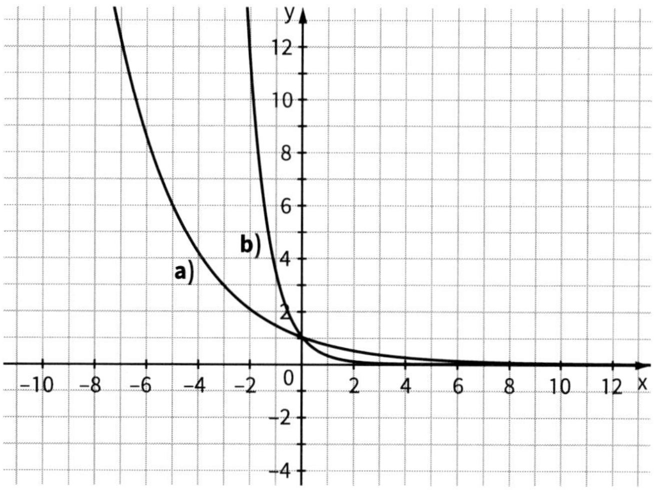

97

16. a) 3; 0,1; 0; –0,8;   0 und –3 sind keine Funktionswerte.

b)
- **(1)** Mit 0,25 multiplizieren.
- **(2)** Mit 4 multiplizieren.
- **(3)** Mit 0,5 multiplizieren.
- **(4)** Mit 2 multiplizieren.
- **(5)** Mit sich selbst multiplizieren.
- **(6)** Quadratwurzel ziehen.

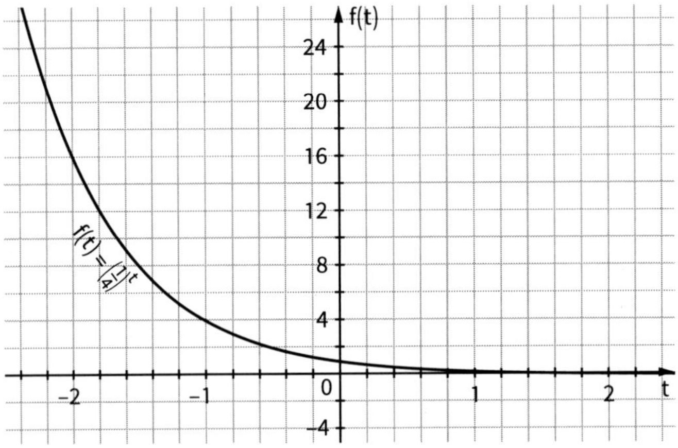

17. Die Funktionsterme zu a), b) und d) sind Terme exponentieller Funktionen. Von diesen Graphen verläuft der Graph zu d) im zweiten Quadranten am flachsten, der Graph zu b) am steilsten. Der Graph zu a) verläuft dazwischen. Die Funktionsterme zu c), e) und f) sind Terme linearer Funktionen. Von diesen Graphen haben die Graphen zu c) und e) beide den y-Achsenabschnitt 1. Der Graph zu e) fällt aber steiler als der Graph zu c).
Der Graph zu f) hat den y-Abschnitt 2, schneidet die y-Achse also höher als die Graphen zu c) und zu e).
Es ergibt sich also folgende Zuordnung:

a) Graph (6)   **c)** Graph (2)   **e)** Graph (1)
b) Graph (7)   **d)** Graph (5)   **f)** Graph (3)

18. $f(x) = 3^x;\ g(x) = \left(\frac{1}{3}\right)^x$

zu zeigen: $f(-x) = g(x)$

$f(-x) = 3^{-x} - \frac{1}{3^x} = \frac{1^x}{3^x} = \left(\frac{1}{3}\right)^x = g(x)$

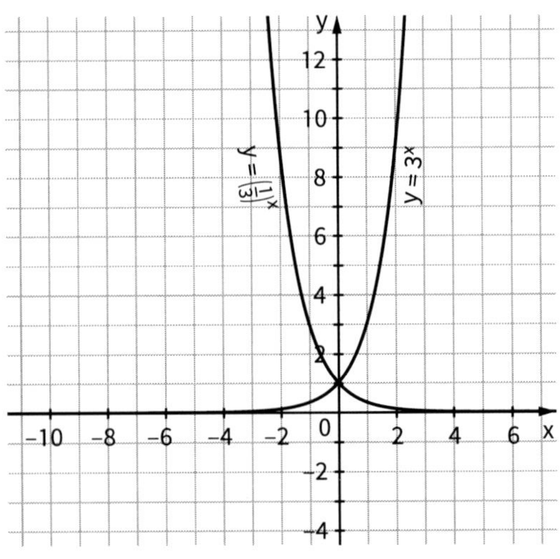

97

19. $\left(\frac{3}{4}\right)^x$ und $\left(\frac{4}{3}\right)^x$; $1{,}2^x$ und $\left(\frac{5}{6}\right)^x$; $1{,}4^x$ und $\left(\frac{5}{7}\right)^x$

20. a) $b^2 = 25$
$b = 5$
b) $b^{-1} = 0{,}25$
$b = 4$
c) $b^{\frac{1}{2}} = \frac{1}{2}\sqrt{2}$
$b = \frac{1}{2}$
d) $b^{-3} = 0{,}125$
$b = 2$
e) $b^{-4} = 0{,}25$
$b = \sqrt{2}$
f) $b^{-1} = 6$
$b = \frac{1}{6}$
g) $b^3 = 0{,}343$
$b = 0{,}7$
h) $b^{-4} = 256$
$b = 0{,}25$
i) $b^{-0{,}5} = \frac{1}{3}$
$b = 9$

21. Ist die 1. Koordinate positiv und die 2. Koordinate größer als 1 [kleiner als 1], so ist die Basis größer als 1 [kleiner als 1].
Ist die 1 Koordinate negativ und die 2. Koordinate größer als 1 [kleiner als 1], so ist die Basis kleiner als 1 [größer als 1].

3.3 Verschieben und Strecken der Graphen der Exponentialfunktionen

102

1. (1) Der Graph entsteht durch Streckung parallel zur y-Achse mit dem Faktor 0,4 (Stauchung).
(2) Der Graph entsteht durch Streckung parallel zur y-Achse mit dem Faktor 1,5.
(3) Der Graph entsteht durch Spiegelung an der x-Achse.
(4) Der Graph entsteht durch Spiegelung an der x-Achse und anschließende Streckung parallel zur y-Achse mit dem Faktor 0,3.
(5) Der Graph entsteht durch Spiegelung an der x-Achse und anschließende Streckung parallel zur y-Achse mit dem Faktor 1,2 in y-Richtung.

102 **1.** Fortsetzung

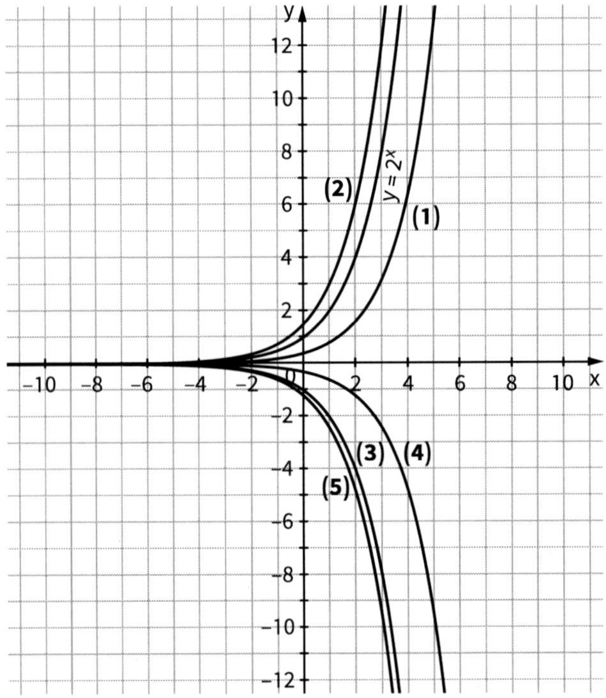

2. Der Graph entsteht durch Streckung um parallel zur y-Achse mit dem Fakor $|a|$ und anschließende Spiegelung an der y-Achse, wenn $b < 1$ ist.

102 **3.** **a)** Der Funktionswert ver-25-facht [ver-$\sqrt{5}$-facht; ver-$\sqrt{125}$-facht] sich.

b) Der Funktionswert vervierfacht [ver-$\sqrt{2}$-facht; ver-$\sqrt{8}$-facht] sich.

c) Der Funktionswert wird geviertelt [wird multipliziert mit dem Faktor $\frac{1}{\sqrt{2}}$ bzw. $\frac{1}{\sqrt{8}}$].

Graphen siehe nächste Seite.

102 **3.** Graphen zu a), b) und c)

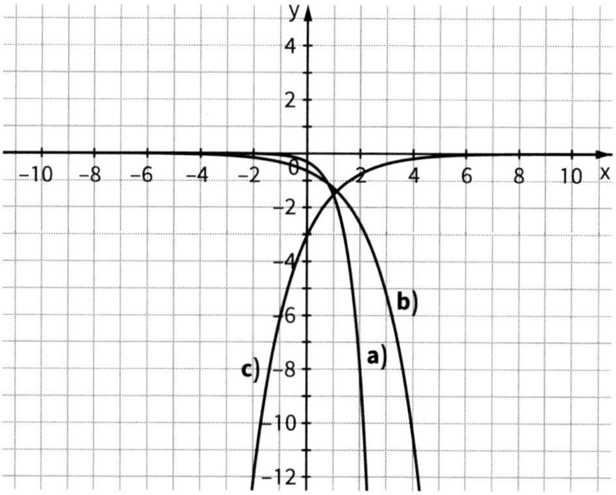

4. Die Form des Graphen bleibt erhalten, er wandert auf der x-Achse nach links für größer werdende c und nach rechts für kleiner werdende c.

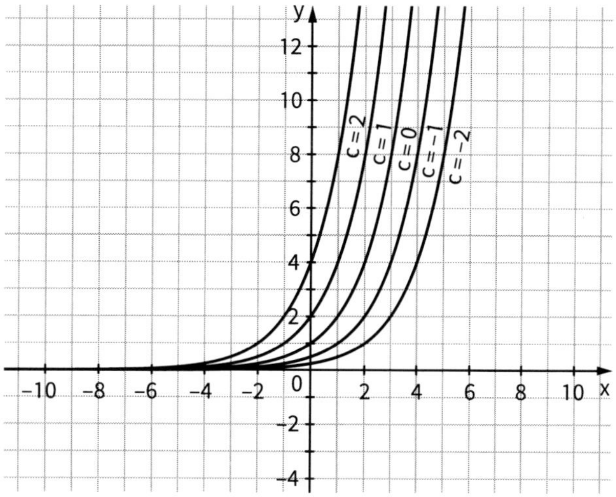

102

5. Durch Verschieben des Graphen um drei Einheiten nach rechts.

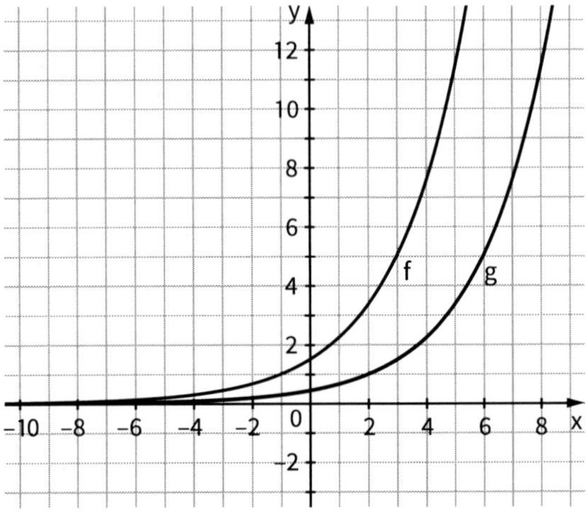

103

6. a und $f_6(x)$ b und $f_5(x)$ c und $f_7(x)$ d und $f_3(x)$
e und $f_1(x)$ f und $f_8(x)$ g und $f_2(x)$ h und $f_4(x)$

7. **a)** Siehe Merksatz auf Seite 101 des Schülerbandes.
b) Siehe Merksatz auf Seite 99 des Schülerbandes.

8. a und $f_6(x)$ b und $f_2(x)$ c und $f_4(x)$
d und $f_5(x)$ e und $f_1(x)$ f und $f_3(x)$

9. $c = -2$

10. **a)** $y = 64 \cdot 4^x$ Durch Verschiebung parallel zur x-Achse um $4^3 = 64$ Einheiten.
b) $y = 2 \cdot 8^x = 8^{\frac{1}{3}} \cdot 8^x = 8^{x+\frac{1}{3}}$
Der Graph von 8^x wird parallel zur y-Achse mit dem Faktor 2 gestreckt. Man erhält den Graphen zu $2 \cdot 8^x$.

11. $y = b^{x+c}$ und $y = b^{x+d}$ werden durch Verschiebung parallel zur x-Achse ineinander überführt. Sie haben den gleichen Verlauf und können sich daher nicht schneiden.

12. Die Graphen sind parallel zur y-Achse verschoben, sie unterscheiden sich also jeweils durch den Schnittpunkt mit der x-Achse.

13. **a)** **(1)** $y = -2^x$ **(2)** $y = 2^{-x}$
b) **(1)** $y = 2^x + 3$ **(2)** $y = 2^x - 3$
c) **(1)** $y = 2^x + 1$ **(2)** $y = 2^x - 1$
d) **(1)** $y = -2^{(x+1)} + 3$ **(2)** $y = 2^{-(x+1)} + 3 = \left(\frac{1}{2}\right)^{x+1} + 3$

103

14. a) Der Graph zu 3^x wird mit dem Faktor 2 gestreckt und dann an der x-Achse gespiegelt. Der Graph schmiegt sich von unten dem negativen Teil der x-Achse an. Er liegt unterhalb der x-Achse und fällt von links nach rechts. Er geht durch die Punkte $P(0\,|\,-2)$ und $Q(1\,|\,-6)$.

b) Der Graph zu $1{,}5^x$ wird mit dem Faktor $\frac{1}{2}$ gestreckt und um 2 Einheiten nach rechts verschoben. Der Graph schmiegt sich von oben dem negativen Teil der x-Achse an. Er liegt oberhalb der x-Achse und steigt von links nach rechts. Er geht durch die Punkte $P\left(2\,\middle|\,\frac{1}{2}\right)$ und $Q(3\,|\,0{,}75)$.

c) Der Graph zu $0{,}5^x$ wird mit dem Faktor 3 gestreckt und um 3 Einheiten nach unten verschoben. Der Graph schmiegt sich auf dem positiven Teil der x-Achse der Geraden $y = -3$ an und fällt von links nach rechts. Er geht durch die Punkte $P(0\,|\,0)$ und $Q(1\,|\,-1{,}5)$.

d) Der Graph zu $\left(\frac{1}{4}\right)^x$ wird mit dem Faktor 0,25 gestreckt, an der y-Achse gespiegelt, um 0,5 Einheiten nach links und um 2 Einheiten nach oben verschoben. Der Graph schmiegt sich auf dem positiven Teil der x-Achse an die Gerade zu $y = 2$ an. Er liegt unterhalb dieser Geraden und steigt von links nach rechts. Er geht durch die Punkte $P(-2\,|\,0)$ und $Q(-3\,|\,6)$.

3.4 Bestimmen von Exponentialgleichungen in Anwendungen

104

Einstieg:

Im Artikel wächst die Weltbevölkerung laut der Prognose um den Faktor $\frac{10{,}9}{7{,}3}$ innerhalb von 85 Jahren (von 2015 bis 2100). Also ergibt sich für die jährliche Wachstumsrate $\sqrt[85]{\frac{10{,}9}{7{,}3}} \approx 1{,}004\,727$. Somit wächst auf Basis dieses Artikels die Bevölkerung jährlich um rund 0,47 %.

Darüber hinaus beträgt das Wachstum in Afrika innerhalb des Zeitraums von 85 Jahren eine Erhöhung um den Faktor $\frac{4{,}4}{1{,}2}$, woraus sich die Wachstumsrate $\sqrt[85]{\frac{4{,}4}{1{,}2}} \approx 1{,}015403$ ergibt.

Somit liegt eine jährliche Zunahme von rund 1,54 % zugrunde.

Bezogen auf Europa beträgt der Abnahmefaktor bezogen auf 85 Jahre $\frac{646}{738}$.

Somit gilt für den jährlichen Abnahmefaktor $\sqrt[85]{\frac{646}{738}} \approx 0{,}9984$, was einer jährlichen Abnahme von 0,156 % entspricht.

Für die Bevölkerungszahlen in den einzelnen Bereichen der Erde galt dann auf Basis der Daten im Jahr 2000, also für die Bevölkerungszahlen vor 15 Jahren Folgendes:

Weltbevölkerung: $7{,}3 \cdot 1{,}004\,727^{-15} \approx 6{,}80$ Milliarden

Afrika: $1{,}2 \cdot 1{,}0154\,03^{-15} \approx 0{,}954$ Milliarden

Europa: $0{,}738 \cdot 0{,}9984^{-15} \approx 0{,}7559$ Milliarden

Diese Werte bilden also die Anfangswerte für die gesuchten Funktionen.

104 **Einstieg:** Fortsetzung

Es sind von den Schülerinnen und Schülern final hier die Graphen zu den folgenden Funktionen zu zeichnen sowie die Funktionswerte an der Stelle $x = 50$ zu berechnen, um die Werte für 2050 zu ermitteln:

$f(x) = 6{,}80 \cdot 1{,}004\,727^x$; $f(50) = 6{,}80 \cdot 1{,}004\,727^{50} \approx 8{,}61$ Milliarden

$g(x) = 0{,}954 \cdot 1{,}015\,403^x$; $g(50) = 0{,}954 \cdot 1{,}015\,403^{50} \approx 2{,}05$ Milliarden

$h(x) = 0{,}7559 \cdot 0{,}9984^x$; $h(50) = 0{,}7559 \cdot 0{,}9984^{50} \approx 0{,}698$ Milliarden = 698 Millionen

Im Jahr 2050 lässt sich auf Basis der Daten eine Weltbevölkerung von rund 8,61 Milliarden Menschen erwarten, in Afrika eine Bevölkerung von 2,05 Milliarden Menschen und von 698 Millionen in Europa.

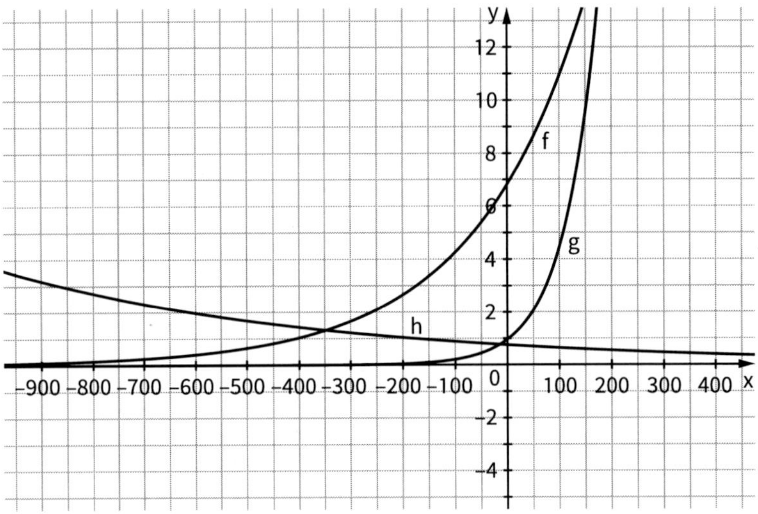

105

2. $f(x) = 0{,}05 \cdot 2^x$ für x in Wochen und f(x) in Metern

$f\left(5\frac{1}{2}\right) = 0{,}05 \cdot 2^{5{,}5} = 2{,}26.$

Nach $5\frac{1}{2}$ Wochen erwartet man eine Höhe von 2,26 m.

3. $f(x) = 1{,}6 \cdot 0{,}5^x$ für x in Wochen und f(x) in mg

$f(8) = 1{,}6 \cdot 0{,}5^8 = 0{,}006\,25.$

Nach 8 Wochen beträgt die Iod-Menge 0,00625 mg.

4. Korrigierte Rechnung:

$1 = a \cdot b^1$

$\underline{3 = a \cdot b^2 = a \cdot b \cdot b}$

$3 = 1 \cdot b$

$b = 3$

$\underline{a = \frac{1}{3}}$

$y = \frac{1}{3} \cdot 3^x = 3^{x-1}$

106

5. **a)** $a = 2;\ b = 3;\ y = 2 \cdot 3^x$
b) $a = 1{,}5;\ b = 5;\ y = 1{,}5 \cdot 5^x$
c) $a = 0{,}32;\ b = 2{,}5;\ y = 0{,}32 \cdot 2{,}5^x$
d) $a \approx 13{,}935;\ b \approx 1{,}137;\ y = 13{,}935 \cdot 1{,}137^x$
e) $a = 10;\ b = 0{,}5;\ y = 10 \cdot 0{,}5^x$
f) $a \approx 1{,}199;\ b \approx 1{,}25;\ y = 1{,}199 \cdot 1{,}25^x$
g) $a = r;\ b = \left(\frac{t}{r}\right);\ y = r \cdot \left(\frac{t}{r}\right)^x$
h) $a = r;\ b = \left(\frac{1}{r}\right)^{\frac{1}{t}};\ y = r \cdot \left(\left(\frac{1}{r}\right)^{\frac{1}{t}}\right)^x$
i) $a = r;\ b = \left(\frac{t}{r}\right)^{\frac{1}{s}};\ y = r \cdot \left(\left(\frac{t}{r}\right)^{\frac{1}{s}}\right)^x$

6. **a)** 31,6 % **b)** 540; 935; 19 188

7.

	Anzahl der Wochen	5	10	20
a)	Bakterienanzahl (mit Faktor 1,41)	111	621	19 293
b)	Bakterienanzahl (mit Faktor 1,4095)	111	619	19 157

8. **a)** Alle zwei Monate erhöht sich die Anzahl der Öffnungen um den Faktor 1,5. Dies hat zur Folge, dass der Anfangswert $32 : 1{,}5 = 21\frac{1}{3}$ betragen haben muss. Durch diese Überlegung ergibt sich die Funktionsgleichung:
$f(x) = 21\frac{1}{3} \cdot 1{,}5^{\frac{x}{2}}$.
Nach zwei Jahren sind $f(24) = 21\frac{1}{3} \cdot 1{,}5^{\frac{24}{2}} \approx 2768$ Öffnungen zu erwarten.

b) Langfristig wird sich das Modell des exponentiellen Wachstums nicht eignen, weil der Ameisenhaufen sich nach endlich langer Zeit nicht mehr ausbreiten können wird, da beispielsweise die Nahrung ansonsten nicht genügt oder der Platz der Umgebung möglicherweise begrenzt ist. Darüber hinaus können Wetterumstände oder sonstige Beeinflussung der Umwelt das Wachstum begrenzen. Vermutlich wird sich die Population daher nach endlicher Zeit auf etwa ein Niveau einstellen und so einen Grenzwert erreichen.

9.

Beschreibung des Prozesses	Anfangsbestand	Zeiteinheit	Wachstumsfaktor pro Zeiteinheit	Prozentuale Wachstumsrate pro Zeiteinheit	Bestand nach x Zeiteinheiten
Vergrößerung einer Länge auf das 2,3-fache alle 7 Wochen	350 cm	1 Woche	$\sqrt[7]{2{,}3} = 1{,}1264$	$\sqrt[7]{2{,}3} - 1$ $= 1{,}1264 - 1$ $= 0{,}1264$ $= 12{,}64\,\%$	$350 \cdot 1{,}1264^x$
Zunahme pro Jahr	600 €	1 Jahr	1,03	3 %	$600 \cdot 1{,}03^x$
Gewichtszunahme auf das 1,7-fache alle 6 Minuten	30 g	1 Minute	$\sqrt[6]{1{,}7} = 1{,}0925$	$\sqrt[6]{1{,}7} - 1$ $= 1{,}0925 - 1$ $= 0{,}0925$ $= 9{,}25\,\%$	$30\,g \cdot \sqrt[6]{1{,}7}^x$ $= 30\,g \cdot 1{,}0925^x$

106

10. a) $f(x) = 30 \cdot 4^{\frac{x}{3}}$ d) $f(x) = 400 \cdot 0{,}88^{2x}$ f) $f(x) = 4 + 0{,}3x$

b) $f(x) = 2 \cdot \frac{1}{3}^{\frac{x}{5}}$ e) $f(x) = 32 \cdot 1{,}05^{\frac{x}{3}}$ g) $f(x) = 13{,}7 - 5 \cdot \frac{x}{4}$

c) $f(x) = 0{,}65 \cdot 1{,}5^{\frac{x}{2{,}5}}$

3.5 Wachstum modellieren – Regression

107

Einstieg:

a) Wir betrachten die Durchschnittsgeschwindigkeiten für die einzelnen Strecken.

Durchschnittsgeschwindigkeit für 100 m: $\frac{100\,\text{m}}{10{,}21\,\text{s}} \approx 9{,}79\,\frac{\text{m}}{\text{s}}$

Durchschnittsgeschwindigkeit für 500 m: $\frac{500\,\text{m}}{36{,}36\,\text{s}} \approx 13{,}75\,\frac{\text{m}}{\text{s}}$

Durchschnittsgeschwindigkeit für 1 000 m: $\frac{1000\,\text{m}}{72{,}18\,\text{s}} \approx 13{,}85\,\frac{\text{m}}{\text{s}}$

Durchschnittsgeschwindigkeit für 1 500 m: $\frac{1500\,\text{m}}{110{,}85\,\text{s}} \approx 13{,}53\,\frac{\text{m}}{\text{s}}$

Durchschnittsgeschwindigkeit für 3 000 m: $\frac{3000\,\text{m}}{233{,}34\,\text{s}} \approx 12{,}86\,\frac{\text{m}}{\text{s}}$

Durchschnittsgeschwindigkeit für 5 000 m: $\frac{5000\,\text{m}}{402{,}66\,\text{s}} \approx 12{,}42\,\frac{\text{m}}{\text{s}}$

Durchschnittsgeschwindigkeit für 10 000 m: $\frac{10000\,\text{m}}{828{,}33\,\text{s}} \approx 12{,}07\,\frac{\text{m}}{\text{s}}$

Auf den kürzeren Strecken wirkt sich die Anlaufzeit stärker aus. Das sieht man besonders deutlich bei der 100-m-Strecke. Dadurch ist die Durchschnittsgeschwindigkeit auf der 1 000-m-Strecke am größten. Danach fehlt die Ausdauer, diese Geschwindigkeit auch auf längere Distanzen durchzuhalten.

Die Werte der Durchschnittsgeschwindigkeiten ab der 500-m-Strecke liegen nahezu auf einer Geraden. Man kann die Werte daher gut durch eine lineare Funktion annähern. Es liegt also nahezu lineares Wachstum vor.

Bezeichnet man mit x die Länge der Laufstrecke (in m) und mit y die gelaufenen Zeiten (in s), so kann man mit dem Rechner die Gleichung der Regressionsgeraden bestimmen:

Mit Berücksichtigung der 500-m-Strecke erhält man mit dem Rechner die Funktionsgeleichung $y \approx 0{,}0832x - 8{,}7616$.

Ohne Berücksichtigung der 500-m-Strecke erhält man mit dem Rechner die Funktionsgeleichung $y \approx 0{,}08375x - 12{,}51785$.

Beide haben den Nachteil, dass sie für ganz kurze Strecken negative Werte liefern würden.

b) Mit der Funktion ohne Berücksichtigung der 500-m-Strecke erhält man ungefähr folgende Werte:

15 000-m-Strecke: 1243,8 s = 20 min 43,8 s

Marathonstrecke (42195 m): 3521,5 s = 58 min 41,5 s

Diese Durchschnittsgeschwindigkeiten sind über so lange Distanzen aber nicht durchzuhalten, sodass die Werte darüber liegen werden.

108 **2.** Druckfehler in der ersten Auflage: … durch eine Exponentialfunktion oder durch eine lineare Funktion …

a) Bezeichnet man mit x die Länge der Laufstrecke (in m) und mit f(x) bzw. g(x) die Zeiten (in s), so erhält man mit dem Rechner folgende Funktionsvorschriften:

Exponentielle Regression: $f(x) \approx 12{,}9191301 \cdot 1{,}0020436^x$

Lineare Regression: $g(x) \approx 0{,}1419308x - 9{,}4164615$

Für die angegebenen Strecken erhält man damit folgende Werte;

Strecke (in m)	Zeit (in s)	Zeit (in s) für f(x)	Zeit (in s) für g(x)
100	9,58	15,85	4,78
200	19,19	19,4	19,0
400	43,03	29,2	47,4
800	100,91	66,1	104,1
1 500	206,00	276,2	203,5

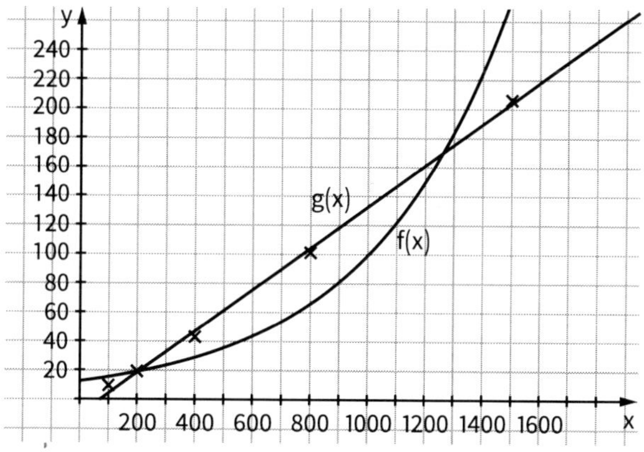

Man erkennt an den Werten bzw. an den Funktionsgraphen, dass die lineare Regressionsgerade die Werte besser darstellt. Sie liefert aber für ganz kurze Strecken negative Werte.

b) Mithilfe der linearen Funktionsvorschrift erhält man:

5 000-m-Strecke: 700,2 s = 11 min 40,2 s

10 000-m-Strecke: 1 409,9 s = 23 min 29,9 s

Marathonstrecke (42195 m): 5 979,4 s = 99 min 39,4 s = 1 h 39 min 39,4 s

Die Weltrekorde lagen Anfang August 2017 bei:

5 000-m-Strecke: 12 min 37,35 s = 757,35 s

10 000-m-Strecke: 26 min 17,53 s = 1 755,53 s

Marathonstrecke (42195 m): 2 h 2 min 57 s = 122 min 57 s = 7 377 s

Die tatsächlichen Werte liegen über den errechneten Werten.

108 3. Beginnt man bei 1972 als Jahr 0 und bezeichnet mit x die Anzahl der Jahre ab 1972 sowie mit f(x) bzw. g(x) die Zeiten (in s), so erhält man mit dem Rechner folgende Funktionsvorschriften:
Lineare Regression: $f(x) \approx -0{,}00674x + 11{,}0091$
Exponentielle Regression: $g(x) \approx 11{,}00824 \cdot 0{,}999383^x$
Beide Funktionen liefern in den angegebenen Jahren nahezu identische Werte. Die lineare Funktion wird allerdings etwa im Jahre 3600 negative Zeiten liefern Die exponentielle Funktion ist also besser geeignet.

109 4. a) Der naive Ansatz ist zunächst:
Sei 1987 der Zeitpunkt $x = 0$.
Dann gilt für x = Anzahl der seit 1987 vergangenen Jahre und
$f(x)$ = Viren in Tausend der Zusammenhang:
$f(x) = 11{,}27 \cdot 2{,}004^x$
Dieses Modell weicht daher sehr stark ab von den Zielwerten.
Da sich die Wachstumsfaktoren bis etwa 1994 stark voneinander unterscheiden (Werte bis 6), kann man den betrachteten Bereich einschränken auf die Zeit ab 1994. Hier kommen nur Werte zwischen 1 und 2 vor. Sei also 1994 der Zeitpunkt $x = 0$. Dann gilt der Zusammenhang:
$g(x) = 3393 \cdot 1{,}54^x$

b) Prüfung für den naiven Ansatz mit f:
Für 2006, also $x = 2006 - 1987 = 19$ und 2007, also $x = 2007 - 1987 = 20$ gilt: $f(19) = 6\,137\,345$ und $f(20) = 12\,299\,239$. Diese Werte sind viel zu hoch, was sich dadurch erklären lässt, dass die Wachstumsfaktoren sich sehr stark voneinander unterscheiden.
Prüfung für den Ansatz mit Einschränkung des Wertebereichs g:
Für 2006, also $x = 2006 - 1994 = 12$ und 2007, also $x = 2007 - 1994 = 13$ gilt: $g(12) = 604\,715$ und $g(13) = 929\,722$. Der eine Wert weicht nach oben ab, der andere weicht nach unten ab. Insgesamt ist die Abweichung im Mittel aber sehr viel geringer als bei dem obigen, naiven Modell.
Man hätte diese Virenzahl im Jahre 2002 also nicht vorhergesagt.

5. a) Bezeichnet x das Jahr und f(x) den CO_2-Gehalt (in ppm), so erhält man mit einem Rechner folgende Funktionsvorschiften:
Lineare Regression: $f(x) \approx 1{,}47936x - 2583{,}50394$
Exponentielle Regression: $g(x) \approx 0{,}908895 \cdot 1{,}00417^x$
Beide Funktionen stellen die Werte im angegebenen Bereich ganz gut dar.

b) Bei der linearen Funktion waren die Werte früher negativ. Bei der exponentiellen Funktion steigen zukünftige Werte sehr stark an.

c) Für Zukunftsprognosen gibt die lineare Funktion die Werte wahrscheinlich besser an, da man auch versucht, diese Werte zu drosseln. Eine exponentielle Zunahme der Werte hätte noch größere Auswirkungen auf die Umwelt.

109 6. a) Wenn man die Entwicklung seit 2000 betrachtet, dann hat sich die Anzahl der in 5 Jahren weggefallenen Tankstellen jeweils etwa halbiert:
Von 2000 bis 2005 waren es etwa 1 000 Tankstellen.
Von 2005 bis 2010 waren es etwa 650 Tankstellen.
Von 2010 bis 2015 waren es etwa 200 Tankstellen.
Man könnte also davon ausgehen, dass sich die Anzahl der Tankstellen von 2015 bis 2020 etwa um 100 Tankstellen reduzieren wird. Es wären dann etwa 14 100 Tankstellen, also gut 14 000 Tankstellen.

b) Die Anzahl der in einem Zeitraum von 5 Jahren weggefallenen Tankstellen ändert sich stark und ist nicht konstant. Außerdem würde die Anzahl der Tankstellen irgendwann 0 werden.

c) Eine exponentielle Abnahme beschreibt die Situation besser. Wir betrachten die Jahre ab 1970, d. h. 1970 ist das Jahr 0. Bezeichnet x die Anzahl der Jahre seit 1970 und f(x) die Anzahl der Tankstellen, so erhält man mit dem Rechner: $f(x) \approx 35801{,}40745 \cdot 0{,}9756916^x$

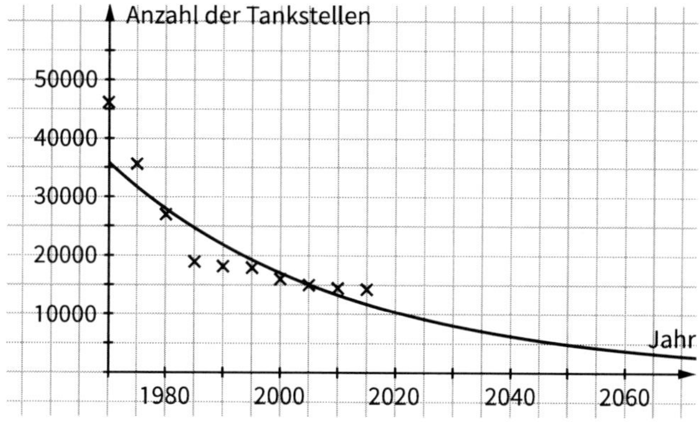

Für 2020 ergibt sich daraus für die Anzahl der Tankstellen nur 10 460. Das weicht also stark von unserer Prognose in Teilaufgabe a) ab. Am Graphen sieht man schon, dass die Entwicklung der letzten Jahre nicht richtig wiedergegeben wird.
Wenn man allerdings die Jahre ab 2080 als Jahr 0 betrachtet, so erhält man die Anzahl x der Jahre seit 1980 und für die Anzahl f(x) der Tankstellen: $g(x) \approx 22874{,}91655 \cdot 0{,}984459^x$

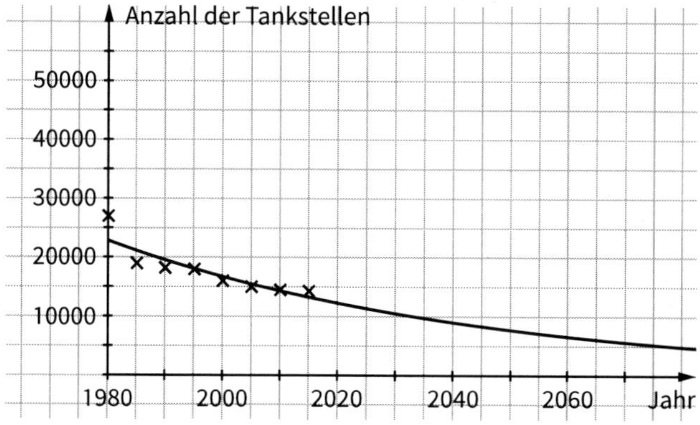

109 6. c) Fortsetzung
Die Funktionswerte dieser Funktion stimmen ziemlich gut mit den Werten in dem Zeitraum ab 2080 überein. Für 2020 wird es danach dann 12 225 Tankstellen geben, also immer noch deutlich weniger als in Teilaufgabe a) vorhergesagt.

3.6 Logarithmen – Exponentialgleichungen

3.6.1 Logarithmen

110 **Einstieg:**

a) $2^4 = 16$ c) $4^0 = 1$ e) $2^{-4} = \frac{1}{16}$ g) $5^{\frac{1}{2}} = \sqrt{5}$

b) $3^2 = 9$ d) $3^{-2} = \frac{1}{9}$ f) $6^{-1} = \frac{1}{6}$ h) $2^1 = \sqrt[3]{8} = 8^{\frac{1}{3}}$

111 2. Da $1^x = 1$ für alle $x \in \mathbb{R}$

112 3. a)

$\xrightarrow{\log_2}$	$\xrightarrow{\text{2 hoch}}$	
16	4	16
$\frac{1}{2}$	−1	$\frac{1}{2}$
$\sqrt{2}$	$\frac{1}{2}$	$\sqrt{2}$
$8\sqrt{2}$	3,5	$8\sqrt{2}$

Erste und dritte Spalte sind gleich.

b)

$\xrightarrow{\text{2 hoch}}$	$\xrightarrow{\log_2}$	
5	32	5
−2	$\frac{1}{4}$	−2
$\frac{3}{2}$	$2\sqrt{2}$	$\frac{3}{2}$
−0,5	$\frac{\sqrt{2}}{2}$	−0,5

Erste und dritte Spalte sind gleich.

4. a) $6; 10; 0; -3; -4; -7; \frac{1}{2}; 13$ c) $1; 2; 0; 4; 5; -1; -2; \frac{1}{2}$

b) $2; 0; 5; -4; -2; 7; \frac{1}{2}; 1{,}5$

5. a) 9; 5; 6; 2; 2; 1; 0 b) −8; −3; −5; −2; −1; −3; 5

6. a) 1 und 2 c) −2 und −1 e) 1 und 2 g) 2 und 3
b) 2 und 3 d) 0 und 1 f) 2 und 3 h) 3 und 4

7. a) $\frac{4}{3}; \frac{7}{5}; \frac{3}{4}; -1; -\frac{4}{3}; \frac{4}{7}; -\frac{2}{3}$ b) $\frac{1}{3}; -\frac{2}{3}; \frac{2}{3}; -0{,}6; -\frac{1}{2}; -\frac{1}{2}; \frac{2}{3}$

8. a) m d) $-\frac{1}{n}$ g) -1 j) n m) $\frac{1}{n}$

b) $-m$ e) 1 h) 2 k) $\frac{1}{2}$ n) $\frac{m}{n}$

c) $\frac{1}{n}$ f) 0 i) -2 l) $-\frac{1}{2}$ o) $-\frac{3}{5}$

9. a) 7 c) $\sqrt{12}$ e) 9 g) -7
b) u^2 d) 2 f) $\sqrt{2}$ h) $7{,}2$

113

10. a) 32 **b)** $\sqrt[3]{4}$ **c)** 1 000 000 **d)** $\sqrt[3]{16}$ **e)** $\approx 15{,}589$ **f)** $\frac{1}{32}$ **g)** 2 **h)** $\frac{1}{2}$ **i)** 10 **j)** $\approx 0{,}178$

11. a) $x = \sqrt[4]{25}$ **b)** $\log_3(101)$ **c)** $x = \frac{27}{3}$ **d)** keine Lösung **e)** keine Lösung

12. a) 3 **b)** 2 **c)** 3 **d)** 5 **e)** 5 **f)** 4 **g)** 4 **h)** 9

13. a) Sei $\log_2(3) = \frac{m}{n}$ $(n, m \in \mathbb{N}^*)$
$3 = 2^{\frac{m}{n}}$, also $3^n = 2^m$, da 3^n ungerade für alle n und 2^m gerade für alle m, ist $\log_2(3)$ keine rationale Zahl.

b) Analog erhält man:
$\log_9(3) = \frac{m}{n}$ $(n, m \in \mathbb{N}^*)$
$9^{\frac{m}{n}} = 3$, also $9^m = 3^n$
Diese Gleichung gilt für $m = 1$ und $n = 2$.

3.6.2 Lösen von Exponentialgleichungen

Einstieg:
Funktionsgleichung: $f(x) = 0{,}6 \cdot 2^x$
Exponentialgleichung:
$6{,}30 = 0{,}6 \cdot 2^x \quad |:0{,}6$
$10{,}5 = 2^x \quad |\log_2(\ldots)$
$x = \log_2(10{,}5) = 3{,}39$
Ergebnis: Nach etwa 3 Wochen und 3 Tagen hat eine 60 cm große Alge die Oberfläche des 6,30 m tiefen Sees erreicht.

114

2. a) Der Anfangsbestand hat keinen Einfluss, da er lediglich als Faktor in jedem Wert auftaucht.

b) $\frac{1}{2} \cdot a \cdot b^x$ ist die Hälfte des Bestandes zur Zeit x
$a \cdot b^{x+s}$ ist der Bestand zur Zeit $x + s$
Bei Gleichheit hat sich der Bestand gerade in der Zeitspanne s halbiert.
Umformungsschritte:
$\frac{1}{2} \cdot a \cdot b^x = a \cdot b^{x+s} \quad |:a \cdot b^x$
$\frac{1}{2} = b^s \quad |$ logarithmieren (Basis b)
$\log_b\left(\frac{1}{2}\right) = s \quad |$ auf log umrechnen
$s = \frac{\log\left(\frac{1}{2}\right)}{\log(b)}$
Halbwertszeit: $s \approx 1{,}5$

c) $B(x) = 3{,}2 \cdot 0{,}969^x$

114

3. a) $x \approx 1{,}209$ c) $x \approx 3{,}322$ e) $x \approx 0{,}631$ g) $x = \frac{1}{3} \approx 0{,}333$
   b) $x \approx 8{,}827$ d) $x = 0$ f) $x \approx -0{,}073$ h) $x \approx -2{,}836$

4. (1) Nach 16 Jahren verdoppelt (exakt 15,75)
   (2) Nach 25 Jahren verdreifacht (exakt 24,96)
   (3) Nach 32 Jahren vervierfacht (exakt 31,49)

5. Nach 11 Tagen (10,34 exakt)

6. Nach 12 Tagen (exakt 11,13)

115

7. Halbwertszeiten:
   a) $\frac{1}{3}$ c) 1,357 e) 11,202
   b) 1,94 d) 6,5788 f) 1,609

8. a) $f(x) = 12 \cdot \left(\sqrt[5]{\frac{1}{3}}\right)^x \approx 12 \cdot (0{,}8027)^x$ Halbwertszeit $s = 3{,}155$ Tage
   b) $s = 25{,}59$ Stunden
   c) $s = 6{,}309$ Tage
      Nach ungefähr 21 Tagen sind noch 3 g vorhanden (20,96 Tage).
   d) Nach 10 Jahren noch 0,794 von der Anfangsmenge.
      Nach 40 Jahren noch 0,397 von der Anfangsmenge.

9. (1) Noch 10 % nach ungefähr 27 Tagen (26,57 Tagen).
   (2) Noch 1 % nach ungefähr 53 Tagen (53,15 Tagen).
   (3) Noch 2 ‰ nach ungefähr 72 Tagen (71,73 Tagen).

10. 5 000 € nach ungefähr 20 Jahren (20,15 Jahren).
    10 000 € nach ungefähr 40 Jahren (40,298 Jahren).

11. a) 8 Platten für Cäsium 137; 12 Platten für Cobalt 60.
    b) 1080 g für Cäsium 137; 1620 g für Cobalt 60.

12. a) Schnittpunkt $P_1\,(4\,|\,1\,280)$
    b) Schnittpunkt $P_2\,(-4\,|\,6\,561)$
    c) Schnittpunkt $P_3\,(0{,}0961\,|\,5{,}344)$
    d) Schnittpunkt $P_4\,(-0{,}5959\,|\,4{,}5344)$

13. Roter Graph: $f(x) = 2 \cdot \left(\sqrt{2}\right)^x$
    Blauer Graph: $g(x) = 3{,}34 \cdot 0{,}6687^x$
    Schnittpunkt $P\,(0{,}6847\,|\,2{,}536)$

3.6.3 Logarithmengesetze

116 **Einstieg:**
Siehe Information auf Seite 116 des Schülerbandes.

117 **2.** Zahlenbeispiel für die erste Regel: Setze $b = 2$ und $v = 4$:
$\log_2\left(\frac{1}{4}\right) = -\log_2(4) = -2$
Zahlenbeispiel für die zweite Regel: Setze $u = b = 2$ und $v = 4$:
$\log_2(2 \cdot 4) = \log_2(8) = 1 + \log_2(4) = 1 + 2 = 3$
Verwende zur Herleitung von Regel 1 Logarithmusgesetz L2:
$\log_b\left(\frac{1}{v}\right) = \log_b(1) - \log_b(v) = 0 - \log_b(v) = -\log_b(v)$
Verwende zur Herleitung von Regel 2 Logarithmusgesetz L1:
$\log_b(b \cdot v) = \log_b(b) + \log_b(v) = 1 + \log_b(v)$

3. **a)** $\log(1\,000) = 3$
b) $\log(100) = 2$
c) $\log(10) = 1$
d) $\log_2(2) = 1$
e) $\log_2(16) = 4$
f) $\log_3\left(\frac{1}{3}\right) = -1$

4. **a)** 3,2
b) 4,8
c) 5,2
d) 3,6
e) 0,8
f) $-1{,}6$
g) $-0{,}6$
h) $-3{,}2$

5. **a)** $\log_b(4) + \log_b(x)$ mit $x > 0,\ b > 0,\ b \neq 1$
b) $\log_b(r) + \log_b(s)$ mit $r > 0,\ s > 0,\ b > 0,\ b \neq 1$
c) $\log_b(3) - \log_b(z)$ mit $b > 0,\ b \neq 1,\ z > 0$
d) $\log_b(a) + 1 + \log_b(c)$ mit $a > 0,\ b > 0,\ c > 0,\ b \neq 1$
e) $\log_b(x) + \log_b(y + z)$ mit $x > 0,\ y + z > 0,\ b > 0,\ b \neq 1$
f) $\log_b(2) + \log_b(a) - \log_b(3) - 1$ mit $a > 0,\ b > 0,\ b \neq 1$
g) $-\log_b(4) - 1$ mit $b > 0,\ b \neq 1$
h) $\log_b(x) + \log_b(y) + \log_b(z) - \log_b(5) - 1$ mit $x > 0,\ y > 0,\ z > 0,\ b > 0,\ b \neq 1$
i) $1 - \log_b(3) - \log_b(a)$ mit $a > 0,\ b \neq 1$

6. **a)** $5\log_b(x)\ (x > 0)$
b) $\frac{4}{5}\log_b(r)\ (r > 0)$
c) -2
d) $-\frac{2}{3}\log_b(z)\ (z > 0)$
e) $-3\log_b(x)\ (x > 0)$
f) $-\frac{1}{3}\log_b(a)\ (a > 0)$

7. **a)** $L = \left\{\frac{5}{3}\right\}$
b) $L = \{2\}$
c) $L = \{25\}$

8. **a)** **(1)** $10^{\log(x+y)} = x + y$ aber $10^{\log(x) + \log(y)} \neq x + y$
wegen Potenzgesetzen
(2) $10^{\log(r-s)} = r - s$ aber $10^{\log(r) - \log(s)} \neq r - s$
wegen Potenzgesetzen
b) Die Formel ist gültig, wenn:
(1) $x \cdot y = x + y$, z. B. $x = y = 2$
(2) $\frac{r}{s} = r - s$, z. B. $r = 4,\ s = 2$

117 **9.** **a)** 4; 10; 101
b) 2; 7; 22
c) Indem er den Zehnerlogarithmus anwendet, findet er die Zahl, mit der er 10 potenzieren muss, um 4^{13} zu erhalten: 7,826…
10^7 hat 8 Stellen, 10^8 hat 9 Stellen, $10^{7,826...}$ hat also 8 Stellen.
$4^{13} = 67\,108\,864$
d) 4; 18; 2185
e) Größte Zahl mit 3 Ziffern: $9^{(9^9)}$, mit ungefähr 370 Mio. Stellen.

3.7 Logarithmusfunktionen

118 **Einstieg:**
Siehe Information (2) und (3) auf Seite 119 des Schülerbandes.

120 **2.**

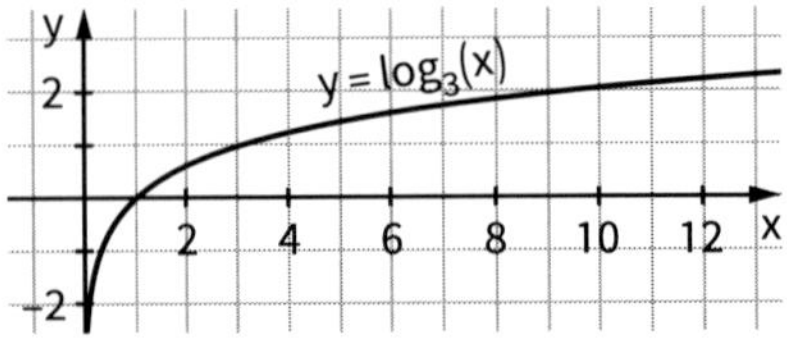

3. Der Graph ist streng monoton fallend. Er hat den positiven Teil der y-Achse als Asymptote. Dies ergibt sich unmittelbar aus den Eigenschaften des Graphen zu $y = 0{,}3^x$, wenn man den Graphen an der Hauptwinkelhalbierenden spiegelt.

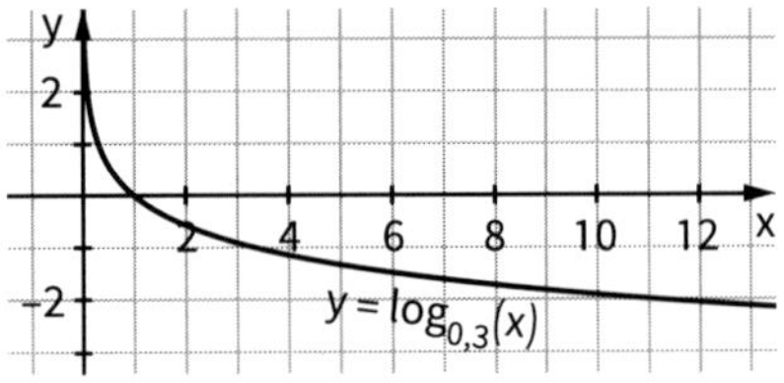

4. Bei gleicher Achseneinteilung geht der Graph zu $y = 4^x$ beim Spiegeln an der Hauptwinkelhalbierenden w über in den Graphen zu $y = \log_4(x)$. Der Punkt $P(s\,|\,v)$ auf dem Graphen zu $y = 4^x$ geht beim Spiegeln an w über in den Punkt $P^*(v\,|\,s)$ auf dem Graphen zu $y = \log_4(x)$.
Begründung: Wenn $P(s\,|\,v)$ auf dem Graphen der Funktion zu $y = 4^x$ liegt, so gilt $v = 4^s$. Daraus folgt $s = \log_4(v)$. Also ist s der Funktionswert der Logarithmusfunktion an der Stelle v. P* hat also die Koordinaten $P^*(v\,|\,\log_4(v))$. Somit liegt P* auf dem Graphen der Funktion zu $y = \log_4(x)$.
Bei gleicher Achseneinteilung geht der Graph zu $y = 0{,}25^x$ beim Spiegeln an der Hauptwinkelhalbierenden w über in den Graphen zu $y = \log_{0,25}(x)$. Der Punkt $P(s\,|\,v)$ auf dem Graphen zu $y = 0{,}25^x$ geht beim Spiegeln an w über in den Punkt $P^*(v\,|\,s)$ auf dem Graphen zu $y = \log_{0,25}(x)$.
Begründung: Wenn $P(s\,|\,v)$ auf dem Graphen der Funktion zu $y = 0{,}25^x$ liegt, so gilt $v = 0{,}25^s$. Daraus folgt $s = \log_{0,25}(v)$. Also ist s der Funktionswert der Logarithmusfunktion an der Stelle v. P* hat also die Koordinaten $P^*(v\,|\,\log_{0,25}(v))$. Somit liegt P* auf dem Graphen der Funktion zu $y = \log_{0,25}(x)$.

120

5. $y = \log_b(x)$, also $x = b^y$

a) $8 = b^3$; $b = 2$; $y = \log_2(x)$

b) $3 = b^8$; $b = \sqrt[8]{3}$; $y = \log_{\sqrt[8]{3}}(x)$

c) $0{,}5 = b^{-1}$; $b = 2$; $y = \log_2(x)$

d) $\frac{1}{3} = b^3$; $b = \sqrt[3]{\frac{1}{3}}$; $y = \log_{\sqrt[3]{\frac{1}{3}}}(x)$

e) $1 = b^0$; $b > 0$; $y = \log_b(x)$

6. (1) und b); (2) und c); (3) und a); (4) und d)

7. a) Es gilt $\log(x \cdot s) = \log(x) + \log(s)$.
Da log (s) eine Zahl ist, wird also immer der konstante Summand log (s) addiert.

b) Jedes Mal, wenn x mit s potenziert wird, wird der Funktionswert mit s multipliziert.
Begründung:
Es gilt $\log(x^s) = s \cdot \log(x)$. Da log (s) eine Zahl ist, wird also immer mit dem Faktor log (s) multipliziert.

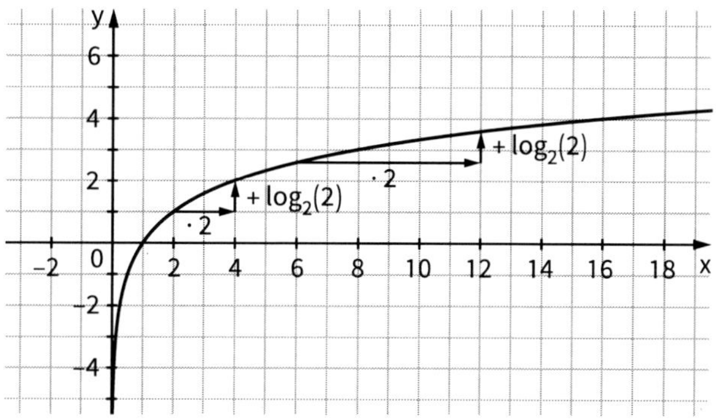

8. a) *Hochformat* (21 cm breit, 29,7 cm hoch)
$\log_2(x) = 14{,}85$
$x \approx 29\,532$
29 532 cm : 21 cm = 1 406,2…
Er benötigt 1 407 Blätter.
Querformat (29,7 cm breit; 21 cm hoch)
$\log_2(x) = 10{,}5$
$x \approx 1\,448$
1 448 cm : 29,7 cm = 48,7…
Er benötigt 49 Blätter.

120

8. b) *Hochformat*
$\lg(x) = 14{,}85$
$x \approx 7{,}0795 \cdot 10^{14}$
$7{,}0795 \cdot 10^{14}\,\text{cm} : 21\,\text{cm} \approx 3{,}37 \cdot 10^{13}$
$3{,}37 \cdot 10^{13} : 1\,000 \cdot 5\,\text{kg} \approx 1{,}685 \cdot 10^{11}\,\text{kg} \approx 1{,}685 \cdot 10^{8}\,\text{t}$
Querformat
$\lg(x) = 10{,}5$
$x \approx 3{,}1623 \cdot 10^{10}$
$3{,}1623 \cdot 10^{10}\,\text{cm} : 29{,}7\,\text{cm} \approx 1{,}065 \cdot 10^{9}$
$1{,}065 \cdot 10^{9} : 1\,000 \cdot 5\,\text{kg} \approx 5{,}325 \cdot 10^{6}\,\text{kg} \approx 5\,325\,\text{t}$

9. $\text{DIN} = 10 \cdot \log(\text{ASA}) + 1$

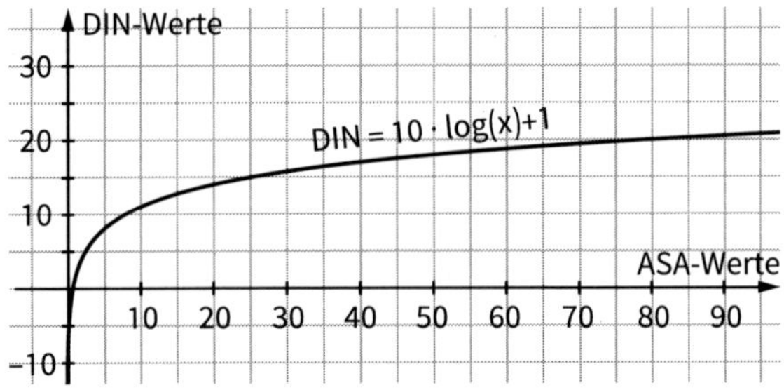

3.8 Überlagerung von exponentiellen und linearem Wachstum

121

Einstieg:
Hierfür kann eine Tabelle erstellt werden.

Jahr	Einzahlung	Zinsen	Jahresendbetrag
1	2 500,00 €	50,00 €	2 550,00 €
2	5 050,00 €	101,00 €	5 151,00 €
3	7 651,00 €	153,02 €	7 804,02 €
4	10 304,02 €	206,08 €	10 510,10 €
5	13 010,10 €	260,20 €	13 270,30 €
6	15 770,30 €	315,41 €	16 086,71 €
7	18 586,71 €	371,71 €	18 957,42 €

Der Betrag ist fast 19 000 € nach 7 Jahren, aber nicht fast 20 000 €.

121

2.

Jahr	Restschuld Jahresanfang	Zinsen	Tilgung	Restschuld Jahresende
1	350 000,00 €	10 500,00 €	7 500,00 €	342 500,00 €
2	342 500,00 €	10 275,00 €	7 725,00 €	334 775,00 €
3	334 775,00 €	10 043,25 €	7 956,75 €	326 818,25 €
4	326 818,25 €	9 804,55 €	8 195,45 €	318 622,80 €
5	318 622,80 €	9 558,68 €	8 441,32 €	310 181,48 €
6	310 181,48 €	9 305,44 €	8 694,56 €	301 486,93 €
7	301 486,93 €	9 044,61 €	8 955,39 €	292 531,53 €
8	292 531,53 €	8 775,95 €	9 224,05 €	283 307,48 €
9	283 307,48 €	8 499,22 €	9 500,78 €	273 806,70 €
10	273 806,70 €	8 214,20 €	9 785,80 €	264 020,91 €

Nach 10 Jahren haben sie noch Restschulden von 264 020,91 €. Die dritte Spalte bildet den Prozentwert der Restschulden. Die vierte Spalte zieht diese Zinsen von der Einzahlung ab und tilgt sie somit. Die letzte Spalte zieht vom Jahresanfangsbetrag die Tilgung ab. Anschließend wird in die zweite Spalte der Wert der letzten Spalte eingetragen, weil dies der neue Jahresanfangsbetrag ist.

122

3. a)

Tag	mg zu Beginn des Tages	Ausscheidung	mg am Ende des Tages
1	20,00	4	16,00
2	16,00	3,2	12,80
3	12,80	2,56	10,24
4	10,24	2,048	8,19
5	8,19	1,6384	6,55
6	6,55	1,31072	5,24
7	5,24	1,048576	4,19
8	4,19	0,8388608	3,36
9	3,36	0,67108864	2,68
10	2,68	0,53687091	2,15
11	2,15	0,42949673	1,72
12	1,72	0,34359738	1,37
13	1,37	0,27487791	1,10
14	1,10	0,21990233	0,88

b) Siehe Information auf Seite 122/123 des Schülerbandes.

123

4. Niklas kann sich auf 4 919,10 € freuen. Wenn ihm seine Oma zum 18. Geburtstag auch 200 € schenkt, kann er sich sogar auf 5 119,10 € freuen.

5. a) Sie könnte davon 26 Jahre lang leben.
   b) Sie reicht damit 50 Jahre, wenn sie jährlich 32 203,96 € abholt.

6. a) Er bekommt mit 65 Jahren 130 442,73 € ausgezahlt.
   b) Er müsste als ersten Betrag und dann jährlich 2 265,13 € einzahlen.

123

7. a) Bei einer jährlichen Zahlung von 14 000 € hat Familie Ziegel nach 20 Jahren noch 133 959,73 € Schulden.
   b) Im 1. Jahr beträgt die Tilgungsrate 6 500 € und im 20. Jahr beträgt sie 10 391,27 €. Das liegt daran, dass sich die Restschuld am Jahresanfang und somit auch die zu zahlenden Jahreszinsen m Laufe der Zeit verringern. Dadurch kann die Familie immer mehr Schulden tilgen, d.h. die jährliche Tilgungsrate wächst.
   c) Familie Ziegel muss 19 244,14 € jährlich zahlen.

124

8. a)

Jahr	Restschuld Anfang	Zinsen	Tilgung	Restschuld Ende
1	35.000,00 €	1.487,50 €	3.312,50 €	31.687,50 €
2	31.687,50 €	1.346,72 €	3.453,28 €	28.234,22 €
3	28.234,22 €	1.199,95 €	3.600,05 €	24.634,17 €
4	24.634,17 €	1.046,95 €	3.753,05 €	20.881,13 €
5	20.881,13 €	887,45 €	3.912,55 €	16.968,57 €
6	16.968,57 €	721,16 €	4.078,84 €	12.889,74 €
7	12.889,74 €	547,81 €	4.252,19 €	8.637,55 €
8	8.637,55 €	367,10 €	4.432,90 €	4.204,65 €
9	4.204,65 €	178,70 €	4.621,30 €	–

   b) 4 383,35 €
   c) Wir wissen $a(n) = a(n-1) \cdot 1{,}0425 - 4\,800$; $a(1) = 35\,000$ €
   d) Bei einer Einzahlung von 1 487,50 € würden sich die Schulden nicht verändern. Wird weniger eingezahlt, erhöhen sie sich und umgekehrt werden die Schulden weniger, wenn mehr eingezahlt wird.

9. a) Der Kredit läuft 15 Jahre. Die letzte Rate beträgt 4 151,76 €.
   b) Bei 3 600 € Einzahlung wird der Kredit nicht abgezahlt und erhöht sich nicht.

10. a)

Woche	Bestand am Wochenbeginn (in kg)	Rückgang	Bestand am Wochenende (in kg)
1	5,000	1,575	3,425
2	8,425	2,654	5,771
3	10,771	3,393	7,378
4	12,378	3,899	8,479
5	13,479	4,246	9,233
6	14,233	4,483	9,750
7	14,750	4,646	10,104
8	15,104	4,758	10,346
9	15,346	4,834	10,512
10	15,512	4,886	10,626

   b) Zu Beginn der 8. Wochen befinden sich über 15 kg auf dem Feld.
   c) Neuer Bestand = alter Bestand $\cdot$ 0,685 + 5

124

11. a)

Jahr	Betrag zu Beginn des Jahres	Zinsen	Betrag am Ende des Jahres
1	1 200,00 €	24,00 €	1 224,00 €
2	2 424,00 €	48,48 €	2 472,48 €
3	3 672,48 €	73,45 €	3 745,93 €
4	4 945,93 €	98,92 €	5 044,85 €
5	6 244,85 €	124,90 €	6 369,75 €
6	7 569,75 €	151,39 €	7 721,14 €
7	8 921,14 €	178,42 €	9 099,56 €
8	10 299,56 €	205,99 €	10 505,55 €
9	11 705,55 €	234,11 €	11 939,67 €
10	13 139,67 €	262,79 €	13 402,46 €
11	14 602,46 €	292,05 €	14 894,51 €
12	16 094,51 €	321,89 €	16 416,40 €
13	17 616,40 €	352,33 €	17 968,73 €
14	19 168,73 €	383,37 €	19 552,10 €
15	20 752,10 €	415,04 €	21 167,14 €

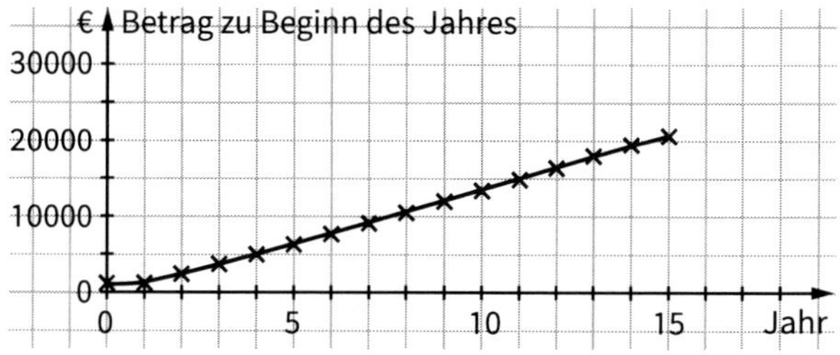

Je höher der Einzahlungsbetrag oder die Zinsen, umso stärker wächst der Graph.

b) Die Aussage ist korrekt, da die Zinsen exponentiell wachsen, während die Rate immer linear wächst.

12.

Jahr	Herr Babnitz		Herr Wabnitz	
	jährliches Gehalt	gesamt	jährliches Gehalt	gesamt
1	2 000,00 €	2 000,00 €	2 000 €	2 000 €
2	2 038,00 €	4 038,00 €	2 040 €	4 040 €
3	2 076,72 €	6 114,72 €	2 080 €	6 120 €
4	2 116,18 €	8 230,90 €	2 120 €	8 240 €
5	2 156,39 €	10 387,29 €	2 160 €	10 400 €
6	2 197,36 €	12 584,65 €	2 200 €	12 600 €
7	2 239,11 €	14 823,76 €	2 240 €	14 840 €
8	2 281,65 €	17 105,41 €	2 280 €	17 120 €
9	2 325,00 €	19 430,41 €	2 320 €	19 440 €
10	2 369,18 €	21 799,59 €	2 360 €	21 800 €

Die bessere Variante von Herrn Babnitz ist besser, da man ab dem 8. Jahr bereits mehr Gehalt hat und nach dem 10. Jahr auch insgesamt mehr verdient hat.

124 **13. a)** Nach 5 Jahren hat Familie Protz noch 26 397,59 € Restschulden.

b) Bei einer Rate von 500 € könnten die Zinsen von 2 700 € nicht getilgt werden und der Kredit würde sich jährlich erhöhen, sodass die Schulden nach 5 Jahren bereits 57 401,60 € betragen würden.

3.9 Begrenztes Wachstum

125 **Einstieg:**

a)

Zeit (in Jahren)	Höhe (in m)
0	1,00
1	4,95
2	8,70
3	12,27
4	15,65
5	18,87
6	21,93
7	24,83
8	27,59
9	30,21
10	32,70

Zeit (in Jahren)	Höhe (in m)
11	35,06
12	37,31
13	39,45
14	41,47
15	43,40
16	45,23
17	46,97
18	48,62
19	50,19
20	51,68

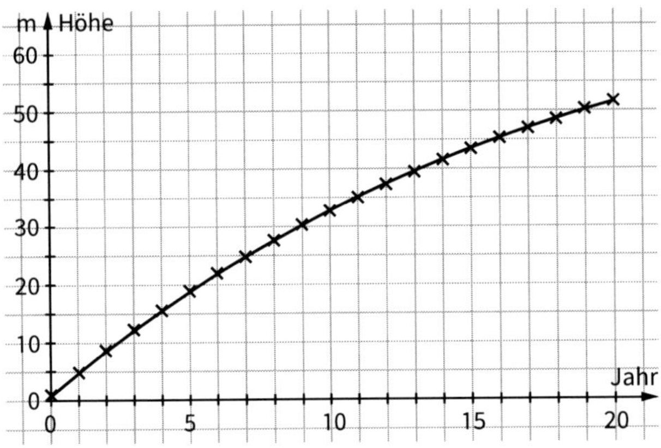

b) $h(n) = h(n-1) + 0{,}05\,(80 - h(n-1))$

$h(0) = 1$

Nach etwa 14 Jahren ist sie größer als 40 m.

126 **2. a)**

Zeit (in min)	Temperatur (in °C)
0	80,00
1	74,00
2	68,60
3	63,74
4	59,37
5	55,43
6	51,89
7	48,70
8	45,83
9	43,25
10	40,92
11	38,83
12	36,95
13	35,25
14	33,73
15	32,35
16	31,12
17	30,01
18	29,01
19	28,11
20	27,29

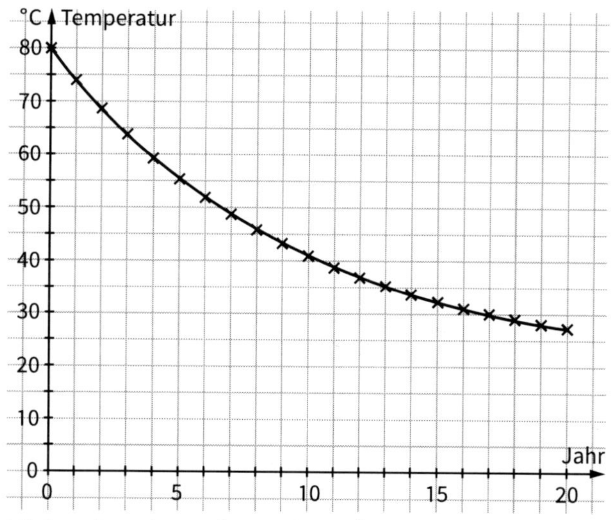

b) $T(n) = T(n-1) + 0{,}1\,(20 - T(n-1))$
$= T(n-1) - 0{,}1\,(T(n-1) - 20)$ (Um die Abnahme deutlich zu machen.)
$T(0) = 80$

127

3. Das begrenzte Wachstum mit der Grenze G lässt sich beschreiben durch

$g(t) = g(t-1) + q \cdot (G - g(t-1))$ $\quad 0 < q < 1;$

$= (1-q) \cdot g(t-1) + q \cdot G$ $\quad 0 < (1-q) < 1;\ q \cdot G \in \mathbb{R}$

$= k \cdot g(t-1) + d$ $\quad$ Setze $k = (1-q)$ und $d = q \cdot G$

Daher ist ein begrenztes Wachstum auch eine Überlagerung von exponentiellem und linearem Wachstum.

4. a) $g(n) = g(n-1) \cdot k + d$ hat einen Grenzwert, wenn $k < 1$ und $d \in \mathbb{R}$ beliebig.

b) Da die Folge konvergent ist, gilt für $n \to \infty$: $g(n) = g(n-1)$.

Dann gilt für $n \to \infty$:

$$g(n) = g(n-1) \cdot k + d$$
$$g(n) = g(n) \cdot k + d$$
$$(1-k) \cdot g(n) = d$$
$$g(n) = \frac{d}{1-k}$$

Also: $\lim\limits_{n \to \infty} g(n) = \frac{d}{1-k}$

5. a) Bei dieser Aufgabe müssen die Ergebnisse auf eine natürliche Zahl gerundet werden, da es sich um Fische handelt.

$g(1) = 280$; $g(2) = 352$; $g(3) = 417$; $g(4) = 476$; $g(5) = 528$; $g(6) = 575$;
$g(7) = 618$; $g(8) = 666$; $g(9) = 699$; $g(10) = 729$; $g(11) = 756$; $g(12) = 780$

b) $g(t) = g(t-1) + 0{,}1 \cdot (1000 - g(t-1))$; $g(0) = 200$

6. $g(t) = g(t-1) + 0{,}12 \cdot (3 - g(t-1))$; $g(0) = 0{,}5$

a) Nach 8 Wochen ist sie über 2 m groß. Also erreicht sie 2 m innerhalb der 7. Woche.

b) Von Woche 15 zu Woche 16 wächst sie nur noch 4,2 cm.

7. $g(t) = g(t-1) + 0{,}12 \cdot (5{,}5 - g(t-1))$; $g(0) = 24{,}5$

Zwischen 2 und 3 Minuten erreicht die Butter 20 °C, zwischen 5 und 6 Minuten 15 °C und zwischen 11 und 12 Minuten 10 °C. 5 °C erreicht sie nicht, da der Kühlschrank selbst 5,5 °C warm ist.

8. $g(t) = g(t-1) - 0{,}01 \cdot (300 - g(t-1))$

Bei 200 l bleibt das Wasser in der Badewanne konstant auf diesem Pegel, weil der Abfluss pro Minute genau 1 l entspricht. Sobald weniger als 200 l in der Badewanne sind, sinkt der Pegel trotz des einen Liters, der pro Minute hinzugegeben wird. Wenn mehr als 200 l in der Badewanne sind, steigt der Pegel sogar.

Das kann ich noch!

A) 1) $7x + 14y$ **2)** $12 - 3x$ **3)** $-3x + 2y$ **4)** $-3x^2 - 6xy$ **6)** $12x - 28xy - 35y^2 + 15y$ **5)** $x^2 - 5xy + 3y^2$ **7)** $x^2 - 4xy + 4y^2$ **8)** $4x^2 - 16y^2$

128 **9. a)** $g(0) = 500$ $g(1) = 600$ $g(2) = 690$ $g(3) = 771$

Gleichungssystem: $\begin{vmatrix} 600 = 500 + x \cdot (G - 500) \\ 690 = 600 + x \cdot (G - 600) \end{vmatrix}$

Lösungsmenge: $L = \{(0{,}1 \mid 1\,500)\}$, also $x = 0{,}1$ und $G = 1\,500$.

Daraus folgt: $g(t) = g(t-1) + 0{,}1 \cdot (1\,500 - g(t-1))$; $g(0) = 500$

b) Da es sich um einen Bestand handelt, können es nur natürliche Zahlen sein.

Zeit (min)	0	5	10	15	20	25	30
Bestand	500	600	690	771	844	910	969

10. Druckfehler in der ersten Auflage des Schülerbandes: Die Anzeige rechts fehlt.

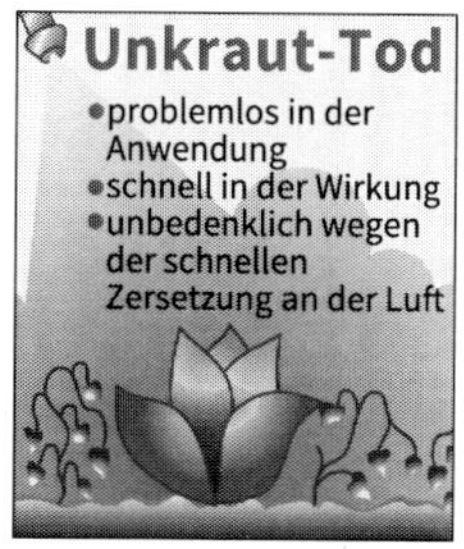

$g(t) = g(t-1) - 0{,}6\,g(t-1) + 9$; $g(0) = 9$

a) $g(1) = 12{,}6$; $g(2) = 14{,}04$;
$g(3) = 14{,}616$; $g(4) = 14{,}8464$;
$g(5) = 14{,}9386$

Es scheint, als wäre 15 kg eine Grenze. Da 9 kg genau 60 % von 15 kg entsprechen, ist dies auch die Grenze, weil dann genauso viel abgezogen wird, wie hinzugefügt wird.

b) Ab Woche 11 sind die Werte sehr nahe an 15 kg.

Woche	1	2	3	4	5
Mittel (in kg)	12,6	14,04	14,616	14,846	14,939

Woche	6	7	8	9	10
Mittel (in kg)	14,975	14,99	14,996	14,998	14,999

c) Die Anzeige stellt den Sachverhalt falsch dar.

128 **11. a)** $g(t) = g(t-1) + \frac{1}{3}(24 - g(t-1))$; $g(0) = 94$ ist die rekursive Formel. Für die explizite Formel ist es sinnvoll die Entwicklung des Wachstums anzuschauen.

Der Unterschied zwischen der Außentemperatur und dem Tee verringert sich pro Minute um $\frac{1}{3}$, wird also zu $\left(1 - \frac{1}{3}\right) = \frac{2}{3}$ des vorherigen Unterschiedes.

$g(0) - 24 = 70$

$g(1) - 24 = 70 \cdot \frac{2}{3}$

$g(2) - 24 = 70 \cdot \left(\frac{2}{3}\right)^2$

$\vdots$

$g(t) - 24 = 70 \cdot \left(\frac{2}{3}\right)^t$

Die explizite Formel lautet:

$g(t) = 24 + 70 \cdot \left(\frac{2}{3}\right)^t$

128 **11. b)** (1) ab der 5. Minute kleiner als 10 °C
(2) ab der 7. Minute kleiner als 5 °C
(3) ab der 11. Minute kleiner als 1 °C
(4) ab der 17. Minute kleiner als 0,1 °C

12. a) Rekursive Formel: $\vartheta(n) = \vartheta(n-1) + 0{,}16\left(25 - \vartheta(n-1)\right)$
$\vartheta(0) = 6$
Entwickeln einer expliziten Formel:
$\vartheta(0) = 6$
$25 - \vartheta(0) = 19$
$25 - \vartheta(1) = 19 \cdot 0{,}84$
$25 - \vartheta(2) = 19 \cdot 0{,}84 \cdot 0{,}84 = 19 \cdot 0{,}84^2$
$\vdots$
$25 - \vartheta(n) = 19 \cdot 0{,}84^n$
Die explizite Formel lautet: $\vartheta(n) = 25 - 19 \cdot 0{,}84^n$

b) 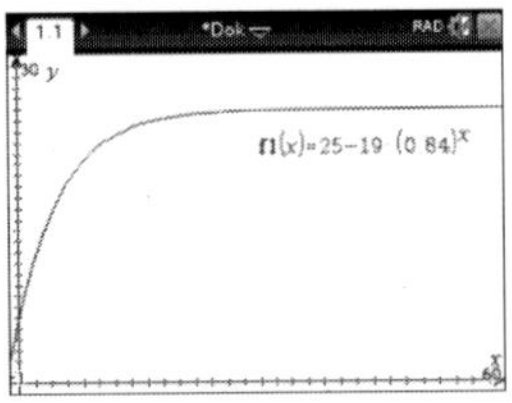

c) (1) 13 min (2) 17 min (3) 31 min (4) 44 min

13. Rekursive Formel: $B(h) = B(h-1) + 0{,}1\left(300 - B(h-1)\right)$
$B(0) = 10$
Entwickeln einer expliziten Formel:
$B(0) = 10$
$300 - B(0) = 290$
$300 - B(1) = 290 \cdot 0{,}9$
$300 - B(2) = 290 \cdot 0{,}9^2$
$\vdots$
$300 - B(n) = 290 \cdot 0{,}9^n$
Die explizite Formel lautet: $B(n) = 300 - 290 \cdot 0{,}9^n$

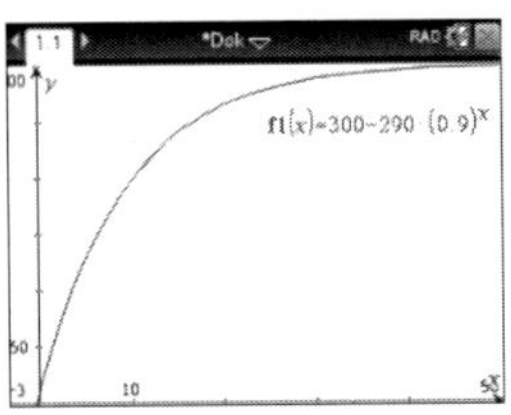

Die Population erreicht nach etwa 17 Jahren eine Größe von 250 Feldhamstern.

Im Blickpunkt: Logistisches Wachstum

130

2. **a)** $B(t+1) = B(t) + 0{,}0009 \cdot B(t) \cdot (500 - B(t))$; $B(0) = 2$

b) Wann nimmt die Algenart 450 m² des Sees ein?
Zwischen dem 18. und 19. Monat wird der Wert von 450 m² angenommen.
Nach 19 Monaten sind über 90 % des Sees bedeckt.

3. Die Prognosen sind sehr gut.

	Einwohner USA (in Mio.)	
Jahr	Zählung	Prognose
1790	3,9	3,9
1800	5,3	5,3
1820	9,6	9,7
1840	17,1	17,4
1860	31,4	30,3
1880	50,2	50,2
1900	76,0	77,3
1920	106,5	108,6

4. **a)** Zur Aufstellung der Funktionen werden nur die Daten von 1990 und 2000 genutzt.
Die lineare Funktion wäre dann $f(x) = 0{,}093x - 179{,}77$
$f(2025) = 8{,}555$; $f(2050) = 10{,}88$; $f(2100) = 15{,}53$
Während die Werte für 2025 und 2050 noch stimmen könnten, sind die Werte spätestens ab 2100 unrealistisch.
Die exponentielle Funktion wäre dann $g(x) = 5{,}65 \cdot 10^{-14} \cdot 1{,}0163^x$
$g(2025) = 9{,}36371$ $g(2050) = 14{,}028$ $g(2100) = 31{,}4842$
Bereits der Wert für 2025 ist sehr hoch, aber spätestens der Wert von 2050 ist unrealistisch.

b) A: Anzahl t: Jahreszahl
$A(t) = \frac{12{,}4214}{1 + 1{,}0293 \cdot 10^{18} \cdot e^{-0{,}0208 \cdot t}}$ (GTR)

c) $A(t+1) = A(t) + k \cdot A(t) \cdot (11{,}6 - A(t))$; $A(0) = 5{,}3$

d) –

4. Kreis und Körperberechnungen

133

Einstiegsseite:

→ 5 000 Stadien entsprechen einer Strecke von 900 000 m, also 900 km.
7,2° sind der 50. Teil 360°, also sind 900 km auch der 50. Teil des Erdumfangs.
Für den Erdumfang erhält man $50 \cdot 900\,km = 45\,000\,km$.
Die genaue Entfernung von Assuan nach Alexandria beträgt 835 km.
Damit erhält man einen Erdumfang von $50 \cdot 835\,km = 41\,750\,km$

→ Nach heutigen Erkenntnissen gibt man den Erdumfang mit 40 074 km an.

Lernfeld: Rund und spitz – wie groß ist … ?

134

1. Auftrag: Kreise wiegen

Intension des Arbeitsauftrages ist die experimentelle Bestimmung des Flächeninhalts eines Kreises in Abhängigkeit vom Radius oder Durchmesser. Die Angabe der Papierqualität erlaubt eine recht genaue Flächenbestimmung. Vernetzungen zur Proportionalität werden hergestellt.

→ Die Durchführung in Gruppen beschleunigt das Herstellen der Kreise und verlangt gemeinsame Planung des experimentellen Vorgehens.

→ Die Genauigkeit kann erhöht werden, indem nicht einzelne Kreise gewogen werden, sondern eine Vielzahl (Gruppenarbeit) mit gleichem Radius.

→ Hier entdecken die Schülerinnen und Schüler, dass mit einer Verdopplung des Radius eine Vervierfachung des Flächeninhalts verbunden ist. Die Verwendung mehrerer Datensätze (Zusammenarbeit mehrerer Gruppen) ermöglicht eine Bestätigung dieser Vermutung. Die Bestimmung der Kreiszahl kann mit einem Kreis mit Einheitsradius (z. B. 1 dm) vorgenommen werden oder aus unterschiedlichen Datensätzen als konstanter Faktor ermittelt werden.

2. Auftrag: Tuben untersuchen

Intension des Arbeitsauftrags ist die experimentelle Bestimmung des Umfangs eines Kreises in Abhängigkeit vom Radius oder Durchmesser.
Das Experimentieren mit Gegenständen des Alltags soll dabei die Motivation steigern und die Aufgaben in die Lebenswelt der Schülerinnen und Schüler einbetten.

→ Die Beschreibung des Herstellungsverfahrens soll die Messidee herausstellen und die Falzbreite als halben Umfang erkennen lassen.

→ Dieser Auftrag erwartet beispielsweise eine Tabelle mit Falzbreiten und Durchmesser oder eine entsprechende grafische Darstellung.

→ Anknüpfend an Punkt 1 ist zunächst der Zusammenhang zwischen Falzbreite und Durchmesser zu formulieren und die Tabelle (Graph) aus Punkt 2 entsprechend abzuändern oder zu interpretieren.
Die Proportionalität zwischen Durchmesser und Umfang wird entdeckt, die Kreiszahl näherungsweise als Proportonalitätsfaktor bestimmt.

134 **3. Auftrag: Volumen einer besonderen Pyramide**

Der Auftrag ermöglicht einen handlungsorientierten Zugang zur Volumenformel der Pyramide $V = \frac{1}{3} G \cdot h$. Speziell wird der für Spitzkörper typische Faktor $\frac{1}{3}$ hier sehr anschaulich vorbereitet.

→ Die Pyramiden lassen sich gut in Teamarbeit erstellen.
Beispiel für ein mögliches Netz der Pyramide:

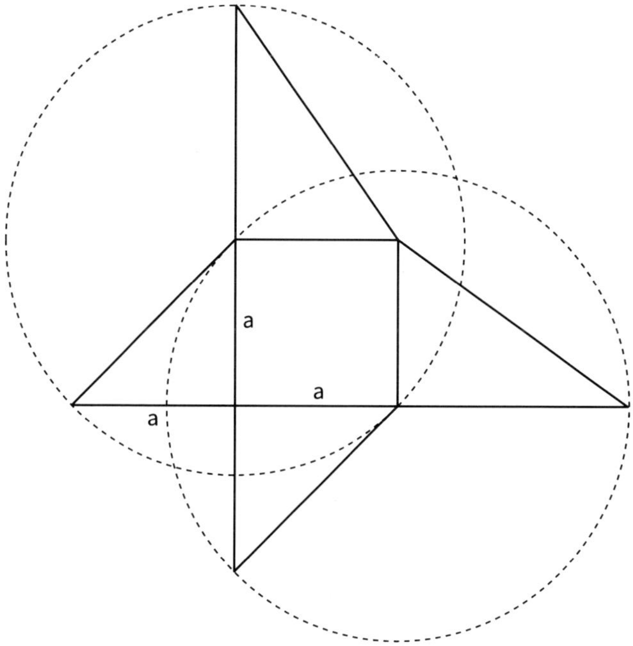

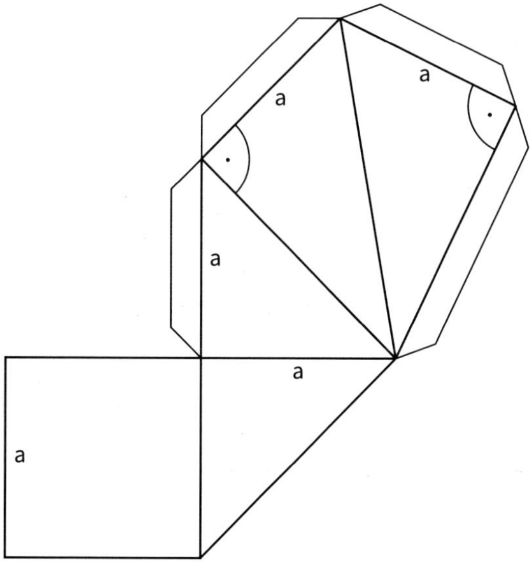

134

3. Auftrag: Fortsetzung

→ Drei dieser Pyramiden lassen sich lückenlos zu einem Würfel mit der Kantenlänge 5 cm zusammensetzen. Man erhält also für das Volumen einer dieser Pyramiden:

$V = \frac{1}{3} \cdot (5\,\text{cm})^3 = 41\frac{2}{3}\,\text{cm}^3 \approx 41{,}667\,\text{cm}^3$

→ Verallgemeinert man das Ergebnis auf die Kantenlänge a des Würfels, so erhält man für das Volumen dieser Pyramiden:

$V = \frac{1}{3} \cdot a^3$

Die Grundfläche einer solchen Pyramide ist ein Quadrat mit der Seitenlänge a. Der Grundflächeninhalt ist $G = a^2$. Für die Höhe h der Pyramide gilt: $h = a$.

Wir können nun die Formel umschreiben:

$V = \frac{1}{3}a^3 = \frac{1}{3}a^2 \cdot a = \frac{1}{3}G \cdot a = \frac{1}{3}G \cdot h$

Wir vermuten für das Volumen einer beliebigen Pyramide die Formel:

$V = \frac{1}{3}G \cdot h$.

4.1 Umfang eines Kreises

135

Einstieg:

Man kann z. B. mit einem Faden den Umfang messen. So stellt man fest, dass der Umfang etwa sechsmal so groß ist wie der Radius bzw. dreimal so groß wie der Durchmesser.

138

3. a) *Linkes Beispiel (Sechseck; n = 6):*

$x = r$, da das Dreieck gleichseitig ist, also $u = 6r$.

Mittleres Beispiel (Zwölfeck; n = 12):

$\sin(\alpha) = \frac{\text{Gegenkathete}}{\text{Hypotenuse}}$, also $\sin\left(\frac{30°}{2}\right) = \frac{x}{2} : r$.

$u = 12x = 24r \cdot \sin(15°) \approx 6{,}21 \cdot r u = 12x$,

Rechtes Beispiel (n-Eck):

$x = 2r \cdot \sin\left(\frac{180°}{n}\right)$, also $u = n \cdot x = n \cdot 2r \cdot \sin\left(\frac{180°}{n}\right)$

Mit dieser Formel kann man den Umfang eines n-Ecks angeben.

$n = 24$: $u = 24 \cdot 2r \cdot \sin\left(\frac{180°}{24}\right) = 48r \cdot \sin(7{,}5°) \approx 6{,}27r$

$n = 100$: $u = 100 \cdot 2r \cdot \sin\left(\frac{180°}{100}\right) = 200r \cdot \sin(1{,}8°) \approx 6{,}28r$

$n = 1\,000$: $u = 1\,000 \cdot 2r \cdot \sin\left(\frac{180°}{1\,000}\right) = 2\,000r \cdot \sin(0{,}18°) \approx 6{,}28r$

b) $u = n \cdot 2r \cdot \sin\left(\frac{180°}{n}\right) = n \cdot d \cdot \sin\left(\frac{180°}{n}\right)$

139

4. 120 cm : 19,2 cm = 6,25 | 250 cm : 39,6 cm ≈ 6,31

140 cm : 22,6 cm ≈ 6,19 | 270 cm : 43 cm ≈ 6,28

Die Fahrstrecke ist etwas länger als das Sechsfache des Kurvenradius.

139

5. **a)** $u \approx 12{,}57$ m **b)** $u \approx 106{,}8$ cm **c)** $u \approx 4{,}08$ m **d)** $u \approx 15{,}71$ m **e)** $u \approx 37{,}7$ mm **f)** $u \approx 5{,}341$ km

6. **a)** $u \approx 37{,}7$ cm **b)** $u \approx 141{,}4$ cm **c)** $u \approx 185{,}4$ cm **d)** $u \approx 226{,}2$ mm

7. **a)** $d \approx 54{,}1$ cm
b) Man muss für jeden Jahresring 4 mm rechnen, 2 mm auf beiden Seiten. Die Buche ist ungefähr 135 Jahre alt.

8. **a)** $d \approx 8{,}6$ cm; $r \approx 4{,}3$ cm
b) $d \approx 0{,}38$ m; $r \approx 0{,}19$ m
c) $d \approx 257{,}8$ mm; $r \approx 128{,}9$ mm
d) $d \approx 3{,}92$ m; $r \approx 1{,}96$ m
e) $d \approx 3{,}18$ m; $r \approx 1{,}59$ m

9. **a)** Das Mountainbike ist ungefähr 102 m weit gerollt.
b) Die Räder des Citybikes drehen sich auf der gleichen Strecke ungefähr 46-mal.

10. **a)** Der Umfang wächst auch auf das Doppelte an.
b) Der Umfang wächst auch auf das Fünffache an.
c) Der Umfang wächst auch auf das Eineinhalbfache an.

140

11. $u = 2\pi \cdot 2{,}80\,\text{m} \approx 17{,}59\,\text{m}$; $500\,\text{m} : 2\pi \cdot 2{,}80\,\text{m} \approx 28{,}42$
Das Rad muss sich ungefähr $28\frac{1}{2}$-mal drehen.

12. *Zum Beispiel:* Wie lange dauert es, bis das Riesenrad sich einmal gedreht hat?
Rechnung: $u = \pi \cdot 135\,\text{m} \approx 424{,}12\,\text{m}$; $u : 0{,}26 \approx 1\,631{,}23$
Antwort: Das Rad benötigt gut 1 631 Sekunden für eine Umdrehung, also etwa $27\frac{1}{5}$ Minuten.

13. Länge der Umlaufbahn: 42 240 km
Radius der Umlaufbahn: 6 723 km
Der Satellit fliegt in einer Höhe von ungefähr 345 km über der Erde.

14. 41 330 km; 27 554 pro Stunde

15. **a)** 942 477 796 km ≈ 942 500 000 km
[2 582 131 km ≈ 2 582 000 km; 29,886 km ≈ 30 km]
b) $29{,}886\,\frac{\text{km}}{\text{s}} \approx 107{,}6\,\frac{\text{km}}{\text{h}} \approx 108\,\frac{\text{km}}{\text{h}}$

16. **a)** Radius Taille: $80\,\text{cm} : 2 : \pi \approx 12{,}7\,\text{cm}$
Radius Gürtel: $180\,\text{cm} : 2 : \pi \approx 28{,}6\,\text{cm}$
Differenz: $28{,}6\,\text{cm} - 12{,}7\,\text{cm} \approx 15{,}9\,\text{cm}$
Da der Gürtel auch zugemacht werden muss, steht er 5 cm bis 10 cm über, d. h. der Radius ist dann gut 27 cm. Der Gürtel steht immer noch etwa 15 cm ab.

140

16. b) Radius der Erde: 40 000 km : π : 2 ≈ 6 366,197724 km = 6 366 197,724 m
Radius des Seil-Kreises: 40 000 001 m : π : 2 ≈ 6 366 197,883 m
Differenz: 6 366 197,883 m – 6 366 197,724 m = 0,159 m
Zwischen Erde und Seil ist etwa 16 cm „Luft".

c) Der Abstand ist gleich der Differenz der Umfänge geteilt durch 2 π, ist also proportional zur Differenz der Abstände. Der Proportionalitätsfaktor ist $\frac{1}{2\pi}$.

Das kann ich noch!

A) In einer Urne sind 8 Kugeln, 3 rote Kugeln und 5 blaue Kugeln. Es wird zweimal gezogen.

1) Die zuerst gezogene Kugel wird vor dem zweiten Ziehen wieder zurückgelegt.
P (mindestens einmal r)
= 1 – P (keinmal r)
$= 1 - \frac{25}{64} = \frac{39}{64} \approx 0{,}61 = 61\,\%$

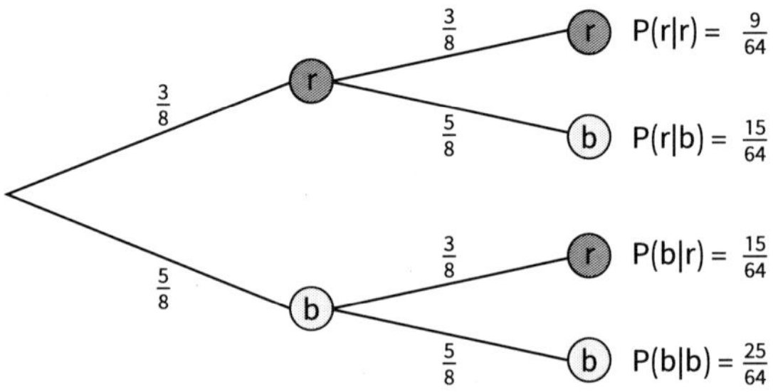

2) Die zuerst gezogene Kugel wird nicht zurückgelegt.
P (mindestens einmal r)
= 1 – P (keinmal r)
$= 1 - \frac{20}{56} = \frac{36}{56} = \frac{9}{14} \approx 0{,}64$
= 64 %

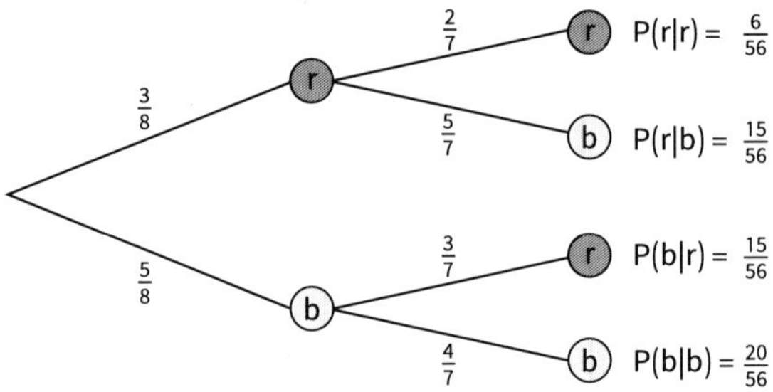

4.2 Flächeninhalt eines Kreises

141 **Einstieg:**

Druckfehler in der ersten Auflage im Bild rechts. Die obere Seite des Dreiecks ist x, nicht r.

Für die Seite x des Dreiecks gilt:

$\sin\left(\frac{\frac{360°}{n}}{2}\right) = \frac{\frac{x}{2}}{r}$, also $\sin\left(\frac{180°}{n}\right) = \frac{x}{2r}$

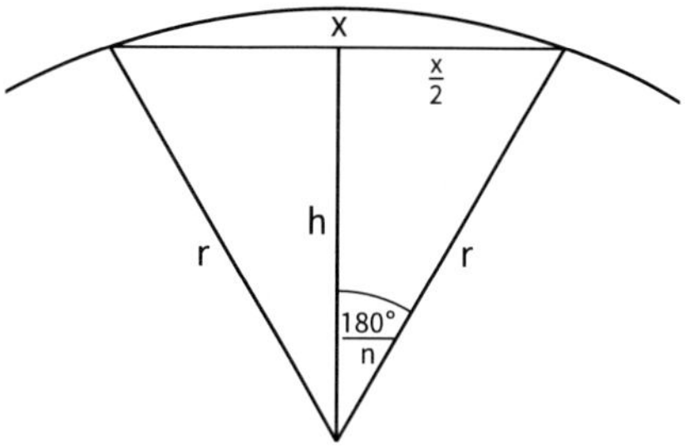

Nach x aufgelöst erhält man:

$x = 2r \cdot \sin\left(\frac{180°}{n}\right)$

Für die Höhe h des Dreiecks erhält man

entsprechend: $h = r \cdot \cos\left(\frac{180°}{n}\right)$

Damit gilt für den Flächeninhalt des Dreiecks:

$A_{Dreieck} = \frac{x \cdot h}{2} = \frac{2r \cdot \sin\left(\frac{180°}{n}\right) \cdot r \cdot \cos\left(\frac{180°}{n}\right)}{2} = r^2 \cdot \sin\left(\frac{180°}{n}\right) \cdot \cos\left(\frac{180°}{n}\right)$

Der Flächeninhalt A des n-Ecks ist n-mal so groß:

$A = n \cdot r^2 \cdot \sin\left(\frac{180°}{n}\right) \cdot \cos\left(\frac{180°}{n}\right)$

Damit ergibt sich für die regelmäßigen n-Ecke:

$n = 3$: $A = 3 \cdot r^2 \cdot \sin(60°) \cdot \cos(60°) \approx 1{,}30\,r^2$

$n = 4$: $A = 4 \cdot r^2 \cdot \sin(45°) \cdot \cos(45°) = 2\,r^2$

$n = 5$: $A = 5 \cdot r^2 \cdot \sin(36°) \cdot \cos(36°) \approx 2{,}38\,r^2$

$n = 6$: $A = 6 \cdot r^2 \cdot \sin(30°) \cdot \cos(30°) \approx 2{,}60\,r^2$

$n = 7$: $A = 7 \cdot r^2 \cdot \sin\left(\frac{180°}{7}\right) \cdot \cos\left(\frac{180°}{7}\right) \approx 2{,}74\,r^2$

$n = 8$: $A = 8 \cdot r^2 \cdot \sin(22{,}5°) \cdot \cos(22{,}5°) \approx 2{,}83\,r^2$

$n = 100$: $A = 100 \cdot r^2 \cdot \sin(1{,}8°) \cdot \cos(1{,}8°) \approx 3{,}1395\,r^2$

$n = 1\,000$: $A = 1\,000 \cdot r^2 \cdot \sin(0{,}18°) \cdot \cos(0{,}18°) \approx 3{,}14157\,r^2$

$n = 10\,000$: $A = 10\,000 \cdot r^2 \cdot \sin(0{,}018°) \cdot \cos(0{,}018°) \approx 3{,}14159\,r^2$

Man kann vermuten, dass die Kreiszahl π auch beim Flächeninhalt eine Rolle spielt.

Anscheinend gilt für den Flächeninhalt A eines Kreises: $a = \pi r^2$.

142 **2. a)** $A = \left(\frac{2\,cm}{2}\right)^2 \cdot \pi = \pi\,cm^2 \approx 3{,}14\,cm^2$

b) Da der Radius gleich dem halben Durchmesser ist, gilt:

$A = \pi r^2 = \pi \cdot \left(\frac{d}{2}\right)^2 = \pi \cdot \frac{d^2}{4} = \frac{\pi}{4} d^2$

3. a) $A = \pi \cdot (5{,}3\,cm)^2 - \pi \cdot (2{,}8\,cm)^2 \approx 63{,}6\,cm^2$

b) $A = \pi r_2^2 - \pi r_1^2 = \pi\left(r_2^2 - r_1^2\right)$

143

4. a) $78{,}54\,cm^2$ b) $5{,}31\,m^2$ c) $63{,}62\,cm^2$ d) $1{,}65\,m^2$ e) $10{,}75\,km^2$

5. $15\,393{,}80\,km^2 \approx 15\,400\,km^2$

6. $A \approx 1{,}54\,m^2$

7. a) $A \approx 1{,}13\,m^2$ b) $r = 0{,}8\,m$; $A \approx 2{,}01\,m^2$

8. Die beiden kleinen Pizzen sind zusammen ungefähr $454\,cm^2$ groß, die große Pizza ist ungefähr $491\,cm^2$ groß.

9. a) $A \approx 25{,}78\,m^2$ b) $A \approx 19{,}37\,cm^2$ c) $A \approx 91{,}99\,km^2$ d) $A \approx 0{,}08\,cm^2$ e) $A \approx 0{,}08\,km^2$

10. $A \approx 804{,}25\,m^2$, 10 kg Rasenkalk reichen für $100\,m^2$, 12 kg also für $120\,m^2$.
$804{,}25\,m^2 : 120\,m^2 = 6{,}7$
7 Packungen reichen. Sie kosten 17,92 €.

11. a) Auf das Vierfache. b) Auf das Neunfache. c) Auf das 25-fache.

12. $A_{Blech} = 256\,cm^2$
$A_{Kreise} \approx 4 \cdot 45{,}36\,cm^2 \approx 181{,}46\,cm^2$
$A_{Abfall} \approx 74{,}54\,cm^2$

13. Es entsteht 21,46 % Verschnitt.

14. a) (1) $1{,}13\,mm^2$ (2) $10{,}18\,mm^2$ (3) $0{,}28\,mm^2$
b) Der Widerstand beträgt den 9ten Teil bzw. das Vierfache.
c) (1) $1{,}54\,mm^2$ (2) $11{,}34\,mm^2$ (3) $0{,}50\,mm^2$

15.

Pizza	Junior	Classic	Maxi	Family
Flächeninhalt	$314\,cm^2$ $3{,}14\,dm^2$	$616\,cm^2$ $6{,}16\,dm^2$	$1134\,cm^2$ $11{,}34\,dm^2$	$2000\,cm^2$ $20\,dm^2$
Preis	4,30 €	5,90 €	10,50 €	16,90 €
Preis pro dm^2	1,37 €	0,96 €	0,93 €	0,85 €

Die rechteckige Family-Pizza ist am günstigsten.

144

16. a) $A \approx 58{,}90\,cm^2$ b) $A \approx 5{,}69\,cm^2$ f c) $A \approx 235{,}62\,cm^2$

Fehler im Buch: statt m sind cm gemeint!

17. $1\,591\,m^2$

18. a) $r_{Teich} = 22\,m : 2 : \pi - 0{,}5\,m \approx 3{,}0\,m$; $A \approx 28{,}27\,m^2$
b) $r_1 \approx 3{,}5\,m$; $r_2 \approx 5{,}5\,m$; $A \approx 56{,}55\,m^2$

144

19. a) $d = 62{,}2\,cm + 2 \cdot 3{,}7\,cm = 69{,}6\,cm$; $u \approx 218{,}65\,cm$

b) $d = 62{,}2\,cm + 2 \cdot 4{,}7\,cm = 71{,}6\,cm$; $u \approx 224{,}93\,cm$; $224{,}93\,cm : 218{,}65\,cm \approx 1{,}0287$
Der Umfang ist um etwa 2,9 % größer.

20. a) In den beiden Kurven läuft der Läufer auf Bahn 1 auf zwei halbkreisförmigen Kreislinien mit dem Radius $r_1 = 36{,}80\,m + 30\,cm = 37{,}10\,m$.
Die beiden Halbkreislinien sind $u_1 = 2 \cdot \pi \cdot r_1 \approx 233{,}11\,m$ lang.
Die beiden geraden Teilstücke der Bahn sind zusammen ungefähr 166,89 m lang. Die Zielgerade ist also ungefähr 83,45 m lang.

b) $u = 2 \cdot \pi \cdot 36{,}80\,m + 166{,}89\,m \approx 398{,}11\,m$

c) Der Radius der beiden Halbkreislinien für den Läufer auf Bahn 2 beträgt:
$r_2 = r_1 + 1{,}22\,m = 38{,}32\,m$
Die Länge der beiden Halbkreislinien auf Bahn 2 beträgt:
$u_2 = 2 \cdot \pi \cdot r_2 \approx 240{,}77\,m$
Dazu kommt die Länge der beiden geraden Laufbahnen;
$240{,}77\,m + 166{,}89\,m = 407{,}66\,m$.
Der Läufer auf Bahn 2 muss einen Vorsprung von 7,66 m haben.

21. Der Teig ist ungefähr 707 cm^2 groß, ein Plätzchen ungefähr 15,9 cm^2.
Rebecca erhält ungefähr 44 Plätzchen.
Falls der Teig unterschiedlich dick gewalzt wird, kann die Anzahl der Plätzchen stark abweichen.

145

22. a) $u \approx 15{,}4\,m$; Kosten für 77 Pflanzen: 219,45 €

b) $A \approx 18{,}86\,m^2$; Kosten für 151 Pflanzen: 1 094,75 €

c) $A \approx 23\,m^2$; Preis ohne MwSt. 598 €; Preis einschließlich MwSt. 711,62 €

23. a) $2 \cdot 0{,}65 \cdot 175\,mm + 14 \cdot 25{,}4\,mm = 583{,}1\,mm \approx 583\,mm$

b) $u_1 = \pi \cdot 583{,}1\,mm \approx 1\,831{,}9\,mm \approx 1{,}83\,m$

c) Ungefähr 546 Umdrehungen

d) 81 900 Umdrehungen pro Stunde; 1 365 Umdrehungen pro Minute; knapp 23 Umdrehungen pro Sekunde

e) $u_2 = \pi \cdot 571{,}1\,mm \approx 1\,794{,}2\,mm \approx 1{,}79\,m$; $1\,794{,}2\,mm : 1\,831{,}9\,mm \approx 0{,}9794$
Der Reifenumfang ist um etwa 2 % geringer, also ist auch die Geschwindigkeit etwa um 2 % geringer als angezeigt.

24. a) Die grüne Fläche des Halbkreises um M ist genauso groß wie die weiße Fläche des Halbkreises um N. Verschiebt man den Halbkreis um M auf den Halbkreis um N, so ist das Rechteck mit den Seitenlängen 6 cm und 12 cm gefärbt, das ist genau die Hälfte der gesamten Quadratfläche, also:

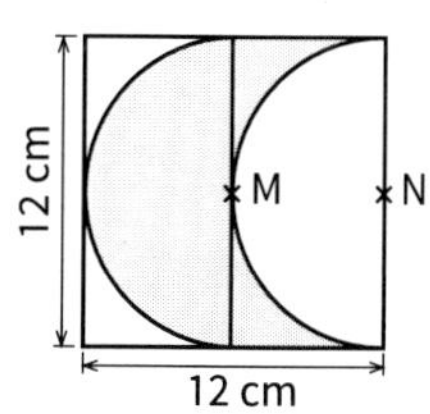

$A = \frac{1}{2} \cdot 12\,cm \cdot 12\,cm = 6\,cm \cdot 12\,cm = 72\,m^2$

$u = 2 \cdot \pi \cdot 6\,cm + 2 \cdot 6\,cm \approx 49{,}7\,cm$

145

24. b) Die grüne Fläche des Halbkreises um M ist genauso groß wie die weiße Fläche des Halbkreises um N. Dreht man den Halbkreis um M auf den Halbkreis um N, so ist der Halbkreis mit dem Durchmesser 12 cm (Radius 6 cm) gefärbt.

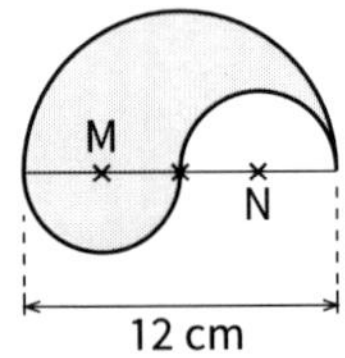

$A = \frac{1}{2}\pi \cdot (6\,\text{cm})^2 \approx 56{,}55\,\text{cm}^2$

$u = \pi \cdot 6\,\text{cm} + 2 \cdot \pi \cdot 6\,\text{cm} \approx 37{,}7\,\text{cm}$

c) Die beiden grün gefärbten Teile sind genauso groß wie die beiden weißen Flächen bei C und D im Rechteck ABCD.

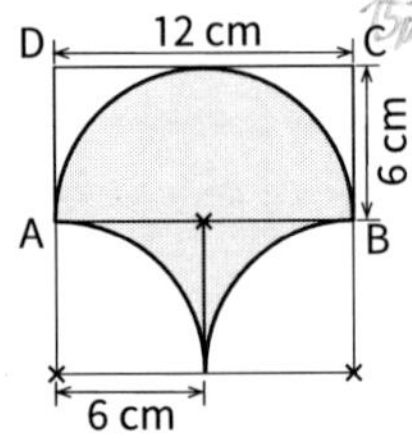

$A = 6\,\text{cm} \cdot 12\,\text{cm} = 72\,\text{cm}^2$

$u = \frac{1}{2} \cdot 2 \cdot \pi \cdot 6\,\text{cm} + 2 \cdot \frac{1}{4} \cdot 2 \cdot \pi \cdot 6\,\text{cm} \approx 37{,}7\,\text{cm}$

d) Man erhält den Flächeninhalt der grünen Fläche, wenn man von dem Flächeninhalt der beiden Halbkreise mit dem Radius 4 cm um M bzw. um N den Flächeninhalt der kleineren Halbkreise mit dem Radius 2 cm um O bzw. um P subtrahiert.

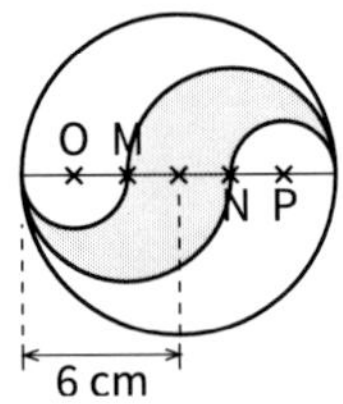

$A = 2 \cdot \frac{1}{2} \cdot \pi \cdot (4\,\text{cm})^2 - 2 \cdot \frac{1}{2} \cdot \pi \cdot (2\,\text{cm})^2 \approx 37{,}70\,\text{cm}^2$

$u = 2 \cdot \frac{1}{2} \cdot 2 \cdot \pi \cdot 4\,\text{cm} + 2 \cdot \frac{1}{2} \cdot 2 \cdot \pi \cdot 2\,\text{cm} \approx 37{,}7\,\text{cm}$

25. a) **(1)** Von dem Flächeninhalt des Halbkreises mit dem Radius 24 cm wird der Flächeninhalt der beiden kleinen Halbkreise mit dem Radius 12 cm subtrahiert.

$A = \frac{1}{2} \cdot \pi \cdot (24\,\text{cm})^2 - 2 \cdot \frac{1}{2} \cdot \pi \cdot (12\,\text{cm})^2 = \frac{1}{2} \cdot \pi \cdot (24\,\text{cm})^2 - \pi \cdot (12\,\text{cm})^2$
$\approx 452{,}39\,\text{cm}^2$

$u = \frac{1}{2} \cdot 2 \cdot \pi \cdot 24\,\text{cm} + 2 \cdot \frac{1}{2} \cdot 2 \cdot \pi \cdot 12\,\text{cm} = \pi \cdot 24\,\text{cm} + 2 \cdot \pi \cdot 12\,\text{cm} \approx 150{,}8\,\text{cm}$

(2) Von dem Flächeninhalt des Halbkreises mit dem Radius 24 cm wird der Flächeninhalt der vier kleinen Halbkreise mit dem Radius 6 cm subtrahiert.

$A = \frac{1}{2} \cdot \pi \cdot (24\,\text{cm})^2 - 4 \cdot \frac{1}{2} \cdot \pi \cdot (6\,\text{cm})^2 = \frac{1}{2} \cdot \pi \cdot (24\,\text{cm})^2 - 2 \cdot \pi \cdot (6\,\text{cm})^2$
$\approx 678{,}58\,\text{cm}^2$

$u = \frac{1}{2} \cdot 2 \cdot \pi \cdot 24\,\text{cm} + 4 \cdot \frac{1}{2} \cdot 2 \cdot \pi \cdot 6\,\text{cm} = \pi \cdot 24\,\text{cm} + 4 \cdot \pi \cdot 6\,\text{cm} \approx 150{,}8\,\text{cm}$

(3) Von dem Flächeninhalt des Halbkreises mit dem Radius 24 cm wird der Flächeninhalt der acht kleinen Halbkreise mit dem Radius 3 cm subtrahiert.

$A = \frac{1}{2} \cdot \pi \cdot (24\,\text{cm})^2 - 8 \cdot \frac{1}{2} \cdot \pi \cdot (3\,\text{cm})^2 = \frac{1}{2} \cdot \pi \cdot (24\,\text{cm})^2 - 4 \cdot \pi \cdot (3\,\text{cm})^2$
$\approx 791{,}68\,\text{cm}^2$

$u = \frac{1}{2} \cdot 2 \cdot \pi \cdot 24\,\text{cm} + 8 \cdot \frac{1}{2} \cdot 2 \cdot \pi \cdot 3\,\text{cm} = \pi \cdot 24\,\text{cm} + 8 \cdot \pi \cdot 3\,\text{cm} \approx 150{,}8\,\text{cm}$

145 25. b) Bei jedem Schritt werden vom Flächeninhalt des großen Halbkreises immer doppelt so viele Halbkreise mit einem halb so großen Radius abgezogen. Der Flächeninhalt eines kleinen Halbkreises ist aber nur ein Viertel des Flächeninhalts eines kleinen Halbkreises im Schritt davor.
Der Flächeninhalt der kleinen Halbkreise wird also von Schritt zu Schritt halbiert, wird also immer kleiner.
Vom Flächeninhalt des großen Halbkreises wird also immer weniger subtrahiert. Der Flächeninhalt nähert sich also immer mehr dem Flächeninhalt des Halbkreises:
$A = \frac{1}{2} \cdot \pi \cdot (24\,\text{cm})^2 \approx 904{,}78\,\text{cm}^2$
Der Umfang ändert sich nicht: $u = 2 \cdot \pi \cdot 24\,\text{cm} \approx 150{,}8\,\text{cm}$

4.3 Kreisausschnitt und Kreisbogen

146 **Einstieg:**

a) Oberes Ende: $2 \cdot \pi \cdot 60\,\text{cm} \cdot \frac{170°}{360°} \approx 178{,}0\,\text{cm}$
Unteres Ende: $2 \cdot \pi \cdot 10\,\text{cm} \cdot \frac{170°}{360°} \approx 29{,}7\,\text{cm}$

b) $A = \pi \cdot (60\,\text{cm})^2 \cdot \frac{170°}{360°} - \pi \cdot (10\,\text{cm})^2 \cdot \frac{170°}{360°}$
$\approx 5\,340{,}71\,\text{cm}^2 - 148{,}35\,\text{cm}^2 = 5\,192{,}36\,\text{cm}^2 \approx 52\,\text{dm}^2$

148 2. a) $A = 8{,}1\,\text{cm}^2$
b) Der Flächeninhalt des Kreisausschnitts ist genauso groß wie der Flächeninhalt eines Dreiecks mit der Grundseite k und der Höhe h.

3. a) $A_\alpha \approx 6{,}70\,\text{cm}^2$; $b \approx 1{,}68\,\text{m}$
b) $A_\alpha \approx 61{,}81\,\text{m}^2$; $b \approx 25{,}2\,\text{m}$
c) $A_\alpha \approx 12{,}15\,\text{dm}^2$; $b \approx 7{,}6\,\text{dm}$

4. –

5.

r	5 cm	86 mm	6 cm	9 m	6 cm	12 cm	20 cm
α	35°	249°	203,7°	79,6°	143,2°	119,4°	149°
A_α	7,64 cm²	16 071,03 mm²	64 cm²	56,25 m²	45 cm²	150 cm²	520 cm²
b_α	3,1 cm	374 mm	21,3 m	12,5 m	15 cm	25 cm	52 cm

Anmerkung: Unterschiedliches Runden und Reihenfolge der Berechnungen können leicht abweichende Ergebnisse ergeben.

6. Ja, denn $u = 2r\pi > r$ und für b gilt: $0 < b \le u$
Durch Probieren findet man $\alpha \approx 57°$; genauer $\alpha \approx 57{,}3°$.

148 7. a) Mittelpunktswinkel → Kreisradius: $r = \frac{180 \cdot 10}{\pi} \cdot \frac{1}{\alpha}$

$r = 572{,}96 \cdot \frac{1}{\alpha}$; $0 < \alpha \leq 360°$

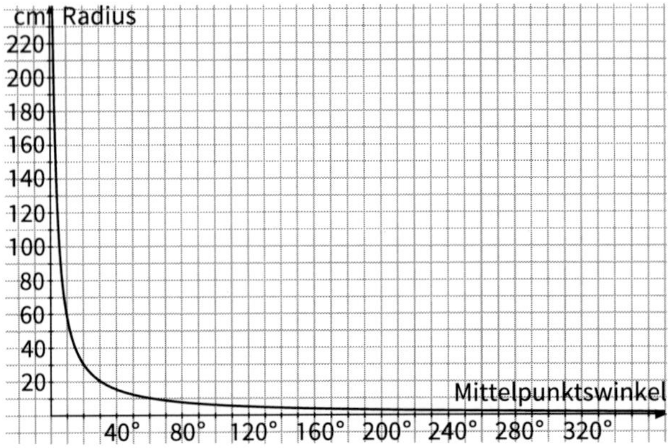

b) Es liegt eine antiproportionale Zuordnung vor.
Die Gesamtgröße ist $\frac{3\,600}{2\pi} = \frac{1\,800}{\pi} \approx 573$.

Im Blickpunkt: Die Zahl π in der Geschichte der Menschheit

149 1. Durchmesser: 10 Ellen
Umfang: 30 Ellen
Näherungswert für π: $\frac{u}{d} = 3$

2. $600\,000 \cdot 7\,500\,\text{km} = 4\,500\,000\,000\,\text{km} = 4\,500\,000\,000\,000\,000\,\text{mm}$
Wir wissen, dass der berechnete Wert von Al-Kasi für 2 π für alle angegebenen Stellen richtig ist: 6,2831853071795865
Der Fehler (an der nächsten Nachkommastelle) zu dem richtigen Wert von π kann höchstens 0,00000000000000005 betragen. Für den Umfang des Universums, wie Al-Kasi ihn berechnete, erhält man also höchstens folgende Fehler:
$4\,500\,000\,000\,000\,000\,\text{mm} \cdot 0{,}00000000000000005$
Durch Kommaverschiebung um 15 Stellen nach links beim 1. Faktor und nach rechts beim 2. Faktor erhält man:
$4{,}5\,\text{mm} \cdot 0{,}05 = 0{,}225\,\text{mm}$
Das ist nur etwa die Hälfte der Dicke eines Pferdehaares.

149 **3.** Die Berechnungen können gut mit einer Tabellenkalkulation durchgeführt werden.

1. Schritt: $\frac{\pi}{4} = \frac{1}{1} =$ 1,000; also $\pi \approx 4{,}000$

2. Schritt: $\frac{\pi}{4} = \frac{1}{1} - \frac{1}{3} \approx$ 0,333; also $\pi \approx 2{,}667$

3. Schritt: $\frac{\pi}{4} = \frac{1}{1} - \frac{1}{3} + \frac{1}{5} \approx$ 0,200; also $\pi \approx 3{,}467$

4. Schritt: $\frac{\pi}{4} = \frac{1}{1} - \ldots - \frac{1}{7} \approx$ 0,143; also $\pi \approx 2{,}895$

5. Schritt: $\frac{\pi}{4} = \frac{1}{1} - \ldots + \frac{1}{9} \approx$ 0,111; also $\pi \approx 3{,}340$

6. Schritt: $\frac{\pi}{4} = \frac{1}{1} - \ldots - \frac{1}{11} \approx$ 0,091; also $\pi \approx 2{,}976$

7. Schritt: $\frac{\pi}{4} = \frac{1}{1} - \ldots + \frac{1}{13} \approx$ 0,077; also $\pi \approx 3{,}284$

8. Schritt: $\frac{\pi}{4} = \frac{1}{1} - \ldots - \frac{1}{15} \approx$ 0,067; also $\pi \approx 3{,}017$

9. Schritt: $\frac{\pi}{4} = \frac{1}{1} - \ldots + \frac{1}{17} \approx$ 0,059; also $\pi \approx 3{,}252$

10. Schritt: $\frac{\pi}{4} = \frac{1}{1} - \ldots - \frac{1}{19} \approx$ 0,053; also $\pi \approx 3{,}042$

11. Schritt: $\frac{\pi}{4} = \frac{1}{1} - \ldots + \frac{1}{21} \approx$ 0,048; also $\pi \approx 3{,}232$

12. Schritt: $\frac{\pi}{4} = \frac{1}{1} - \ldots - \frac{1}{23} \approx$ 0,043; also $\pi \approx 3{,}058$

13. Schritt: $\frac{\pi}{4} = \frac{1}{1} - \ldots + \frac{1}{25} \approx$ 0,040; also $\pi \approx 3{,}218$

14. Schritt: $\frac{\pi}{4} = \frac{1}{1} - \ldots - \frac{1}{27} \approx$ 0,037; also $\pi \approx 3{,}070$

15. Schritt: $\frac{\pi}{4} = \frac{1}{1} - \ldots + \frac{1}{29} \approx$ 0,034; also $\pi \approx 3{,}208$

16. Schritt: $\frac{\pi}{4} = \frac{1}{1} - \ldots - \frac{1}{31} \approx$ 0,032; also $\pi \approx 3{,}079$

17. Schritt: $\frac{\pi}{4} = \frac{1}{1} - \ldots + \frac{1}{33} \approx$ 0,030; also $\pi \approx 3{,}200$

18. Schritt: $\frac{\pi}{4} = \frac{1}{1} - \ldots - \frac{1}{35} \approx$ 0,029; also $\pi \approx 3{,}086$

19. Schritt: $\frac{\pi}{4} = \frac{1}{1} - \ldots + \frac{1}{37} \approx$ 0,027; also $\pi \approx 3{,}194$

20. Schritt: $\frac{\pi}{4} = \frac{1}{1} - \ldots - \frac{1}{39} \approx$ 0,026; also $\pi \approx 3{,}092$

21. Schritt: $\frac{\pi}{4} = \frac{1}{1} - \ldots + \frac{1}{41} \approx$ 0,024; also $\pi \approx 3{,}189$

22. Schritt: $\frac{\pi}{4} = \frac{1}{1} - \ldots - \frac{1}{43} \approx$ 0,023; also $\pi \approx 3{,}096$

23. Schritt: $\frac{\pi}{4} = \frac{1}{1} - \ldots + \frac{1}{45} \approx$ 0,022; also $\pi \approx 3{,}185$

24. Schritt: $\frac{\pi}{4} = \frac{1}{1} - \ldots - \frac{1}{47} \approx$ 0,021; also $\pi \approx 3{,}100$

25. Schritt: $\frac{\pi}{4} = \frac{1}{1} - \ldots + \frac{1}{49} \approx$ 0,020; also $\pi \approx 3{,}182$

26. Schritt: $\frac{\pi}{4} = \frac{1}{1} - \ldots - \frac{1}{51} \approx$ 0,020; also $\pi \approx 3{,}103$

27. Schritt: $\frac{\pi}{4} = \frac{1}{1} - \ldots + \frac{1}{53} \approx$ 0,019; also $\pi \approx 3{,}179$

28. Schritt: $\frac{\pi}{4} = \frac{1}{1} - \ldots - \frac{1}{55} \approx$ 0,018; also $\pi \approx 3{,}106$

29. Schritt: $\frac{\pi}{4} = \frac{1}{1} - \ldots + \frac{1}{57} \approx$ 0,018; also $\pi \approx 3{,}176$

30. Schritt: $\frac{\pi}{4} = \frac{1}{1} - \ldots - \frac{1}{59} \approx$ 0,017; also $\pi \approx 3{,}108$

Nach dem 23. Schritt ändert sich die erste Ziffer nach dem Komma nicht mehr.

4.4 Zylinder – Netz und Oberflächeninhalt

150 **Einstieg:**
Die beiden kreisförmigen Deckel sind gewöhnlich aus Plastik. Die beiden Kreisflächen sind zusammen ungefähr $42{,}5\,cm^2$ groß. Der Mantel ist aus Pappe und ist eine rechteckige Fläche, 52,0 cm lang und ungefähr 16,3 cm breit. Der Mantel hat also ungefähr den Flächeninhalt:
$M \approx 52{,}0\,cm \cdot 16{,}3\,cm = 847{,}6\,cm^2 \approx 850\,cm^2$

151 **2.** a) $M = 2101{,}16\,cm^2 \approx 21{,}01\,dm^2$ $O = 4951{,}78\,cm^2 \approx 49{,}52\,dm^2$
b) $M = 193{,}96\,cm^2 \approx 1{,}94\,dm^2$ $O = 443{,}34\,cm^2 \approx 4{,}43\,dm^2$
c) $M = 1110{,}36\,cm^2 \approx 11{,}10\,dm^2$ $O = 1665{,}55\,cm^2 \approx 16{,}66\,dm^2$

3. Chips-Verpackungen, Säulen, Regentonnen, Dosen (Kekse, Cola, Bier, usw.), Spaghetti, Litfaßsäulen, Kosmetikartikel (z. B. Cremedosen, Parfüm), Rohre.

4. $O \approx 31\,887\,mm^2 \approx 318{,}9\,cm^2$

5. Oberflächeninhalt:
$O_{\text{offener Behälter}} = \pi \cdot r_2 + 2 \cdot \pi \cdot r \cdot h = \pi \cdot (0{,}7\,m)^2 + 2\pi \cdot 0{,}7\,m \cdot 2{,}50\,m \approx 12{,}53\,m^2$
Gewicht: $m \approx 12{,}53\,m^2 \cdot 36{,}5\,\frac{kg}{m^2} = 457{,}53\,kg$

6. Begründung erfolgt über den Hinweis auf die ausgeklammerten $2 \cdot \pi \cdot r$ bzw. $\pi \cdot \frac{d}{2}$ und die Ersetzung von $r = \frac{d}{2}$:
$O = 2 \cdot G + M = 2\pi r^2 + 2\pi r \cdot h = 2\pi r(r + h)$
$O = 2\pi r \cdot (r + h) = 2\pi \cdot \frac{d}{2} \cdot \left(\frac{d}{2} + h\right) = \pi \cdot d \cdot \left(\frac{d}{2} + h\right) = \frac{\pi}{2} d \cdot (d + 2h)$

7. $O = 2\pi \cdot r^2 + 2 \cdot \pi \cdot r \cdot h$; umgeformt: $h = \frac{O - 2\pi r^2}{2\pi r}$, also:
$h = \frac{551{,}35\,cm^2 - 2\pi(6{,}5\,cm)^2}{2\pi 6{,}5\,cm} \approx 7{,}00\,cm$
Der Zylinder ist etwa 7 cm hoch.

8. a) $G \approx 1\,256{,}64\,cm^2$ $O \approx 5\,026{,}55\,cm^2$ $\frac{G}{O} = \frac{1}{4} = 25\,\%$
b) Beweis: Da $h = r$ gilt:
$\frac{G}{O} = \frac{\pi r^2}{2\pi r^2 + 2\pi r h} = \frac{\pi r^2}{2\pi r^2 + 2\pi r^2} = \frac{\pi r^2}{4\pi r^2} = \frac{1}{4}$
Bei allen Zylindern, deren Höhe und Radius gleich lang sind, ist der Oberflächeninhalt viermal so groß wie der Grundflächeninhalt.

9. a) $r \approx 3{,}75\,cm$ b) $h \approx 63{,}41\,cm \approx 63{,}4\,cm$

151 10. a) $M_1 = M_2 \approx 50{,}27\,cm^2$

b) $O_1 \approx 75{,}4\,cm^2$ $O_2 \approx 150{,}8\,cm^2$
Der Materialverbrauch für die Fischdose ist doppelt so groß wie der Materialverbrauch für die Erbsendose.

c) Wenn Erbsendose eine Höhe von 10 cm hat, gilt: $O_1 = O_2 \approx 150{,}8\,cm^2$
Wenn Fischdose einen Radius von etwa 2,606 cm hat, gilt
$O_1 \approx O_2 \approx 75{,}40\,cm^2$

4.5 Schrägbild des Zylinders

152 1.

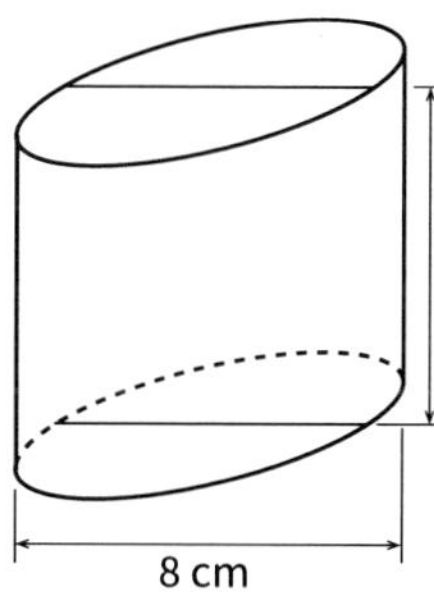

2.

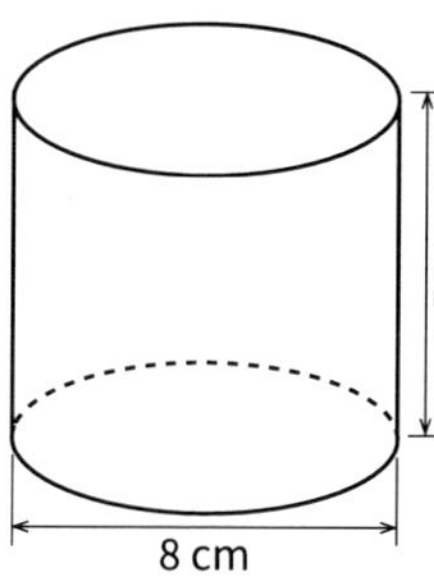

3.

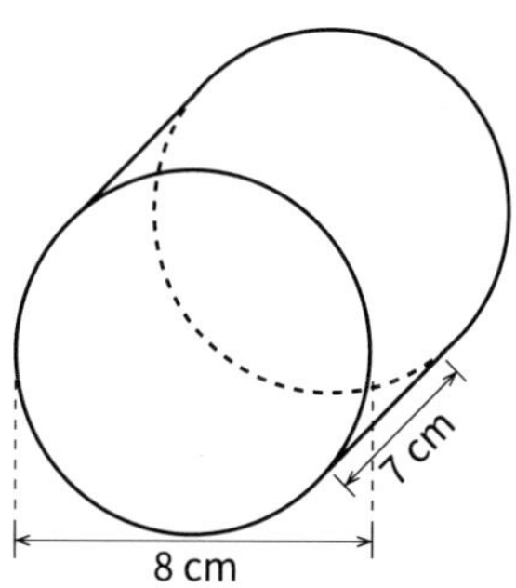

152 4. a) 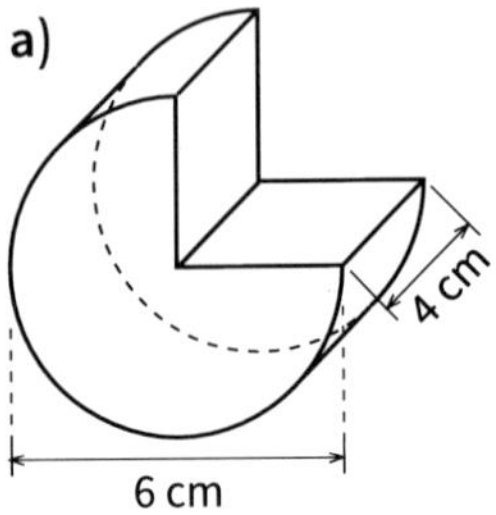

b) 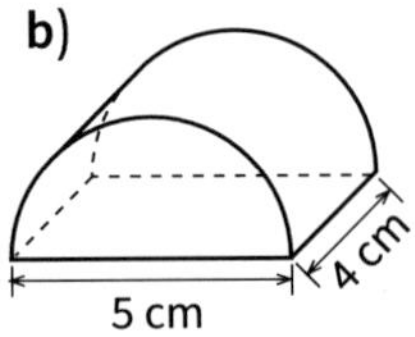

c) 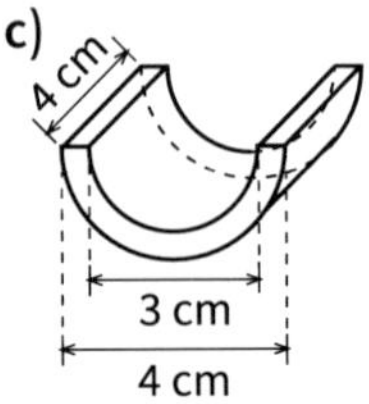

4.6 Volumen des Zylinders

153 **Einstieg:**
Bei der ersten Anordnung berühren sich die Spitzen der Ecken, bei der zweiten berühren sich die Seiten. Je kleiner die Ecken bzw. je größer die Anzahl der Kreissegmente, desto „gerader" sieht die zweite Abbildung aus. Die Formel für den Flächeninhalt könnte angenähert für eine sehr hohe Anzahl von Schmelzkäse-Ecken in einem Kreis also lauten:
$A_{Kreis} = \pi \cdot r^2$ und $A_{Parallelogramm} = g \cdot h = 4 \cdot \frac{1}{8} u \cdot h = 4 \cdot \frac{1}{4} \pi \cdot r \cdot h = \pi \cdot r \cdot h \approx \pi \cdot r^2$

154 **2. a)** $V \approx 4\,222{,}3\,\text{cm}^3$

b) *Begründung:* Der Volumen des Zylinders mit dem inneren Kreis als Grundfläche (nur mit Luft gefüllter Raum) wird vom Volumen des Zylinders mit dem äußeren Kreis als Grundfläche subtrahiert. Dann verbleibt genau das Volumen des Eisenrings. Durch das Ausklammern von h und von π gelangt man dann zu der angegebenen Formel aus der Formelsammlung.
$V = \pi \cdot r_2^2 h - \pi r_1^2 h = \pi \cdot h\,(r_2^2 - r_1^2)$

3. a) $V \approx 22\,120\,\text{cm}^3$ **b)** $V \approx 591\,\text{cm}^3$ **c)** $V \approx 1\,212{,}3\,\text{dm}^3$

4. Das Volumen beträgt $V \approx 254{,}5\,\text{cm}^3$.
In das Trinkglas passen etwa 254,5 ml, also ungefähr 0,25 l.

5. Volumen: $V \approx 78{,}54\,\text{cm}^3$ Gewicht: $m \approx 8{,}9\,\frac{\text{g}}{\text{cm}^3} \cdot 78{,}54\,\text{cm}^3 \approx 699\,\text{g}$

6. Volumen des Fasses: $V \approx 890\,641\,\text{cm}^3$;
Volumen des halben Fasses: $\frac{1}{2} V \approx 445\,321\,\text{cm}^3$
Gewicht: $m = 26\,\text{kg} + 445\,321\,\text{cm}^3 \cdot 0{,}94\,\frac{\text{g}}{\text{cm}^3} \approx 26\,\text{kg} + 418{,}6\,\text{kg} = 444{,}6\,\text{kg}$
Das halb gefüllte Dieselölfass wiegt etwa 444,6 kg.

7. a) Für die beiden Radien gilt: $r_2 = 17{,}5\,\text{cm}$ und $r_1 = 16{,}0\,\text{cm}$.
Volumen: $V \approx 10\,103\,\text{cm}^3$
Gewicht: $m = 10103\,\text{cm}^3 \cdot 7{,}3\,\frac{\text{g}}{\text{cm}^3} \approx 73\,754\,\text{g} \approx 73{,}8\,\text{kg}$
Das Rohr aus Gusseisen wiegt fast 74 kg.

154

7. b) $V_{innen} = 51\,472\ cm^3$; Dichte von Wasser: $1\,\frac{g}{cm^3}$

Gewicht des Wassers: $m_w = 51\,472\ cm^3 \cdot 1\,\frac{g}{cm^3} \approx 51{,}5\ kg$

Gewicht des mit Wasser gefüllten Rohres: $m = 73{,}8\ kg + 51{,}5\ kg = 125{,}3\ kg$
Das mit Wasser gefüllte Rohr wiegt gut 125 kg.

8.

Hautcreme:	$V \approx 118{,}79\ cm^3$	$O \approx 133{,}91\ cm^2$
Deoroller:	$V \approx 96{,}21\ cm^3$	$O \approx 129{,}20\ cm^2$
Mascara:	$V \approx 18{,}47\ cm^3$	$O \approx 55{,}86\ cm^2$
Parfüm:	$V \approx 28{,}67\ cm^3$	$O \approx 54{,}73\ cm^2$

Das Parfüm ist am aufwändigsten verpackt, weil es im Verhältnis zum Inhalt den größten Verpackungsmaterialverbrauch hat.

155

9. $h = \frac{V_Z}{\pi r^2} = \frac{150\ cm^3}{\pi r^2}$

(1) $h \approx 21{,}2\ cm$ **(2)** $h \approx 11{,}9\ cm$ **(3)** $h \approx 7{,}6\ cm$

10. Volumen der 50 Steine: $50 \cdot V_{\text{Granit-Palisade}} \approx 339\,292\ cm^3$

Gewicht: $m \approx 339\,292\ cm^3 \cdot 2{,}7\,\frac{g}{cm^3} \approx 916{,}09\ kg$

Nein, Herr Weigel muss sogar dreimal mit dem Auto zum Baustoffhandel fahren.

11. a) Richtig ist

(1) $V = \frac{\pi d^2 h}{4}$, denn $r^2 = \left(\frac{d}{2}\right)^2$

(2) $r = \sqrt{\frac{V}{\pi h}}$, denn $\sqrt{V} = r\sqrt{\pi h}$

(3) $O = 2\pi r^2 + 2\pi r \cdot h = 2\pi r(r + h)$

b) –

12. a) **(1)** Das Volumen vervierfacht sich.
(2) Das Volumen verneunfacht sich.

b) Das Volumen verdoppelt sich.

c) –

13. Es können rund 5,7 Liter Flüssigkeit gleichzeitig im Flachkollektor erwärmt werden.

14. a) $O \approx 2{,}1677\ m^2 \approx 216{,}77\ dm^2$

b) $V \approx 282{,}74\ dm^3$; 17,7 %

c) $V \approx 226{,}19$ Liter; 22 Kannen

Das kann ich noch!

A) **1)** $6a^2 + 10ab - 4b^2$
2) $4u^2 + 4uv + v^2$
3) $9q^2 - 6pq + q^2$
4) $4p^2 - 9q^2$
5) $9p^2 - 6pq + q^2$
6) $4p^2 - 9p^2$

156

15. $V \approx 0{,}0000000000264\,mm^3$; $O \approx 0{,}0000001261\,mm^2$

16. Eine Frage, die man hier stellen könnte, lautet z. B. Wie teuer ist es, die gesamte Litfaßsäule mit Werbung zu bekleben?
Mantelfläche: $M \approx 12{,}25\,m^2$

Preis ohne Mehrwertsteuer:	1212,75 €
Preis mit 19 % Mehrwertsteuer:	1443,17 €

17.

Volumen des Ringes:	$V \approx 298{,}451\,mm^3$
Goldanteil:	$208{,}916\,mm^3$
Silberanteil:	$89{,}535\,mm^3$
Gewicht des Goldanteils:	$m_{Gold} \approx 3{,}99\,g$
Gewicht des Silberanteils:	$m_{Silber} \approx 0{,}94\,g$
Gewicht des Ringes:	$m_{Ring} \approx 4{,}93\,g$

Der Ring wiegt knapp 5 g.

18. Radius des Stammes: $r \approx 0{,}7162\,m$
Volumen des Stammes: $V \approx 40{,}29\,m^3 = 40\,290\,000\,cm^3$
Gewicht des Stammes: $m \approx 0{,}7\,\frac{g}{cm^3} \cdot 40\,290\,000\,cm^3 = 28\,203\,000\,g = 28{,}203\,t$
$28{,}203\,t : 6\,\frac{t}{Fahrt} = 4{,}7$ Fahrten
Es sind fünf Lkw-Fahrten nötig, wenn die Tragfähigkeit 6 Tonnen beträgt.

19. Beispiele:
Frage: Ist das Aquarium komplett mit Wasser gefüllt?
$V = 32{,}889\,m^3 = 32\,889\,dm^3 = 32\,889$ Liter > 32 000 Liter
Das Aquarium ist nicht vollständig mit Wasser gefüllt.
Frage: Wie viel Prozent Luft ist im Aquarium?
Es verbleibt ein Luftanteil von $\frac{889\,l}{32000\,l} \approx 2{,}78\,\%$.
Frage: Wie groß ist die zu reinigende Fläche?
$M \approx 52{,}6\,m^2$
Es müssen $52{,}6\,m^2$ Glaswand gereinigt werden.

20. a) Volumen einer Röhre: $V \approx 561\,387\,m^3$
Volumen beider Röhren: $1\,122\,774\,m^3$
Es mussten etwa $1\,122\,774\,m^3$ Gestein herausgebohrt werden. Durch Probieren findet man, dass ein Würfel mit 104 m Kantenlänge ein Volumen von $1\,124\,864\,m^3$ besitzt, das ist etwa das Volumen der beiden Tunnelröhren.

b) Innenwände eine Röhre: $M \approx 236\,373\,m^3$
Innenwände beider Röhren: $472\,746\,m^2$

156 **21.** Beispielsweise kann man jeweils die Radien $r = 0{,}4\,\text{dm}$ und $r = 0{,}6\,\text{dm}$ wählen, dann bei gleichbleibendem Volumen die nötige Höhe berechnen und schließlich die sich ergebenden Oberflächeninhalte vergleichen.
Die jeweils fett gedruckte Variante ist zu bevorzugen, da sie den geringeren Materialverbrauch verursacht.

V (in l)	Variante	r (in dm)	h (in dm)	O (in dm²)
0,850	1	0,4	1,69	5,25
	2	**0,6**	**0,75**	**5,10**
0,425	**1**	**0,4**	**0,85**	**3,14**
	2	0,6	0,38	3,69
0,314	**1**	**0,4**	**0,62**	**2,56**
	2	0,6	0,28	3,32

4.7 Berechnungen an zusammengesetzten Körpern

159 **1. a)** (1) $V = 10\,\text{cm} \cdot 20\,\text{cm} \cdot 45\,\text{cm} + \frac{1}{2} \cdot \pi \cdot (5\,\text{cm})^2 \cdot 20\,\text{cm} \approx 9\,785{,}398\,\text{cm}^3$

(2) $O = 2 \cdot \left(10\,\text{cm} \cdot 45\,\text{cm} + \frac{1}{2} \cdot \pi \cdot (5\,\text{cm})^2\right)$
$+ (45\,\text{cm} + 10\,\text{cm} + 45\,\text{cm} + \pi \cdot 5\,\text{cm}) \cdot 20\,\text{cm}$
$\approx 3292{,}70\,\text{cm}^2$

b) (1) $V = 2 \cdot (10\,\text{cm} \cdot 10\,\text{cm} \cdot 3\,\text{cm}) + \pi \cdot (5\,\text{cm})^2 \cdot 3\,\text{cm} \approx 835{,}619\,\text{cm}^3$

(2) $O = 2 \cdot 2 \cdot (10\,\text{cm} \cdot 10\,\text{cm} + 10\,\text{cm} \cdot 3\,\text{cm} + 10\,\text{cm} \cdot 3\,\text{cm})$
$- 2 \cdot \pi \cdot (5\,\text{cm})^2 + 2 \cdot \pi \cdot 5\,\text{cm} \cdot 3\,\text{cm}$
$\approx 577{,}17\,\text{cm}^2$

2. $V = \left(22\,\text{cm} \cdot 14\,\text{cm} - 4 \cdot 2\,\text{cm} \cdot 2\,\text{cm} + 4 \cdot \frac{1}{4} \cdot \pi \cdot (2\,\text{cm})^2\right) \cdot 1\,\text{cm} \approx 304{,}566\,\text{cm}^3$
$m \approx 304{,}566\,\text{cm}^3 \cdot 0{,}95\,\frac{\text{g}}{\text{cm}^3} \approx 289{,}3\,\text{g}$
Ein solches Frühstücksbrett wiegt ungefähr 290 g.

3. a) $V = 30\,\text{cm} \cdot 30\,\text{cm} \cdot 20\,\text{cm} + \pi \cdot (15\,\text{cm})^2 \cdot 20\,\text{cm} \approx 32\,137{,}167\,\text{cm}^3$
$m = 32\,137{,}167\,\text{cm}^3 \cdot 0{,}69\,\frac{\text{g}}{\text{cm}^3} \approx 22\,175\,\text{g} \approx 22{,}2\,\text{kg}$

b) $V = 120\,\text{cm} \cdot 120\,\text{cm} \cdot 30\,\text{cm} - \pi \cdot (50\,\text{cm})^2 \cdot 20\,\text{cm} \approx 274\,920{,}367\,\text{cm}^3$
$m = 274\,920{,}367\,\text{cm}^3 \cdot 0{,}69\,\frac{\text{g}}{\text{cm}^3} \approx 189\,695\,\text{g} \approx 189{,}7\,\text{kg}$

c) $V = \pi \cdot (50\,\text{cm})^2 \cdot 150\,\text{cm} + \pi \cdot (30\,\text{cm})^2 \cdot 40\,\text{cm} \approx 1\,291\,194{,}581\,\text{cm}^3$
$m = 1\,291\,194{,}581\,\text{cm}^3 \cdot 0{,}69\,\frac{\text{g}}{\text{cm}^3} \approx 890\,924\,\text{g} \approx 890{,}9\,\text{kg}$

4. a) $V = 4{,}7\,\text{cm} \cdot 3{,}9\,\text{cm} \cdot 3{,}6\,\text{cm} - \pi \cdot (0{,}6\,\text{cm})^2 \cdot 3{,}6\,\text{cm} \approx 61{,}916\,\text{cm}^3$
$m = 61{,}916\,\text{cm}^3 \cdot 7{,}9\,\frac{\text{g}}{\text{cm}^2} = 489{,}14\,\text{g}$

b) $V = 3{,}5\,\text{cm} \cdot 4{,}7\,\text{cm} \cdot 1{,}4\,\text{cm} + \frac{1}{2} \cdot 3{,}5\,\text{cm} \cdot 4{,}7\,\text{cm} \cdot 1{,}2\,\text{cm} = 32{,}9\,\text{cm}^3$
$m = 32{,}9\,\text{cm}^3 \cdot 7{,}9\,\frac{\text{g}}{\text{cm}^2} = 259{,}91\,\text{g}$

159

4. c) Das Sechseck besteht aus 6 gleichseitigen Dreiecken mit der Seitenlänge 10 mm. Die Höhe des Dreiecks kann man zeichnerisch bestimmen:
$h_s \approx 9\,mm$
$V \approx 6 \cdot \frac{1}{2} \cdot 1\,cm \cdot 0{,}9\,cm \cdot 0{,}5\,cm + \pi \cdot (0{,}25\,cm)^2 \cdot 4{,}5\,cm \approx 2{,}233\,cm^3$
$m \approx 2{,}233\,cm^3 \cdot 7{,}9\,\frac{g}{cm^2} = 17{,}64\,g$
d) Die Grundfläche besitzt ein gleichschenkliges Dreieck mit der Grundseitenlänge 20 mm und den Schenkellängen 15 mm.
Die Höhe des Dreiecks kann man zeichnerisch bestimmen: $h_g \approx 11\,mm$
$V = \left(\frac{1}{2} \cdot \pi \cdot (1\,cm)^2 + 1{,}2\,cm \cdot 2\,cm + \frac{1}{2} \cdot 2\,cm \cdot 1{,}1\,cm\right) \cdot 1{,}5\,cm \approx 7{,}606\,cm^3$
$m = 7{,}606\,cm^3 \cdot 7{,}9\,\frac{g}{cm^3} = 60{,}087\,g$

5. (1) Wie viel m^3 Erdmaterial wurde dabei aus dem Bohrloch gefördert?
Lösung: V_n sei das Volumen der n-ten Bohrung
$V_1 = 122{,}145\,m^3$; $V_2 = 410{,}543\,m^3$; $V_3 = 331{,}340\,m^3$; $V_4 = 233{,}978\,m^3$
$V = V_1 + V_2 + V_3 + V_4 = 1098{,}006\,m^3$
Es wurden ungefähr 1 098 m^3 Erdreich gefördert.
(2) Wie viel wiegt das geförderte Erdreich?
$m = 1098{,}006\,m^3 \cdot 1{,}5\,\frac{t}{m^3} \approx 1647\,t$
Das Erdreich wiegt etwa 1647 Tonnen.

6. $h = 2{,}17\,m$

Auf den Punkt gebracht: Modellieren

160

1. a) Die überstehenden Ränder, die Rillen sowie doppelt liegende Bleche werden vernachlässigt.
b) $V = \pi \cdot (5\,cm)^2 \cdot 11{,}2\,cm \approx 879\,cm^3 \approx 880\,cm^3$
Die Dose ist nicht bis zum Rand gefüllt. Falzränder sind nicht berücksichtigt.
c) $V = \pi \cdot (5\,cm)^2 \cdot 10{,}6\,cm = 832{,}52\,cm^3 \approx 830\,cm^3$
d) $O = 2 \cdot \pi \cdot (5\,cm)^2 + (10 \cdot \pi)\,cm \cdot 11{,}2\,cm \approx 508{,}94\,cm^2 \approx 510\,cm^2$

2. a) Bei der Schweißnaht liegt jedes der beiden Bleche genau doppelt.
b) Hier müsste man gemäß der Abbildung mit dem 2,5-fachen Materialverbrauch rechnen.
c) Für den Verbrauch O_W an Weißblech erhält man:
$O_W = 2\pi \cdot (5\,cm)^2 + 10\,cm \cdot \pi \cdot 10{,}6\,cm + 0{,}6\,cm \cdot 10\,cm \cdot 2{,}5 \cdot \pi$
$+ 0{,}3\,cm \cdot 11{,}2\,cm$
$\approx 540{,}57\,cm^2 \approx 540\,cm^2$
d) Dies sind im Vergleich zu dem einfacheren Modell rund 6,2 % mehr.

161 **3.** **a)** Man kann z. B. folgende Annahmen machen:
Breite einer Rille 4 mm; für drei Rillen wird ein Kreisring der Breite 1,2 cm betrachtet;
Entfernung der Rille vom Mittelpunkt des Kreises beträgt durchschnittlich 3 cm.
Dann gilt für den Boden bzw. Deckel:
$A = \pi \cdot (5\,\text{cm})^2 + \pi \cdot \left((4{,}2\,\text{cm})^2 - (3{,}0\,\text{cm})^2\right) \cdot 0{,}2 \approx 83{,}97\,\text{cm}^2$
Ohne Rillen benötigte man (erster Summand der Rechnung): $78{,}54\,\text{cm}^2$.
Durch die Rillen kann man damit rechnen, dass etwa $5{,}4\,\text{cm}^2$ mehr Material für Deckel bzw. Boden benötigt wird. Dies sind etwa 6,9 %.

b) Für den Dosenmantel gilt dann $(4\,\text{mm} \cdot 15\text{ Rillen} = 6\,\text{cm})$:
$M = 10{,}0\,\text{cm} \cdot \pi \cdot 11{,}2\,\text{cm} + 6 \cdot 10\,\text{cm} \cdot \pi \cdot 0{,}2 \approx 389{,}56\,\text{cm}^2 \approx 390\,\text{cm}^2$
Ohne Rillen (erster Summand der Rechnung) benötigte man: $351{,}86\,\text{cm}^2$.
Durch die 15 Rillen kann man damit rechnen, dass etwa $37{,}7\,\text{cm}^2$ mehr Material für den Dosenmantel benötigt wird. Dies sind etwa 10,7 %.

c) $O \approx 540{,}57\,\text{cm}^2 + 6 \cdot 10\,\text{cm} \cdot \pi \cdot 0{,}2\,\text{cm} + \pi \cdot \left((4{,}2\,\text{cm})^2 - (3{,}0\,\text{cm})^2\right) \cdot 0{,}2$
$\approx 583{,}70\,\text{cm}^2$
Für eine Blechdicke von 0,03 cm erhält man:
$m \approx 0{,}03 \cdot 583{,}70\,\text{cm}^2 \cdot 7{,}3\,\frac{\text{g}}{\text{cm}^3} \approx 127{,}83\,\text{g} \approx 130\,\text{g}$

d) –

4. Allgemein ist es für die Beschreibung aller abgebildeten Verpackungen sinnvoll, sich das Netz der Verpackung anzuschauen. Anhand des Netzes erkennt man, ob einige Seitenflächen doppelt vorkommen oder nicht.
Exemplarisch wird hier die Streichholzschachtel modelliert.
Maße: 5,3 cm lang, 3,5 cm breit, 1,0 cm hoch.
Die Schachtel besteht aus einem Quader ohne Deckel und einem Quader ohne Seitenflächen auf den kleinsten Seiten des Quaders. An den Enden ist die offene Schachtel doppelt.
Für den Materialverbrauch gilt:
$M = 3 \cdot 5{,}3\,\text{cm} \cdot 3{,}5\,\text{cm} + 4 \cdot 5{,}3\,\text{cm} \cdot 1{,}0\,\text{cm} + 6 \cdot 3{,}5\,\text{cm} \cdot 1{,}0\,\text{cm} \approx 97{,}85\,\text{cm}^2 \approx 100\,\text{cm}^2$

4.8 Oberflächeninhalt von Pyramide und Kegel

4.8.1 Pyramide – Netz und Oberflächeninhalt

162 **Einstieg:**

a) Die Pyramide des Louvres hat 5 Seitenflächen. 4 davon sind gleichschenklige Dreiecke und die Grundfläche ist quadratisch.
Der Teebeutel ist ein Tetraeder. Alle 4 Seiten sind gleichseitige Dreiecke.

b) Es muss der Oberflächeninhalt O einer solchen Pyramide berechnet werden.
$O = 4 \cdot \left(42{,}72\,\text{cm} \cdot 30\,\text{cm} \cdot \frac{1}{2}\right) + (30\,\text{cm})^2 = 3\,463{,}2\,\text{cm}^2$
Zur Herstellung einer Pyramide wird $3\,463{,}2\,\text{cm}^2$ Pappe benötigt, also fast $35\,\text{dm}^2$.

164 2.

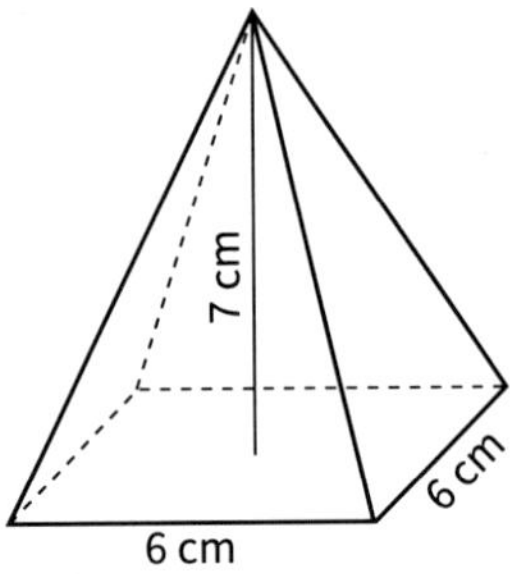

3. Die zu beschichtende Fläche ist 7 920 cm² groß.

4. –

5. Das zweite Netz ist kein Netz einer Pyramide. Es ist das Netz eines Prismas.

6. a)

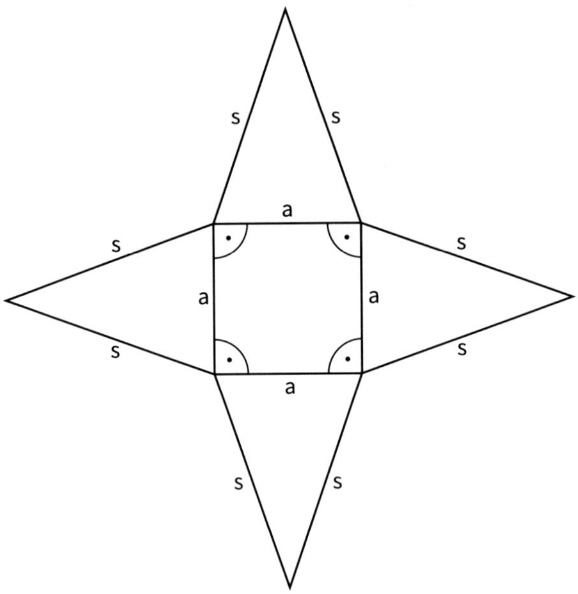

b) $h_s = \sqrt{s^2 - \left(\frac{a}{2}\right)^2} = \sqrt{32\,\text{cm}^2} \approx 5{,}7\,\text{cm}$; $M = 4 \cdot \frac{1}{2} \cdot a \cdot h_s \approx 45{,}25\,\text{cm}^2$

$O = G + M = a^2 + M \approx 61{,}25\,\text{cm}$

c) $h = \sqrt{h_s^2 - \left(\frac{a}{2}\right)^2} = \sqrt{32\,\text{cm}^2 - 4\,\text{cm}^2} = \sqrt{28\,\text{cm}^2} \approx 5{,}3\,\text{cm}$

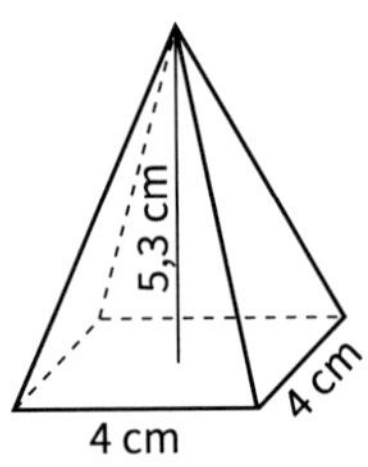

164

7. $h_s = \sqrt{(21{,}6\,m)^2 + (17{,}7\,m)^2} \approx 27{,}93\,m$

Flächeninhalt der Außenfläche (Mantelfläche):

$M \approx 4 \cdot \frac{1}{2} \cdot 35{,}4\,m \cdot 27{,}93\,m \approx 1\,977\,m^2$

Die Außenfläche ist ungefähr $1\,977\,m^2$ groß.

8. Wir berechnen zunächst den Mantelflächeninhalt einer Pyramide:

$h_s = \sqrt{(1{,}5\,m)^2 - (0{,}75\,m)^2} \approx 1{,}3\,m$; $M = 4 \cdot \frac{1}{2} \cdot 1{,}5\,m \cdot 1{,}3m \approx 3{,}9\,m^2$

Mantelflächeninhalt für 9 Pyramiden(ungefähr): $9 \cdot 3{,}9\,m^2 = 35{,}1\,m^2$

Volumen der Glasfläche: $V = 35{,}1\,m^2 \cdot 0{,}01\,m = 0{,}351\,m^3 = 351\,dm^3 = 351\,000\,cm^3$

Gewicht (Masse) des Glases: $m \approx 351\,000\,cm^3 \cdot 2{,}5\,\frac{g}{cm^3} = 877\,500\,g = 877{,}5\,kg$

Das Dach wiegt fast 880 kg.

165

9. $O = 2 \cdot a \cdot h_s + a^2$; $h_s = \frac{O - a^2}{2a}$; $a = \sqrt{h_s^2 + O} - h_s$

10. a) (1) $O = 40\,cm^2$ (2) $O = 33\,cm^2$

b) Man kann die Formel von Aufgabe 9 verwenden. Verändert man die Maße der zweiten Pyramide, so erhält man:

$a \approx 3{,}48\,cm \approx 3{,}5\,cm$; $h_s = 4\,cm$ oder $a = 3\,cm$; $h_s = 5\frac{1}{6}\,cm \approx 5{,}17\,cm \approx 5{,}2\,cm$

11. a) $O = 4 \cdot \frac{a^2}{4} \cdot \sqrt{3} = a^2 \cdot \sqrt{3} \approx 27{,}71\,cm^2$

b)

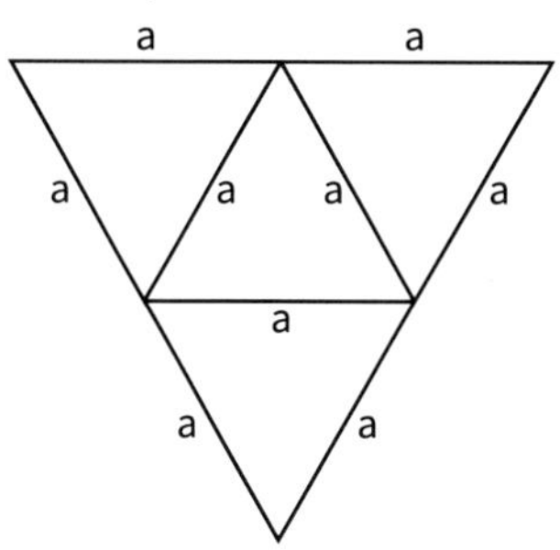

c) –

12. a)

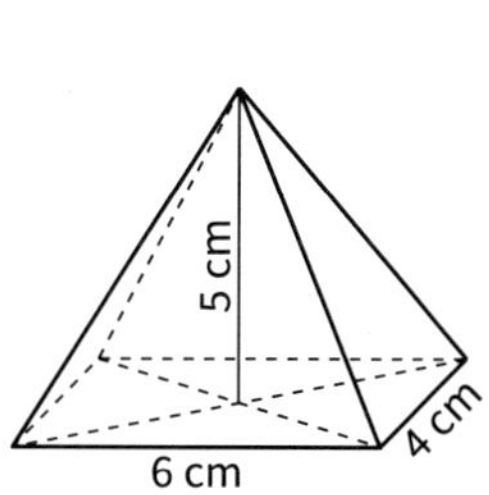

165 **12. b)**

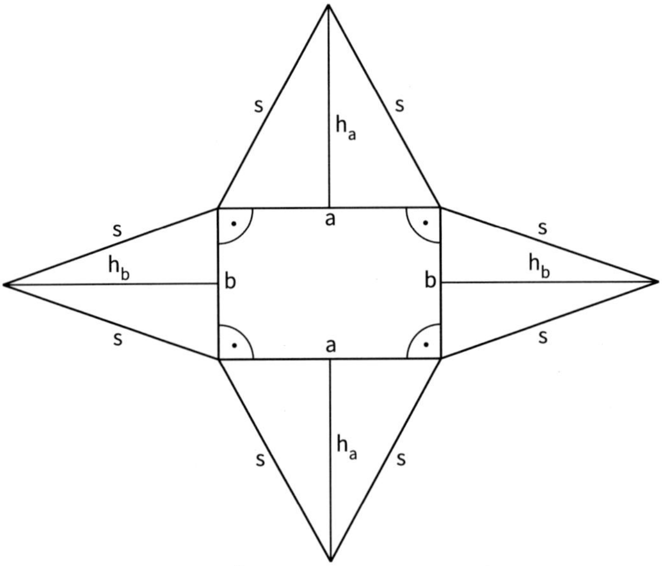

c) $O = a\,b + 2 \cdot \frac{a \cdot h_a}{2} + 2 \cdot \frac{a \cdot h_b}{2}$

Mit $h_a = \sqrt{\left(\frac{b}{2}\right)^2 + h^2}$ und $h_b = \sqrt{\left(\frac{a}{2}\right)^2 + h^2}$ folgt:

$O = a\,b + a \cdot \sqrt{\left(\frac{b}{2}\right)^2 + h^2} + b \cdot \sqrt{\left(\frac{a}{2}\right)^2 + h^2}$

$O \approx 79{,}63\,\text{cm}^2$

13. a)

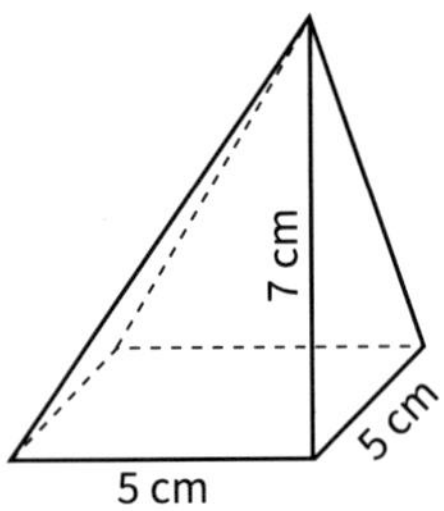

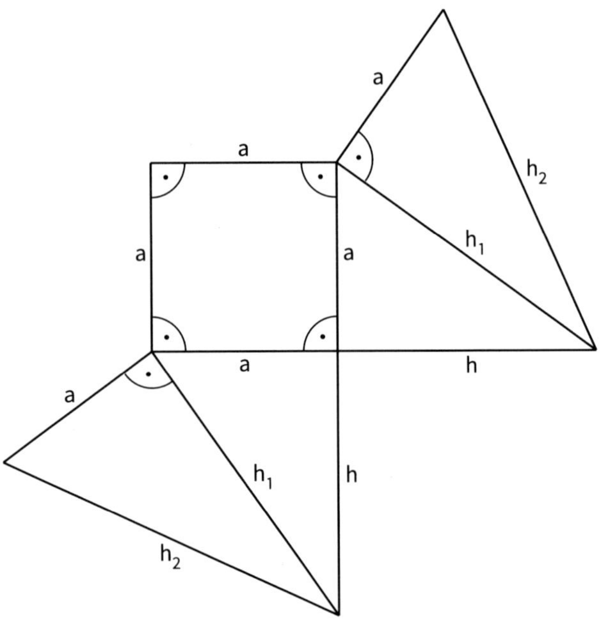

165

13. b) a = 5 cm; h = 7 cm,

$h_1 = \sqrt{74}$ cm ≈ 8,6 cm,

$h_2 = \sqrt{99}$ cm ≈ 9,95 cm,

$O = a^2 + a \cdot h + a \cdot h_1 \approx 103{,}01\ \text{cm}^2$

c) –

14. $M = 4 \cdot \frac{1}{2} \cdot 12\ \text{m} \cdot 14\ \text{m} = 336\ \text{m}^2$

Rechnungsbetrag:	35 280,00 €
19 % Mehrwertsteuer:	6 703,20 €
Gesamtsumme:	41 983,20 €
3 % Rabatt:	1 259,50 €
Gesamtpreis:	40 723,70 €

15. a)

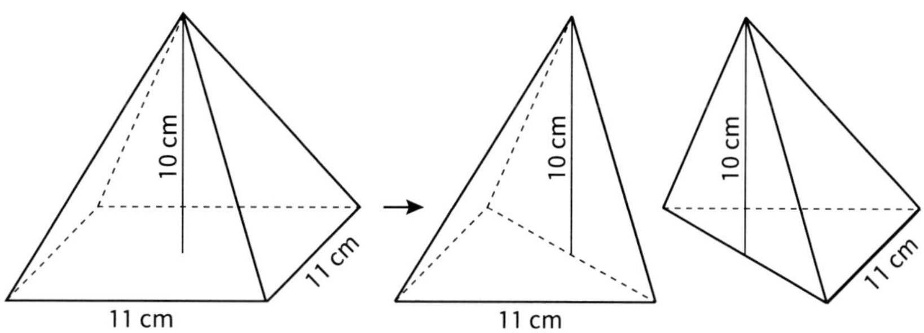

b)

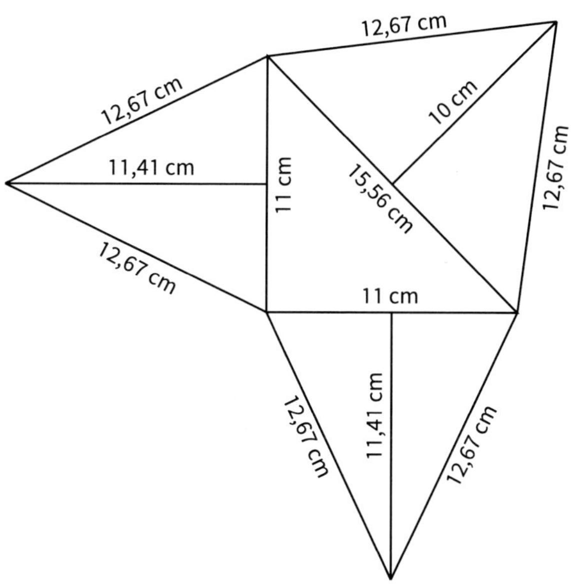

c) Maße siehe Netz zu Teilaufgabe b).

$O \approx \frac{1}{2} \cdot (11\ \text{m} \cdot 11\ \text{m} + 15{,}56\ \text{m} \cdot 10\ \text{m} + 2 \cdot 11\ \text{m} \cdot 11{,}41\ \text{m}) = 263{,}81\ \text{m}^2$

Pro Teilpyramide wurden ungefähr 264 m² Glas verbaut.

4.8.2 Kegel – Netz und Oberflächeninhalt

166 **Einstieg:**

$O = \pi \cdot (3{,}25\,\text{cm})^2 + \pi \cdot \frac{65°}{360°} \cdot (16{,}5\,\text{cm})^2 + 16{,}5\,\text{cm} \cdot 2{,}5\,\text{cm}$

$\approx 228{,}86\,\text{cm}^2 \approx 230\,\text{cm}^2$

167 **2.** $M = \pi \cdot 15\,\text{cm} \cdot 80\,\text{cm} \approx 3\,770\,\text{cm}^2$

$3\,770\,\text{cm}^2 \cdot 1{,}09 \approx 4\,109\,\text{cm}^2 \approx 41{,}1\,\text{dm}^2$

Für die Herstellung der Schultüte benötigt man etwa $41{,}1\,\text{dm}^2$ Pappe.

3. Verkehrskegel, Turmspitze, Eistüte, Zuckertüte

4. **a)** $M \approx 75{,}4\,\text{cm}^2$; $O \approx 125{,}66\,\text{cm}^2$ **b)** $M \approx 108{,}38\,\text{m}^2$; $O \approx 125{,}00\,\text{m}^2$ **c)** $M \approx 30{,}09\,\text{m}^2$; $O \approx 52{,}99\,\text{m}^2$ **d)** $M \approx 199{,}69\,\text{m}^2$; $O \approx 333{,}20\,\text{m}^2$

168 **5.** **a)**
(1) $r = 2\,\text{cm}$; $h \approx 3{,}46\,\text{cm}$; $G \approx 12{,}57\,\text{cm}^2$; $O \approx 37{,}70\,\text{cm}^2$
(2) $r = 1\,\text{cm}$; $h \approx 3{,}87\,\text{cm}$; $G \approx 3{,}14\,\text{cm}^2$; $O \approx 15{,}71\,\text{cm}^2$
(3) $r = 3\,\text{cm}$; $h \approx 2{,}65\,\text{cm}$; $G \approx 28{,}27\,\text{cm}^2$; $O \approx 65{,}97\,\text{cm}^2$

b) $\frac{\varphi}{360°} = \frac{b}{u}$; $b = 2\pi r$; $u = 2\pi s$; $\varphi = \frac{2\pi r \cdot 360°}{2\pi s} = \frac{360° \cdot r}{s}$

c) zu **a)** 240° zu **b)** 55,2° zu **c)** 274,0° zu **d)** 240,7°

6. **a)** $s \approx 5{,}83\,\text{cm}$; $O \approx 83{,}23\,\text{cm}^2$

b)

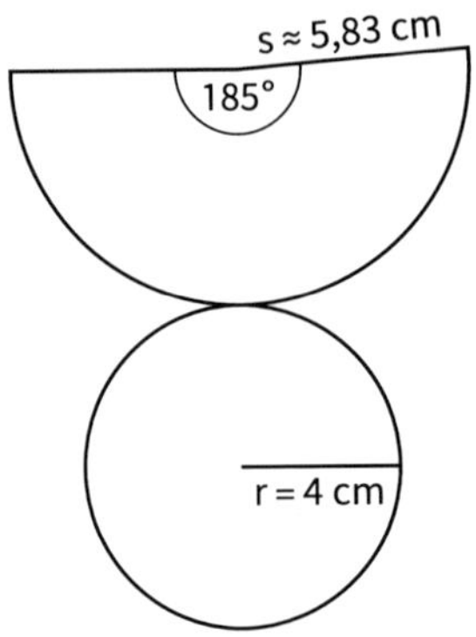

c) $\alpha = 59°$, $\gamma = 62°$

d)

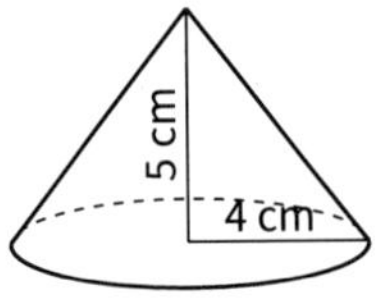

7. $r \approx 4{,}42\,\text{m}$; $s \approx 14{,}49\,\text{m}$; $M \approx \pi \cdot 4{,}42\,\text{m} \cdot 14{,}49\,\text{m} \approx 201{,}21\,\text{m}^2$

Das Decken des Daches kostet ohne Mehrwertsteuer 18 712,53 € und mit 19 % Mehrwertsteuer 22 267,91 €, also fast 22 300 €.

168 8. $r \approx 6{,}1$; $O \approx 462\,cm^2$

9. a) $r = 4{,}5\,cm$; $O \approx 190{,}9\,cm^2$
b) $s \approx 5{,}66\,cm$; $O \approx 121{,}4\,cm^2$
c) $r \approx 4{,}2\,cm$; $s \approx 6{,}5\,cm$; $O \approx 141{,}2\,cm^2$

10. –

11. Man kann die Puddingschachtel als Zylinder mit dem Durchmesser $d = \frac{9{,}6\,cm + 6{,}2\,cm}{2} = 7{,}9\,cm$ und der Höhe $h = 6{,}5\,cm$ modellieren und erhält $O \approx 260\,cm^2$.
Berechnet man den Oberflächeninhalt mit einer Formel aus der Formelsammlung bzw. aus Aufgabe 12, so erhält man $O \approx 264\,cm^2$.
Die Annäherung durch den Zylinder ist also einigermaßen genau.

12. Kegelstumpf zum Kegel ergänzen: mit r_1: Radius vom oberen Kegelteil:
$M = \pi \cdot r_2 (s + x) - \pi r_1 \cdot x = \pi (r_2 s + r_2 x - r_1 x) = \pi (r_1 + r_2) s$;
$\frac{r_1}{x} = \frac{r_2}{x + s}$ nach dem Strahlensatz, bzw. mithilfe zueinander ähnlicher Dreiecke.

4.9 Volumen von Pyramide und Kegel

4.9.1 Satz des Cavalieri

169 **Einstieg:**
a) Das Volumen ändert sich im Vergleich zu einem geraden Gebäude mit derselben Grundfläche nicht.
b) Man kann das Volumen also wie bei einem geraden Gebäude berechnen:
$V = G \cdot h$.
Für den Turning Torso erhält man: $V = 400\,m^2 \cdot 190\,m = 76\,000\,m^3$

170 1. a) Volumen des Würfels: $V = (6\,cm)^3 = 216\,cm^3$
Volumen des schiefen Prismas: $V = (3\,cm)^2 \cdot 6\,cm = 54\,cm^3$
b) $V = \left(\frac{a}{2}\right)^2 \cdot a$

2. $V = (3{,}3\,cm)^2 \cdot \pi \cdot 8{,}0\,cm \approx 273{,}7\,cm^3$

171 3. a) $V = 128\,mm^3$
b) $V = \frac{a \cdot b}{2} \cdot h = 6\,mm^3$

4.9.2 Volumen der Pyramide

Einstieg:
$V \approx \frac{1}{3} G \cdot h$

174

2. **a)** Mithilfe der zueinander ähnlichen Dreiecke kann man $a_2 \approx 1{,}14\,\text{cm}$ bestimmen.
Folglich: $V = V_{ges} - V_{Spitze} = 298{,}7\,\text{cm}^3 - 7{,}0\,\text{cm}^3 = 291{,}7\,\text{cm}^3$

b) $V = V_1 - V_2$ mit
V_1 = Volumen der großen Pyramide und
V_2 = Volumen der kleinen Pyramide

$$V = \frac{1}{3}G_1\overline{h} - \frac{1}{3}G_2 h^*$$

$$V = \frac{1}{3}4\,a_1^2\overline{h} - \frac{1}{3}4\,a_2^2 h^* = \frac{4}{3}\left(a_1^2\overline{h} - a_2^2 h^*\right) \qquad (1)$$

Aus $\frac{a_1}{a_2} = \frac{\overline{h}}{h^*}$ und $\overline{h} = h + h^*$ folgt:

$$\overline{h} = \overline{h}\frac{a_2}{a_1} + h \text{ und } h^* = h^*\frac{a_1}{a_2} - h \qquad (2)$$

Aus (1) und (2) folgt:

$$V = \frac{4}{3}\left(a_1^2\overline{h}\frac{a_2}{a_1} + a_1^2 h - \left(a_2^2 h^*\frac{a_1}{a_2} - a_2^2 h\right)\right)$$

$$= \frac{4}{3}\left(a_1 a_2\overline{h} + a_1^2 h - a_2 a_1 h^* + a_2^2 h\right)$$

$$= \frac{4}{3}\left(a_1^2 h + a_1 a_2\left(\overline{h} - h^*\right) + a_2^2 h\right) \qquad |\, h = \overline{h} - h^*$$

$$= \frac{1}{3}\left(4\,a_1^2 h + 4\,a_1 a_2 h + 4\,a_2^2 h\right)$$

$$= \frac{1}{3}h\left(G_1 + \sqrt{G_1 G_2} + G_2\right)$$

3. Die Raumdiagonalen bilden die Kanten der entstehenden Pyramiden. Die quadratischen Grundflächen entsprechen dann den Seitenflächen des Würfels. Die Spitzen liegen im Schnittpunkt aller Raumdiagonalen. Somit entstehen 6 gleichgroße Pyramiden mit der Höhe $\frac{a}{2}$. Folglich gilt für das Volumen V einer solchen Pyramide: $6V = a^3$, d.h. $V = \frac{a^3}{6}$.

4. **a)** $129{,}7\,\text{cm}^3$ **b)** $265{,}8\,\text{cm}^3$ **c)** $55{,}2\,\text{cm}^3$ **d)** $165{,}0\,\text{cm}^3$ **e)** $95{,}2\,\text{cm}^3$

5. $V_{Sockel} = 0{,}972\,\text{m}^3$; $V_{Pyramide} = 0{,}405\,\text{m}^3$
$V_{Denkmal} = 1{,}377\,\text{m}^3$
$m_{Denkmal} = 3\,580{,}2\,\text{kg}$
Das Denkmal wiegt 3 580,2 kg.

6. **a)** $V = 2\,642\,065\,\text{m}^3$
b) $288\,907\,\text{m}^3$ Stein sind verwittert, dass sind 10,9 % der ursprünglichen Menge.
c) $O = 1\,323{,}0\,\text{cm}^2$ (Maßstab 1 : 1000)
d) **(1)** Neigungswinkel der Seitenkante zur Grundfläche: $\alpha = 40{,}5°$
(2) Neigungswinkel der Seitenfläche zur Grundfläche: $\alpha = 50{,}36°$

174

7. **a)** $V = 156\,cm^3$; $O = 196{,}1\,cm^2$; $\alpha = 77°$; $\beta = 71{,}9°$
b) $V = 147{,}5\,cm^3$; $O = 187{,}8\,cm^2$; $\alpha = 76{,}3°$; $\beta = 71°$
c) $V = 151{,}8\,cm^3$; $O = 192\,cm^2$; $\alpha = 76{,}7°$; $\beta = 71{,}5°$
d) $V = 264\,cm^3$; $O = 273{,}6\,cm^2$; $\alpha = 74{,}7°$; $\beta = 68{,}9°$

8. $a = \sqrt{\frac{3 \cdot V}{h}}$; $a = 9\,cm$

9. **(1)** Wahr
(2) Falsch
(3) Wahr
(4) Falsch (Auch eine Grundkante könnte verdoppelt werden.)
(5) Falsch

10. Wir nähern das Zelt mit einer Pyramide durch eine Pyramide mit sechseckiger Grundfläche an.
a) **(1)** $12{,}97\,m^2$
(2) $11{,}7\,m^2$ (bei je 10 cm Abstand zur Decke und zu den Seiten)
b) $2{,}54\,m^3$

Das kann ich noch!

A) Druckfehler in der ersten Auflage in Teilaufgabe **2)**: $x^2 + 1{,}5x - 1 = 0$
1) $L = \{0; 2\}$
2) $L = \{-2; 0{,}5\}$
3) $L = \{-1\}$
4) $L = \{\ \}$
5) $L = \{-0{,}2; 0{,}6\}$
6) $L = \{-3{,}2; -1{,}5\}$

B) **1)** $L = \{-4; 3\}$
2) $L = \{-5; 5\}$
3) $L = \{0; 3\}$
4) $L = \{0; 4{,}3\}$
5) $L = \left\{-2; \frac{4}{3}\right\}$
6) $L = \left\{-\frac{1}{8}; \frac{1}{6}\right\}$

C) **1)** $L = \{3\}$
2) $L = \{-4; 4\}$
3) $L = \{5\}$
4) $L = \{\sqrt{18}; \sqrt{18}\}$
5) $L = \{3\}$
6) $L = \{2\}$

176

11. **a)** **(1)** $342{,}4\,m^2$
(2) $461{,}4\,m^3$
(3) $42{,}2°$

b) **(1)** $324{,}5\,m^2$
(2) $234\,m^3$
(3) $\alpha = 53{,}1°$; $\beta = 41{,}6°$

12. $V = 155{,}9\,cm^3$; $O = 154{,}9\,cm^2$

13. **a)** $a \approx 1{,}9\,cm$; $V_{Prisma} \approx 133{,}6\,cm^3$; $V_{Pyramide} \approx 6\,cm^3$
b) $\alpha = 79°$

14. **a)** $h = \sqrt{\frac{2}{3}a^2} = \frac{a}{3}\sqrt{6}$
b) $h \approx 3{,}3\,cm$; $h_s = \frac{a}{2}\sqrt{3} \approx 3{,}5\,cm$; $O = a^2\sqrt{3} \approx 27{,}71\,cm^2$
c) $a = 7{,}35\,cm$; $h_s = 6{,}36\,cm$

176

15. Die Verpackung hat näherungsweise die Form eines Tetraeders mit zwei Laschen an den Enden.
$V = 85{,}9\,cm^3$; $O_{Tetraeder} = 140{,}3\,cm^2$
Der Materialbedarf ist $176{,}3\,cm^2$.

16. Das Fassungsvermögen beträgt ungefähr 1,5 l.

17. (1) $O \approx 7{,}6\,dm^2$ (2) $O \approx 7{,}1\,dm^2$
Beide Pyramiden haben einen fast gleich großen Oberflächeninhalt.

4.9.3 Volumen des Kegels

177

Einstieg:
Man kann den Kegel durch ein n-Eck annähern. Für das Volumen folgt: $V = \frac{1}{3} G \cdot h$

178

2. Es gilt $r = \frac{d}{2}$. Folglich gilt $V = \frac{1}{3}\pi\left(\frac{d}{2}\right)^2 h = \frac{1}{12}\pi d^2 h$

3. **a)** $1\,055\,cm^3$

b) $\frac{r_1}{r_2} = \frac{\overline{h}}{h^*}$ und $\overline{h} = h^* + h$ es folgt

$h^* r_1 = \overline{h}\, r_2 = h^* r_2 + h\, r_2$ und weiter

$h^* = h \cdot \frac{r_2}{(r_1 - r_2)}$

$V = \frac{1}{3}\pi r_1^2 \overline{h} - \frac{1}{3}\pi r_2^2 \cdot h^* \quad | \overline{h} = h^* + h$

$= \frac{1}{3}\pi\left(\left(r_1^2 h^* + r_1^2 h\right) - r_2^2 \cdot h^*\right)$

$= \frac{1}{3}\pi\left(r_1^2 h + h^* \cdot \left(r_1^2 - r_2^2\right)\right)$ mit (1) folgt

$= \frac{1}{3}\pi\left(r_1^2 h + h \cdot \frac{r_2}{(r_1 - r_2)} \cdot (r_1 + r_2) \cdot (r_1 - r_2)\right)$

$= \frac{1}{3}\pi h\left(r_1^2 + r_2 \cdot (r_1 + r_2)\right)$

$V = \frac{1}{3}\pi h\left(r_1^2 + r_1 r_2 + r_2^2\right)$ (2)

Durch einsetzen von $r_1 = \sqrt{G_1 \frac{1}{\pi}}$ bzw. $r_2 = \sqrt{G_2 \frac{1}{\pi}}$

(wegen $G = r^2\pi$) erhält man $V = \frac{1}{3} h\left(G_1 + \sqrt{G_1 G_2} + G_2\right)$ (3)

178

4. Wir zerlegen den Kegel in gleich dicke Scheiben. Daraus kann man Zylinder erhalten, die ganz innerhalb des Kegels liegen (rechtes Bild) und solche, die zusammen den Kegel ganz überdecken (linkes Bild).

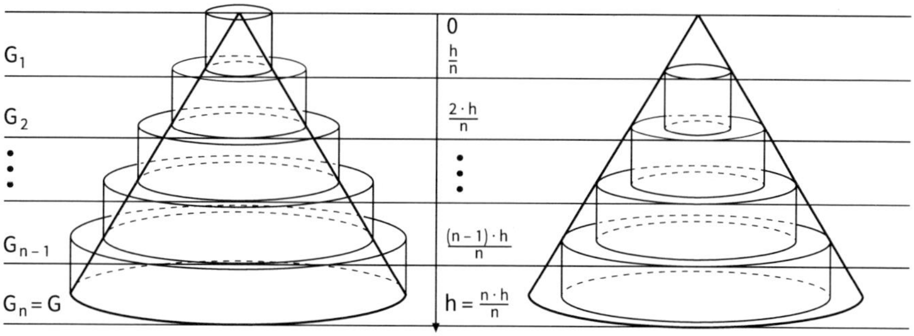

Bis auf den untersten ist jeder äußere Zyliner kongruent zu einem inneren. Daher gilt für das Volumen des Kegels:

$$G_1 \frac{h}{n} + G_2 \frac{h}{n} + \ldots + G_{n-1} \frac{h}{n} < V < G_1 \frac{h}{n} + G_2 \frac{h}{n} + \ldots + G_{n-1} \frac{h}{n} + G_n \frac{h}{n}$$

Weiter lässt sich jede Grundfläche eines äußeren Zylinders durch eine zentrische Streckung (im Raum) an der Kegelspitze aus der Kegelgrundfläche erzeugen.

Die Streckfaktoren hierfür sind $\frac{1}{n}, \frac{2}{n}, \frac{3}{n}, \ldots \frac{n-1}{n}$ und $\frac{n}{n} = 1$.

Das liefert dann die Grundflächeninhalte der Zylinder:

$$G_1 = \left(\frac{1}{n}\right)^2 G, \quad G_2 = \left(\frac{2}{n}\right)^2 G, \quad G_3 = \left(\frac{3}{n}\right)^2 G, \quad \ldots, \quad G_{n-1} = \left(\frac{n-1}{n}\right)^2 G, \quad G_n = \left(\frac{n}{n}\right)^2 G = G$$

Für das Kegelvolumen V ergibt sich somit folgende Abschätzung:

$$\left(\frac{1}{n}\right)^2 G \cdot \frac{h}{n} + \left(\frac{2}{n}\right)^2 G \cdot \frac{h}{n} + \ldots + \left(\frac{n-1}{n}\right)^2 G \cdot \frac{h}{n}$$

$$< V < \left(\frac{1}{n}\right)^2 G \cdot \frac{h}{n} + \left(\frac{2}{n}\right)^2 G \cdot \frac{h}{n} + \ldots + \left(\frac{n-1}{n}\right)^2 G \cdot \frac{h}{n} + \left(\frac{n}{n}\right)^2 G \cdot \frac{h}{n}$$

$$\frac{1^2}{n^3} G h + \frac{2^2}{n^3} G h + \ldots + \frac{(n-1)^2}{n^3} G h < V < \frac{1^2}{n^3} G h + \frac{2^2}{n^3} G h + \ldots + \frac{(n-1)^2}{n^3} G h + \frac{n^2}{n^3} G h$$

$$\frac{1^2 + 2^2 + \ldots + (n-1)^2}{n^3} G h < V < \frac{1^2 + 2^2 + \ldots + (n-1)^2 + n^2}{n^3} G h$$

Wie auf Seite 173 des Schülerbandes gezeigt, erhält man die Summe der ersten n Quadratzahlen:

$$1^2 + 2^2 + 3^3 + \ldots + (n-1)^2 + n^2 = \frac{n^3}{3} + \frac{n^2}{2} + \frac{n}{6}$$

Setzt man dieses Ergebnis in die Abschätzung für das Kegelvolumen ein, so ergibt sich:

$$\frac{\frac{n^3}{3} + \frac{n^2}{2} + \frac{n}{6} - n^2}{n^3} G h < V < \frac{\frac{n^3}{3} + \frac{n^2}{2} + \frac{n}{6}}{n^3}$$

$$\left(\frac{1}{3} - \frac{3}{2n} + \frac{1}{6n^2}\right) G h < V < \left(\frac{1}{3} - \frac{1}{2n} + \frac{1}{6n^2}\right) G h$$

178

4. Fortsetzung

Die Terme in den Klammern berechnen wir in der nebenstehenden Tabelle. Diese Terme liefern eine Intervallschachtelung für $0,\overline{3} = \frac{1}{3}$, da sich $\frac{1}{2n}$ und $\frac{1}{6n^2}$ immer mehr 0 annähern, je größer n wird.
Damit ergibt sich auch auf diesem Weg mithilfe eines Grenzprozesses für das Kegelvolumen $V = \frac{1}{3} G h$.

n	$\frac{1}{3} - \frac{1}{2n} + \frac{1}{6n^2}$	$\frac{1}{3} + \frac{1}{2n} + \frac{1}{6n^2}$
5	0,24	0,44
10	0,285	0,385
100	0,32835	0,33835
1 000	0,3328355	0,3338335
10 000	0,3332833	0,3333833
100 000	0,3333283	0,3333383
1 000 000	0,3333328	0,3333338

5. $V = 102{,}2\,cm^3$

6. **a)** $V = 235{,}6\,cm^3$ **b)** $V = 140{,}6\,dm^3$ **c)** $V = 0{,}19\,m^3$ **d)** $V = 116{,}1\,cm^3$

7. $V = 1085{,}91\,cm^3$. Das Werkstück wiegt ungefähr 7,93 kg.

179

8. **a)** $V \approx 51{,}9\,m^3$; $a \approx 3{,}7\,m$
b) $V \approx 23{,}8\,m^3$; $a \approx 2{,}88\,m$
c) $V \approx 0{,}176\,km^3$; $a \approx 560\,m$

9. **a)** **(1)** Falsch, da $V' = \frac{1}{3}(2r)^2 \pi h = 4\left(\frac{1}{3} r^2 \pi h\right) = 4 \cdot V$ gilt.
Das Volumen vervierfacht sich.
(2) Falsch, da z. B. aus $r = 1\,m$ und $s = 8\,m$ ein Volumen von $8{,}3\,m^3$ folgt. Aber ein Kegel mit $r' = 2\,m$ und $s' = 4\,m$ ein Volumen von $14{,}5\,m^3$ hat.
(3) Falsch, man kann die Höhe auch unverändert lassen und dafür den Radius entsprechend ändern.
(4) Falsch, da z. B. aus $r = 1\,m$ und $s = 8\,m$ ein Volumen von $V = 8{,}31\,m^3$ folgt. Aber ein Kegel mit $r' = 1\,m$ und $s' = 8{,}8\,m$ ein Volumen von $V' = 9{,}16\,m^3$ hat und $1{,}1 \cdot 8{,}31\,m^3 = 9{,}14\,m^3 \neq V'$ gilt.
b) Verdoppelt man die Höhe des Kegels, verdoppelt sich das Volumen.

10. **a)** $h = \frac{3V}{\pi r^2}$; $h \approx 2{,}2\,cm$ **b)** $= \sqrt{\frac{3V}{h\pi}}$; $r \approx 7{,}03\,dm$

11. **a)** $s \approx 135{,}2\,cm$; $V \approx 7\,952{,}2\,cm^3$; $O \approx 3\,362{,}5\,cm^2$
b) $h \approx 77{,}9\,dm$; $V \approx 1\,651{,}3\,dm^3$; $O \approx 1\,166{,}3\,dm^2$
c) $r \approx 4{,}77\,dm$; $V \approx 149{,}9\,dm^3$; $O \approx 189{,}7\,dm^2$
d) $h \approx 13\,cm$; $s \approx 14{,}15\,cm$; $O \approx 347{,}46\,cm^2$
e) $r \approx 12\,cm$, also keine Lösung, da $r \leq s$ gelten muss.

12. $V_{gesamt} = 115{,}45\,cm^3$
Das Saftglas ist zu
(1) 29,6 % **(2)** 8,78 % **(3)** 3,7 % **(4)** 70,2 % gefüllt.

179 13.

Messbecherart	Höhe der Markierung (in cm) für				
	1 l	$\frac{1}{2}$ l	$\frac{1}{4}$ l	$\frac{1}{8}$ l	$\frac{3}{4}$ l
Zylinder	8,8	4,4	2,2	1,1	6,6
Kegel	26,5	21,1	16,7	13,3	24,1

14. Sinnvoll wäre: **(1)** $r = 3{,}5\,cm$ und $h = 9{,}4\,cm$; **(2)** $r = 4\,cm$ und $h = 9{,}87\,cm$

180 **15. a)** $V \approx 159{,}45\,cm^3$ $O \approx 250{,}1\,cm^2$ **b)** $V \approx 253{,}20\,cm^3$ $O \approx 325{,}9\,cm^2$ **c)** $V \approx 131{,}95\,cm^3$ $O \approx 232{,}0\,cm^2$ **d)** $V \approx 201{,}06\,cm^3$ $O \approx 276{,}46\,cm^2$

16. Die Boje besteht aus zwei gleichen Kegeln und einem Zylinder.
$V \approx 43{,}2\,dm^3$; $O \approx 63{,}85\,dm^2$

17. a) Pyramide: $V = 2\,165{,}064\,cm^3$; Kegel: $V = 2\,617{,}994\,cm^3$
Gewichtsunterschied: $3\,805\,g = 3{,}805\,kg$
b) Pyramide: $O = 1\,053{,}53\,cm^2$; Kegel: $O = 1\,160{,}06\,cm^2$
Gewichtsunterschied: $80{,}96\,g \approx 81\,g$

18. a) 6,01 Liter **b)** 9,56 Liter

19. $r \approx 1{,}5\,m$; $s \approx 1{,}8\,m$; $V \approx 2{,}34\,m^3 \approx 23\,400\,000\,cm^3$
Vermutung: Etwa 4 Kerne pro cm^3. Folglich wurden etwa 100 Millionen Kerne verwendet.

4.10 Kugel

4.10.1 Volumen der Kugel

181 **Einstieg:**
$V \approx \frac{4}{3}\pi r^3$

182 **2. a)** $V = \frac{4}{3}\pi \cdot r^3 = \frac{4}{3}\pi\left(\frac{d}{2}\right)^3 = \frac{1}{6}\pi \cdot d^3 = 268\,mm^3$
b) $d \approx 2{,}48\,dm$

3. $V = \frac{4}{3}\pi\left(r_2^3 - r_1^3\right)$; $V \approx 2044{,}1\,cm^3$; $m \approx 14{,}9\,kg$

183 **4.** Wir zerlegen die Halbkugel in gleich dicke Scheiben. Daraus kann man Zylinder erhalten, die zusammen die Halbkugel ganz überdecken (linkes Bild), und solche, die ganz innerhalb der Halbkugel liegen (rechtes Bild).

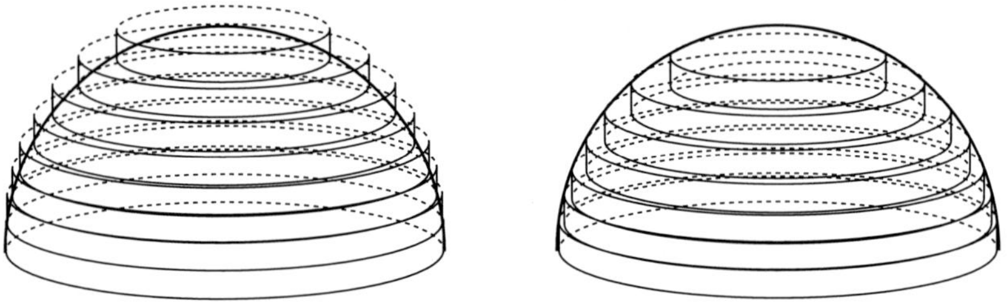

Bis auf den untersten ist jeder äußere Zylinder kongruent zu einem inneren. Die Zylinder besitzen die Grundflächeninhalte G_1 bis G_n und jeweils die Höhe $\frac{h}{n}$. Die Radien der Grundflächen können wir mithilfe des Satzes von Pythagoras berechnen. Wir zeichnen dazu die Schnittfläche der Halbkugel und der zylindrischen Scheiben.
Wir betrachten zunächst die innen liegenden Zylinder.
Die erste Scheibe von unten bei den inneren Zylindern hat den Radius r_1.

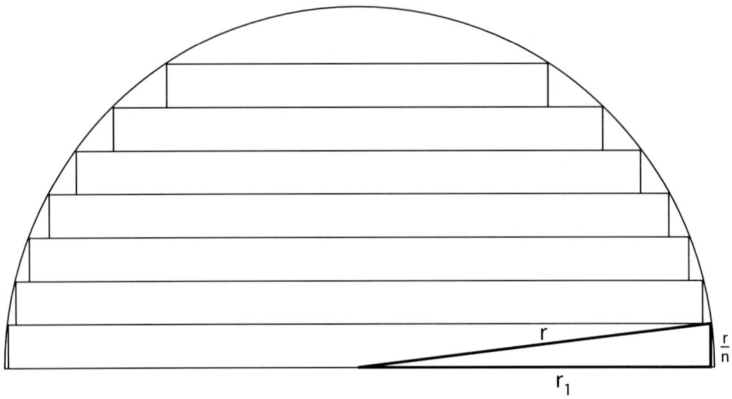

Der Radius r_1 ergibt sich aus dem rechtwinkligen Dreieck mit r als Hypotenuse und $\frac{r}{n}$ als Kathete.

$r_1 = \sqrt{r^2 - \frac{r^2}{n^2}} = \sqrt{r^2\left(1 - \frac{1}{n^2}\right)}$

Für den Grundflächeninhalt G_1 gilt also:

$G_1 = \pi \cdot r_1^2 = \pi \cdot \left(\sqrt{r^2\left(1 - \frac{1}{n^2}\right)}\right)^2 = \pi r^2\left(1 - \frac{1}{n^2}\right)$

Für das Volumen V_1 der Scheibe gilt: $V_1 = \pi r^2\left(1 - \frac{1}{n^2}\right) \cdot \frac{r}{n} = \pi \frac{r^3}{n}\left(1 - \frac{1}{n^2}\right)$

183 **4.** Fortsetzung

Die zweite Scheibe von unten bei den inneren Zylindern hat den Radius r_2.

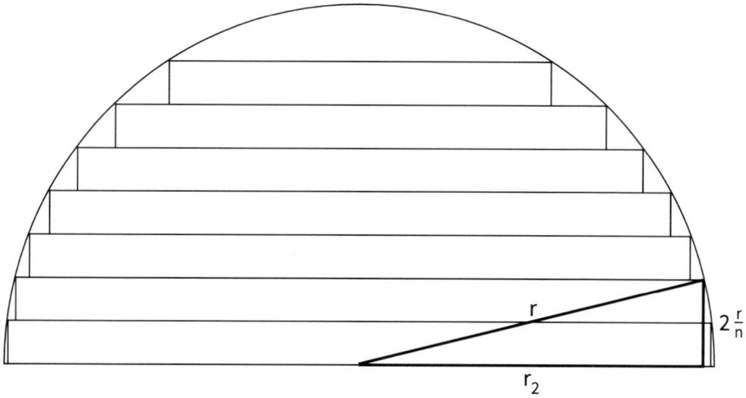

Der Radius r_2 ergibt sich aus dem rechtwinkligen Dreieck mit r als Hypotenuse und $2\frac{r}{n}$ als Kathete.

$$r_2 = \sqrt{r^2 - 2^2\frac{r^2}{n^2}} = \sqrt{r^2\left(1 - \frac{2^2}{n^2}\right)}$$

Für den Grundflächeninhalt G_2 gilt also:

$$G_2 = \pi \cdot r_2^2 = \pi \cdot \left(\sqrt{r^2\left(1 - \frac{2^2}{n^2}\right)}\right)^2 = \pi r^2\left(1 - \frac{2^2}{n^2}\right)$$

Für das Volumen V_2 der Scheibe gilt: $V_2 = \pi r^2\left(1 - \frac{2^2}{n^2}\right) \cdot \frac{r}{n} = \pi\frac{r^3}{n}\left(1 - \frac{2^2}{n^2}\right)$

Die dritte Scheibe von unten bei den inneren Zylindern hat den Radius r_3.

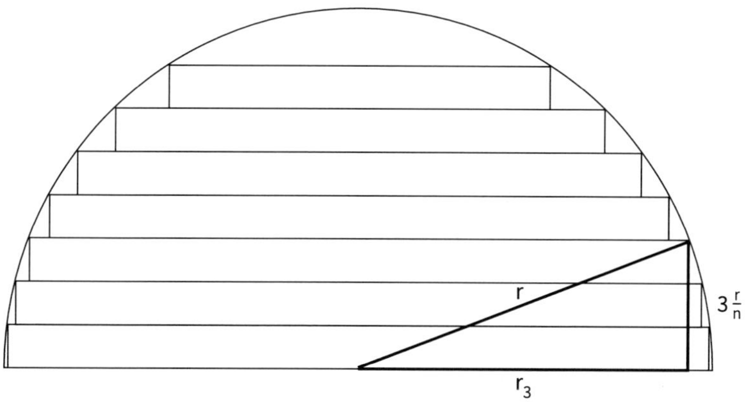

Der Radius r_3 ergibt sich aus dem rechtwinkligen Dreieck mit r als Hypotenuse und $3\frac{r}{n}$ als Kathete.

$$r_3 = \sqrt{r^2 - 3^2\frac{r^2}{n^2}} = \sqrt{r^2\left(1 - \frac{3^2}{n^2}\right)}$$

183 **4.** Fortsetzung

Für den Grundflächeninhalt G_3 gilt also:

$$G_3 = \pi \cdot r_3^2 = \pi \cdot \left(\sqrt{r^2\left(1 - \frac{3^2}{n^2}\right)}\right)^2 = \pi r^2\left(1 - \frac{3^2}{n^2}\right)$$

Für das Volumen V_3 der Scheibe gilt: $V_3 = \pi r^2\left(1 - \frac{3^2}{n^2}\right) \cdot \frac{r}{n} = \pi \frac{r^3}{n}\left(1 - \frac{3^2}{n^2}\right)$

Die oberste Scheibe bei den inneren Zylindern hat den Radius r_{n-1}.

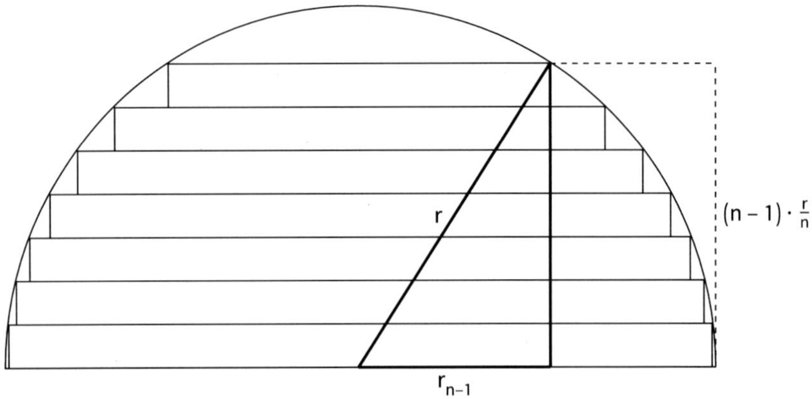

Der Radius r_{n-1} ergibt sich aus dem rechtwinkligen Dreieck mit r als Hypotenuse und $(n-1)\frac{r}{n}$ als Kathete.

$$r_{n-1} = \sqrt{r^2 - (n-1)^2\frac{r^2}{n^2}} = \sqrt{r^2\left(1 - \frac{(n-1)^2}{n^2}\right)}$$

Für den Grundflächeninhalt G_{n-1} gilt also:

$$G_{n-1} = \pi \cdot r_{n-1}^2 = \pi \cdot \left(\sqrt{r^2\left(1 - \frac{(n-1)^2}{n^2}\right)}\right)^2 = \pi r^2\left(1 - \frac{(n-1)^2}{n^2}\right)$$

Für das Volumen V_{n-1} der Scheibe gilt:

$$V_{n-1} = \pi r^2\left(1 - \frac{(n-1)^2}{n^2}\right) \cdot \frac{r}{n} = \pi \frac{r^3}{n}\left(1 - \frac{(n-1)^2}{n^2}\right)$$

Wir betrachten nun die äußeren Zylinder.

Die unterste Scheibe der äußeren Zylinders hat den Radius $r_0 = r$ und die Höhe $\frac{r}{n}$.

Die Scheibe hat den Grundflächeninhalt: $V_0 = \pi r^2 \frac{r}{n} = \pi \frac{r^3}{n}$

Für die Volumina der anderen Scheiben gilt dann:

$$V_1 = \pi \frac{r^3}{n}\left(1 - \frac{1}{n^2}\right) = V_0 \cdot \left(1 - \frac{1}{n^2}\right) = V_0 \cdot \left(1 - \frac{1^2}{n^2}\right)$$

$$V_2 = V_0 \cdot \left(1 - \frac{2^2}{n^2}\right);\ V_2 = V_0 \cdot \left(1 - \frac{3^2}{n^2}\right);\ V_3 = V_0 \cdot \left(1 - \frac{3^2}{n^2}\right);\ \ldots;\ V_{n-1} = V_0 \cdot \left(1 - \frac{(n-1)^2}{n^2}\right)$$

183 **4.** Fortsetzung

Für die Summe der Volumina der inneren Scheiben gilt:

$$V_{innen} = V_1 + V_2 + V_3 + \ldots + V_{n-1}$$

$$= V_0 \cdot \left[\left(1 - \frac{1^2}{n^2}\right) + \left(1 - \frac{2^2}{n^2}\right) + \left(1 - \frac{3^2}{n^2}\right) + \ldots + \left(1 - \frac{(n-1)^2}{n^2}\right)\right]$$

$$= \pi \cdot \frac{r^3}{n} \cdot \left[(n-1) - \frac{1}{n^2}\left(1^2 + 2^2 + 3^2 + \ldots + (n-1)^2\right)\right]$$

$$= \pi r^3 \cdot \left[1 - \frac{1}{n} - \frac{1}{n^2}\left(1^2 + 2^2 + 3^2 + \ldots + (n-1)^2\right)\right]$$

Für die Summe der Quadratzahlen der ersten $n - 1$ Quadratzahlen ergibt sich aus der Information auf Seite 173 des Schülerbandes:

$1^2 + 2^2 + 3^2 + \ldots + (n-1)^2 = \frac{n^3}{3} + \frac{n^2}{2} + \frac{n}{6} - n^2$, also:

$$V_{innen} = \pi r^3 \cdot \left[1 - \frac{1}{n} - \frac{1}{n^3}\left(1^2 + 2^2 + 3^2 + \ldots + (n-1)^2\right)\right]$$

$$= \pi r^3 \cdot \left[1 - \frac{1}{n} - \frac{1}{n^3}\left(\frac{n^3}{3} + \frac{n^2}{2} + \frac{n}{6} - n^2\right)\right]$$

$$= \pi r^3 \cdot \left[1 - \frac{1}{n} - \frac{1}{3} - \frac{1}{2n} - \frac{1}{6n^2} + \frac{1}{n}\right]$$

$$= \pi r^3 \cdot \left[\frac{2}{3} - \frac{1}{2n} - \frac{1}{6n^2}\right]$$

Für die Summe der Volumina der äußeren Scheiben gilt:

$$V_{außen} = V_0 + V_1 + V_2 + V_3 + \ldots + V_{n-1}$$

$$= V_0 + V_{innen}$$

$$= \pi r^3 \cdot \frac{1}{n} + \pi r^3 \cdot \left[\frac{2}{3} - \frac{1}{2n} - \frac{1}{6n^2}\right]$$

$$= \pi r^3 \cdot \left[\frac{2}{3} + \frac{1}{n} - \frac{1}{2n} - \frac{1}{6n^2}\right]$$

$$= \pi r^3 \cdot \left[\frac{2}{3} + \frac{2}{2n} - \frac{1}{2n} - \frac{1}{6n^2}\right]$$

$$= \pi r^3 \cdot \left[\frac{2}{3} + \frac{1}{2n} - \frac{1}{6n^2}\right]$$

Damit gilt für das Volumen $V_{Halbkugel}$ der Halbkugel:

$$V_{innen} < V_{Halbkugel} < V_{außen}$$

$$\pi r^3 \cdot \left(\frac{2}{3} - \frac{1}{2n} - \frac{1}{6n^2}\right) < V_{Halbkugel} < \pi r^3 \cdot \left(\frac{2}{3} + \frac{1}{2n} - \frac{1}{6n^2}\right)$$

Da $\lim\limits_{n \to \infty}\left(\frac{2}{3} - \frac{1}{2n} - \frac{1}{6n^2}\right) = \frac{2}{3}$ und $\lim\limits_{n \to \infty}\left(\frac{2}{3} + \frac{1}{2n} - \frac{1}{6n^2}\right)$ folgt für das Volumen der Halbkugel:

$$V_{Halbkugel} = \frac{2}{3}\pi r^3$$

Für das Volumen V einer Kugel folgt daraus:

$$V = 2 \cdot V_{Halbkugel} = \frac{4}{3}\pi r^3$$

5. **a)** $V = 240{,}9\,dm^3$ **b)** $V = 2\,527{,}3\,dm^3$ **c)** $V = 381{,}7\,cm^3$ **d)** $V = 41\,397{,}8\,m^3$

6. **a)** $V = 1{,}4 \cdot 10^{18}\,km^3$ **b)** $V = 1{,}0 \cdot 10^{12}\,km^3$ **c)** $V = 1{,}7 \cdot 10^{11}\,km^3$

7. Die Kugel wiegt ungefähr 2,53 t.

183 8. Die Näherung ist 4,5 % zu klein.

9. $r = \sqrt[3]{\frac{3V}{4\pi}}$; $r \approx 5{,}4\,\text{cm}$

10. a) Die Korkkugel würde ca. 105 kg wiegen.
b) $r \approx 14{,}7\,\text{cm}$

11. (1) Falsch, richtig ist $r = \sqrt[3]{\frac{V \cdot 3}{4\pi}}$ (2) Falsch, richtig ist $V = \frac{1}{6}\pi d^3$

12. a) Das Volumen wird 8-mal, 27-mal, … so groß.
b) $2 \cdot \left(\frac{4}{3}\pi r^3\right) = \frac{4}{3}\pi\left(\sqrt[3]{2} \cdot r\right)^3$
Der Radius muss um den Faktor $\sqrt[3]{2}$ vergrößert werden.

13. a) $m = 32{,}1\,\text{kg}$
b) Die Wandstärke beträgt ungefähr 0,12 mm.

14. –

4.10.2 Oberflächeninhalt der Kugel

184 **Einstieg:**

$V_{\text{Hohlkugel}} = V_{\text{Kugel } r} - V_{\text{Kugel } (r-h)}$

$\approx 7\,986\,448\,\text{mm}^3 - 7\,909\,409\,\text{mm}^3$

$\approx 77\,039\,\text{mm}^3$

$V_{\text{Hohlkugel}}$: $h \approx 192\,598\,\text{mm}^2$

Genauerer Wert: $O \approx 193\,221\,\text{mm}^2$

Man betrachtet die Oberfläche der äußeren Kugel als Grundfläche G und h als Höhe. Dann benutzt man die bekannte Formel $V = G \cdot h$.

$V \approx 4\pi^2$

185 2. a) $O = 4\pi r^2 = 4\pi \cdot \left(\frac{d}{2}\right)^2 = \pi d^2$ b) $d = \sqrt{\frac{O}{\pi}} \approx 1{,}6\,\text{dm}$

3. a) $O = 22\,619{,}5\,\text{m}^2$
b) Die Überlegung stimmt, denn $2 \cdot G = 2(\pi r^2) = \frac{1}{2}(4 \cdot \pi r^2) = \frac{1}{2} \cdot O$

4. a) $O = 3\,631{,}68\,\text{cm}^2$ c) $O = 10{,}18\,\text{cm}^2$ e) $O = 19{,}78\,\text{dm}^2$
b) $O = 47{,}78\,\text{dm}^2$ d) $O = 349{,}73\,\text{mm}^2$

5. $r = \sqrt{\frac{O}{4\pi}} \approx 8\,\text{cm}$

186 6. a) $O \approx 511\,\text{m}^2$ b) $V \approx 795\,\text{m}^3$

186

7. **a)** $O = 4\pi r^2 \approx 12{,}57\,m^2$

b) $O = \pi d^2 \approx 3{,}14\,m^2$

c) $O = \frac{u^2}{\pi} \approx 0{,}32\,m^2$

d) $O = 4\pi\left(\sqrt[3]{\frac{3V}{4\pi}}\right)^2 \approx 4{,}84\,m^2$

e) $r = \sqrt{\frac{O}{4\pi}} \approx 0{,}28\,m$

8. **a)** $l = 40\,024\,km$ **b)** $V = 1{,}26 \cdot 10^{21}$ Liter **c)** $m = 6{,}02 \cdot 10^{21}\,t$

d)

Sonne:	Mittlerer Radius:	696 342 km
	Länge des Äquators:	4 375 246 km
	Dichte:	1,408 g/cm³
	Masse:	$1{,}99 \cdot 10^{27}\,t$
Mond:	Mittlerer Radius:	1 738 km
	Länge des Äquators:	10 920 km
	Dichte:	3,341 g/cm³
	Masse:	$7{,}35 \cdot 10^{19}\,t$

9. Es werden 352,26 l Wasser im Jahr verschwendet.

10. **a)** $V = \frac{4}{3}\pi r^3 \approx 248{,}47\,dm^3$
$O = 4\pi r^2 \approx 191{,}13\,dm^2$

b) $r = \sqrt{\frac{O}{4\pi}} \approx 4{,}55\,cm$
$V \approx 394{,}22\,cm^3$

c) $r = \sqrt[3]{\frac{3V}{4\pi}} \approx 6{,}16\,cm$
$O \approx 477{,}13\,cm^2$

d) $r \approx 12{,}57\,m$
$V \approx 8\,322{,}04\,m^3$

e) $r \approx 6{,}91\,m$
$V \approx 1\,381{,}98\,m^3$

f) $V \approx 1{,}50\,m^3$
$O \approx 6{,}33\,m^2$

g) $r \approx 1{,}69\,m$
$V \approx 20{,}31\,m^3$

h) $r \approx 2{,}05\,m$
$O \approx 52{,}73\,m^2$

11. **a)** $O = 50{,}265\,m^2$ **b)** $d = 4\,m$ **c)** $r \approx 73{,}68\,mm$; $O \approx 68\,220{,}8\,mm^2$

12. Die Kugeln sind schwerer als Wasser und versinken daher vollständig.
Deshalb gilt:

$V_{Kugel} = V_{Zylinder} \cdot \frac{1}{8} = (\pi \cdot 4^2 \cdot 5)\,cm^3 \cdot \frac{1}{8} \approx 31{,}42\,cm^3$

$V_{Kugel} \cdot 2{,}4\,\frac{g}{cm^3} \approx 75{,}4\,g$

Auf den Punkt gebracht: Arbeiten mit der Formelsammlung

187 **Vortext:**

Kugel: $V = \frac{4}{3} \cdot \pi \cdot r^3 \approx 24\,633{,}17\,\text{cm}^3$

Kegelstumpf: $V = \frac{\pi \cdot h}{3}\left(r_1{}^2 + r_1 r_2 + r_2{}^2\right) \approx 36\,651{,}91\,\text{cm}^3$

Überschneidung: Kugelsegment: $R = \sqrt{h(2r - h)}$, also $h \approx 3{,}023\,\text{cm}$

$V = \frac{\pi}{6} h\,(3R^2 + h^2) \approx 489{,}32\,\text{cm}^3$

Das Volumen der Spielfigur beträgt ca. $60\,795{,}76\,\text{cm}^3$.

Oberflächeninhalt:

Kegelstumpf: $A_O = A_G + A_D + A_M$

A_D wird nicht benötigt, weil die Kugel auf dieser Fläche liegt.

$A_O = A_G + A_M \approx 1\,256{,}64\,\text{cm}^2 + 4\,805{,}71\,\text{cm}^2 = 6\,062{,}35\,\text{cm}^2$

Kugel: $O = 4\pi r^2 \approx 4\,094{,}15\,\text{cm}^2$

Kugelkappe: $A_K = \pi(2R^2 + h^2) \approx 657{,}03\,\text{cm}^3$

$O_{ges} = A_O + O - A_K \approx 9\,499{,}47\,\text{cm}^2$

Die Vergoldung kostet 712,46 €.

188 1. a) $V_{Rest} \approx 666{,}67\,\text{cm}^3$

$O_{Rest} = 4 \cdot 10\,\text{cm} \cdot 10\,\text{cm} + 8 \cdot \frac{1}{2} \cdot 10\,\text{cm} \cdot 5\sqrt{2}\,\text{cm} \approx 682{,}84\,\text{cm}^2$

b) $l = 0{,}4\,\text{cm}$; $M \approx 140{,}36\,\text{cm}^2$

2. a) $A_{Kreisausschnitt} = \pi r^2 \cdot \frac{270}{360} = 27\pi\,\text{cm}^2 \approx 84{,}82\,\text{cm}^2 = M_{Kegel}$

$r_{Kegel} = \frac{M}{\pi s} = \frac{27\pi}{\pi s} = \frac{27}{6}\,\text{cm} = 4{,}5\,\text{cm}$

$G_{Kegel} = \pi \cdot r_{Kegel}^2 = \frac{81}{4}\pi\,\text{cm}^2 \approx 63{,}62\,\text{cm}^2$

$O_{Kegel} = G + M = \frac{189}{4}\pi\,\text{cm}^2 \approx 148{,}44\,\text{cm}^2$

b) $s = \sqrt{r^2 + h^2} = \sqrt{65}\,\text{cm} \approx 8{,}06\,\text{cm}$

$M = \pi \cdot r \cdot s = 4 \cdot \sqrt{65} \cdot \pi\,\text{cm}^2 = A_{Kreisausschnitt} \approx 101{,}31\,\text{cm}^2$

$s = r_{Kreis} = \sqrt{65}\,\text{cm} \approx 8{,}06\,\text{cm}$

$A_{Kreisausschnitt} = \pi r^2 \cdot \frac{\alpha}{360°}$

$\alpha = \frac{A_{Kreisausschnitt} \cdot 360°}{\pi \cdot r_{Kreis}^2} = \frac{4 \cdot \sqrt{65} \cdot \pi \cdot 360°}{\pi \cdot 65} \approx 178{,}6°$

c) $u_1 = 3\pi$, also $r_1 = \frac{3}{2}\,\text{cm} = 1{,}5\,\text{cm}$

$u_2 = 7\pi$, also $r_2 = \frac{7}{2}\,\text{cm} = 3{,}5\,\text{cm}$

$s = 4\,\text{cm}$, also $h = \sqrt{4^2 - 2^2}\,\text{cm} = \sqrt{12}\,\text{cm} \approx 3{,}46\,\text{cm}$

$V = \frac{\pi h}{3}\left(r_1^2 + r_1 r_2 + r_2^2\right) \approx 71{,}65\,\text{cm}^3$

4.11 Vermischte Übungen

189 1. *Eiweißschaum:*
$V_{Schokokuss} = V_{Zylinder} + V_{Halbkugel} = \pi\,(2\,cm)^2 \cdot 4\,cm + \frac{1}{2} \cdot \frac{4}{3}\pi\,(2\,cm)^3 \approx 67\,cm^3$
Schokoglasur:
$A = M_{Zylinder} + O_{Halbkugel} = 2\,\pi \cdot (2\,cm) \cdot 4\,cm + \frac{1}{2} \cdot 4\,\pi\,(2\,cm)^2 \approx 75\,cm^2$

2. a) 8,33 %
b) $(O_{70} \cdot 1{,}25 - O_{68} \cdot 1{,}25) \cdot 400 \approx 43\,926{,}76\,cm^2$
Es werden täglich 4,4 m² Leder mehr gebraucht, um das Höchstmaß herzustellen.

3. a) $O \approx 615{,}75\,cm^2$; $V \approx 1\,436{,}76\,cm^3$
b) $O \approx 3\,078{,}76\,cm^2$; $V \approx 7\,183{,}78\,cm^3$
c) $O \approx 15\,393{,}80\,cm^2$; $V \approx 179\,594{,}38\,cm^3$
d) $r \approx 15{,}65\,cm$; $V \approx 16\,063{,}41\,cm^3$
e) $r \approx 11{,}97\,cm$; $O \approx 1\,800{,}47\,cm^2$

4. $r_1 = 25\,mm$; $O_1 \approx 6\,831{,}9\,mm^2$; $r_2 = 50\,mm$; $O_2 \approx 31\,415{,}9\,mm^2$
Der Oberflächeninhalt aller acht einzelnen Kugeln zusammen ist doppelt so groß wie der Oberflächeninhalt der umgeschmolzenen Kugel.

5. Es werden ungefähr 7,9 g Gold benötigt, da der Oberflächeninhalt 407,3 cm² beträgt.

6. a) (1) $V_{neu} = \frac{4}{3}\pi \cdot (1{,}1\,r)^3 = 1{,}1^3 \cdot \frac{4}{3}\pi r^3 = 1{,}331 \cdot V$
Zunahme um 33,1 %
$O_{neu} = 4\,\pi \cdot (1{,}1\,r)^2 = 1{,}1^2 \cdot 4\,\pi\,r^2 = 1{,}21 \cdot O$
Zunahme um 21,0 %
(2) $V_{neu} = \frac{4}{3}\pi \cdot (0{,}9\,r)^3 = 0{,}9^3 \cdot \frac{4}{3}\pi r^3 = 0{,}729 \cdot V$
Abnahme um 27,1 %
$O_{neu} = 4\,\pi \cdot (0{,}9\,r)^2 = 0{,}9^2 \cdot 4\,\pi\,r^2 = 0{,}81 \cdot O$
Abnahme um 19,0 %
b) (1) $r_{neu} = \sqrt[3]{\frac{3 \cdot 1{,}1 \cdot V}{4\pi}} = \sqrt[3]{1{,}1} \cdot \sqrt[3]{\frac{3 \cdot V}{4\pi}} = \sqrt[3]{1{,}1} \cdot r \approx 1{,}032 \cdot r$
Zunahme um etwa 3,2 %
$O_{neu} = 4\,\pi\,r_{neu}^2 = 4\,\pi \cdot \left(\sqrt[3]{1{,}1} \cdot r\right)^2 = \left(\sqrt[3]{1{,}1}\right)^2 \cdot 4\,\pi\,r^2 = \left(\sqrt[3]{1{,}1}\right)^2 \cdot O \approx 1{,}066 \cdot O$
Zunahme um etwa 6,6 %
(2) $r_{neu} = \sqrt[3]{\frac{3 \cdot 0{,}9 \cdot V}{4\pi}} = \sqrt[3]{0{,}9} \cdot \sqrt[3]{\frac{3 \cdot V}{4\pi}} = \sqrt[3]{0{,}9} \cdot r \approx 0{,}965 \cdot r$
Abnahme um etwa 3,5 %
$O_{neu} = 4\,\pi\,r_{neu}^2 = 4\,\pi \cdot \left(\sqrt[3]{0{,}9} \cdot r\right)^2 = \left(\sqrt[3]{0{,}9}\right)^2 \cdot 4\,\pi\,r^2 = \left(\sqrt[3]{0{,}9}\right)^2 \cdot O \approx 0{,}932 \cdot O$
Abnahme um etwa 6,8 %

189

6\. c) $r_{neu} = \sqrt{\frac{1{,}25 \cdot O}{4\pi}} = \sqrt{1{,}25} \cdot \sqrt{\frac{O}{4\pi}} = \sqrt{1{,}25} \cdot r \approx 1{,}118 \cdot r$

Der Radius muss um etwa 11,8 % verlängert werden.

7\. Für den Mantelflächeninhalt eines Kegels gilt: $M = \pi r s = \pi r \cdot \sqrt{r^2 + h^2}$.

$$M_{gesamt} = \pi \cdot 1\,217{,}5\,\text{mm} \cdot \sqrt{(1\,217{,}5\,\text{mm})^2 + (1\,875\,\text{mm})^2} + \pi \cdot 1\,217{,}5\,\text{mm} \cdot \sqrt{(1\,217{,}5\,\text{mm})^2 + (2\,960\,\text{mm})^2}$$

$$\approx 8\,550\,942{,}41\,\text{mm}^2 + 12\,241\,979{,}28\,\text{mm}^2$$

$$= 20\,792\,921{,}69\,\text{mm}^2 \approx 207\,929\,\text{cm}^2 \approx 2\,079\,\text{dm}^2 \approx 20{,}8\,\text{m}^2$$

Es werden $20{,}8\,\text{m}^2$ Stahlblech benötigt.

190

8\. $V_{Halbkugel} \approx 166{,}589\,\text{mm}^3$; $V_{Prisma} \approx 561{,}185\,\text{mm}^3$; $V_{Zylinder} \approx 137{,}445\,\text{mm}^3$

$V_{Rohling} \approx 166{,}589\,\text{mm}^3 + 561{,}185\,\text{mm}^3 \approx 727{,}774\,\text{mm}^3$

$V_{gesamt} \approx 727{,}774 - 137{,}445\,\text{mm}^3 \approx 590{,}329\,\text{mm}^3$

$\frac{V_{gesamt}}{V_{Rohling}} = \frac{590{,}329\,\text{mm}^3}{727{,}774\,\text{mm}^3} \approx 0{,}811$

Da sich das Gewicht proportional zum Volumen ändert, verringert die Bohrung das Gewicht um etwa 18,9 %.

9\. a) $V \approx 522{,}7\,\text{cm}^3$ $O \approx 3\,687{,}5\,\text{cm}^2$ b) $V \approx 27\,040\,\text{cm}^3$ $O \approx 5\,496{,}2\,\text{cm}^2$ c) $V \approx 9\,108{,}1\,\text{cm}^3$ $O \approx 3\,038{,}0\,\text{cm}^2$ d) $V \approx 2\,715{,}4\,\text{cm}^3$ $O \approx 1\,309{,}3\,\text{cm}^2$

10\. a) $M_{Kegel} = \pi \cdot r \cdot s \approx 366{,}37\,\text{m}^2$

$A_{Mittelteil} = 2 \cdot 15 \cdot \sqrt{136}\,\text{m}^2 \approx 349{,}86\,\text{m}^2$

$A_{unten} \approx 2 \cdot (15 + 15 + 62{,}83)\,\text{m}^2 \approx 185{,}66\,\text{m}^2$

$A_{ges} \approx 901{,}89\,\text{m}^2$

Es wird $901{,}89\,\text{m}^2$ Zeltplane benötigt (ohne Überlappung zum Vernähen).

b) $A_{Boden} = 15 \cdot 20\,\text{m}^2 + 100 \cdot \pi\,\text{m}^2 \approx 614{,}16\,\text{m}^2$

$V_{unten} = 1\,228{,}32\,\text{m}^3$

$V_{Mitte} = \left(\frac{1}{2} \cdot 20 \cdot 6\right) \cdot 15\,\text{m}^3 = 900\,\text{m}^3$

$V_{Kegel} = \frac{\pi}{3} r^2 h = 200 \cdot \pi\,\text{m}^3 \approx 628{,}32\,\text{m}^3$

$V_{ges} = 2{,}756{,}64\,\text{m}^3$

Der Innenraum des Zeltes fasst $2\,756{,}64\,\text{m}^3$ Luft.

11\. a) Annahme: 2 Kegelstümpfe der Höhe $h = 2{,}07\,\text{m}$

$V = 11{,}4\text{m}^3$; $O = 27{,}8\text{m}^2$

b) Geht man davon aus, dass ein Drittel leer bleiben muss, um den Beton noch zu mischen, fasst die Trommel etwa $7{,}6\,\text{m}^3$.

12\. $O = 4270{,}6\,\text{cm}^2$; $V = 22{,}64\,\text{dm}^3$

190 **13. a)** Die Vase fasst etwa 1 521 ml.

b) Es wird etwa $145{,}6\,cm^3$ Glas benötigt.

14. a) Das Glas endet nicht am Blechprofil sondern dahinter, die Maße für das Glas sind also wie angegeben.

$h_{Trapez} = \sqrt{10^2 + 60^2}\,cm \approx 60{,}83\,cm$, also $A_{Trapez} \approx 1\,824{,}9\,cm^2$

$h_{Dreieck} \approx 14{,}14\,cm$, also $A_{Dreieck} \approx 141{,}4\,cm^2$

Es werden $7\,865{,}2\,cm^2$ Glas benötigt.

$s_{Trapez} \approx 61{,}64\,cm$

$u_{Trapez} = 20 + 40 + 2 \cdot s \approx 183{,}29\,cm$, also $A_{Blechtrapez} \approx 366{,}58\,cm^2$

$s_{Dreieck} \approx 17{,}31\,cm$, also $u_{Dreieck} = 20 + 2 \cdot s \approx 54{,}64\,cm$, also

$A_{Blechdreieck} \approx 109{,}28\,cm^2$

$A_{Blech} \approx 1\,903{,}44\,cm^2$

b) $V_{Pyramidenstumpf} = \frac{1}{3} h \left(G_1 + \sqrt{G_1 G_2} + G_2\right) \approx 56\,000\,cm^3$

$V_{Pyramide} \approx 1\,333{,}33\,cm^3$

$V_{ges} \approx 57\,333{,}33\,cm^3$

Es befinden sich $11\,466{,}67\,cm^3$ Sauerstoff im Windlicht.

4.12 Aufgaben zur Vertiefung

191 **1.** Wir nehmen für die Seitenlänge s eines der 20 Dreiecke 6 cm und für den Durchmesser der Kugel 10 cm an.
Mithilfe des Satzes des Pythagoras (bzw. mithilfe der Formelsammlung) erhält man für die Höhe eines gleichseitigen Dreiecks $h = \frac{1}{2} s \sqrt{3}$. Für den Flächeninhalt des Dreiecks gilt:

$A_{Dreieck} = \frac{1}{2} s\,h = \frac{1}{4} s^2 \sqrt{3} \approx 15{,}59\,cm^2$

Damit erhält man die Oberfläche des Ikosaeders
$O_{Ikosaeder} = 20\,A_{Dreieck} \approx 311{,}8\,cm^2$.

Mithilfe der Oberflächenformel $O_{Kugel} = 4\pi r^2$ ergibt sich: $O_{Kugel} \approx 314{,}2\,cm^2$

Die beiden Oberflächenwerte unterscheiden sich um weniger als 1 %.

2. $V_{Kegel} : V_{Halbkugel} : V_{Zylinder} = \frac{1}{3}\pi r^3 : \frac{2}{3}\pi r^3 : \pi r^3 = 1 : 2 : 3$

3. a) V_1: Volumen der kleinen Pyramide
V_2: Volumen der großen Pyramide

$V_1 = a^2 \cdot h_1 \cdot \frac{1}{3}$; $V_2 = (2\,a_1)^2 \cdot (2\,h_1) \cdot \frac{1}{3} = 8\left(a_1^2 \cdot h_1 \cdot \frac{1}{3}\right) = 8\,V_1$

$\frac{V_2}{100} = \frac{V_2 - V_1}{p}$; $p = 100 \cdot \frac{7 \cdot V_1}{8 \cdot V_1} = 87{,}5\,\%$

191

3. b) Analog zu Teilaufgabe a).

$V_2 = (2\,r_1)^2 \cdot \pi \cdot (2\,h_1) \cdot \frac{1}{3} = 8\left(r_1^2 \cdot \pi \cdot h\right) = 8\,V_1$; $p = 87{,}5\,\%$

4. a) $\frac{1}{6}\pi d^3 = a^3$, also $\frac{O_k}{O_w} = \frac{\pi \cdot d^2}{6a^2} = \frac{\pi \cdot d^2}{\left(\sqrt[3]{\frac{\pi}{6}}\right)^2 \cdot d^2 \cdot 6} = \sqrt[3]{\frac{\pi}{6}} \approx 0{,}81$

b) $\pi \cdot d^2 = 6\,a^2$, also $\frac{V_w}{V_k} = \frac{a^3}{\frac{1}{6}\pi \cdot d^3} = \frac{\frac{\pi}{6} \cdot \sqrt{\frac{\pi}{6}} \cdot d^3}{\frac{\pi}{6} d^3} = \sqrt{\frac{\pi}{6}} \approx 0{,}72$

5. r Radius der Kugel; d Durchmesser des Zylinders; h Höhe des Zylinders

a) Nach dem Satz des Pythagoras gilt: $r^2 = \frac{d^2}{4} + \frac{h^2}{4}$, also für $h = 2\,d$:

$r^2 = \frac{d^2}{4} + d^2 = \frac{5}{4}d^2$, also $d^2 = \frac{4}{5}r^2$

Oberflächeninhalt der Kugel: $O_K = 4\,\pi\,r^2$

Oberflächeninhalt des Zylinders: $O_Z = 2 \cdot \pi \cdot \frac{d^2}{4} + \pi\,d \cdot 2\,d = \frac{5\pi}{2}d^2 = \frac{5}{2} \cdot \frac{4}{5}\pi$
$r^2 = 2\,\pi\,r^2$

b) Es gilt: $r^2 = \frac{d^2}{4} + \frac{d^2}{4} = \frac{1}{2}d^2$

$O_K = 4\,\pi\,r^2$

$O_Z = 2 \cdot \pi \cdot \frac{d^2}{4} + \pi\,d \cdot d = \frac{3}{2}\pi\,d^2 = 3\,\pi\,r^2$

Die Oberflächeninhalte verhalten sich wie 4 : 3.

6. Grundfläche des Kegels: $A_Z = \pi \cdot r^2$

Grundfläche der einbeschriebenen Pyramide: $A_e = 2\,r^2$

Grundfläche der umbeschriebenen Pyramide: $A_u = 4\,r^2$

$\frac{V_K}{V_e} = \frac{\frac{1}{3}\pi\,r^2 \cdot h}{\frac{2}{3}r^2 \cdot h} = \frac{\pi}{2} \approx 1{,}57$; $\frac{V_K}{V_u} = \frac{\frac{1}{3}\pi\,r^2 \cdot h}{\frac{1}{3} \cdot 4\,r^2 \cdot h} = \frac{\pi}{4} \approx 0{,}785$; $\frac{V_e}{V_u} = \frac{\frac{1}{3} \cdot 2\,r^2}{\frac{1}{3} \cdot 4\,r^2} = \frac{1}{2} = 0{,}5$

7. a) $V = \frac{4}{3}\pi\,r^3$

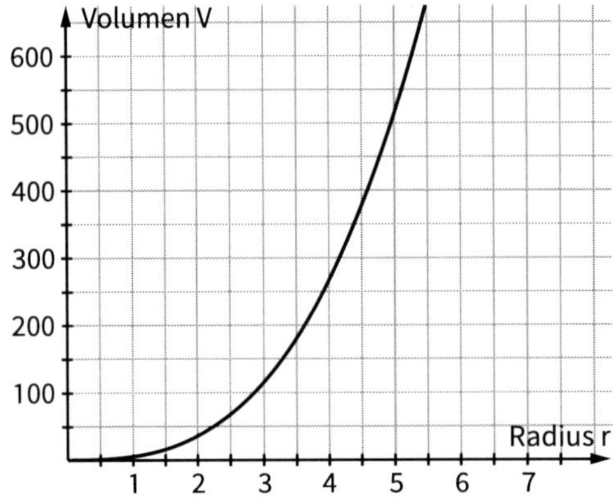

191 7. b) $O = 4\pi r^2$

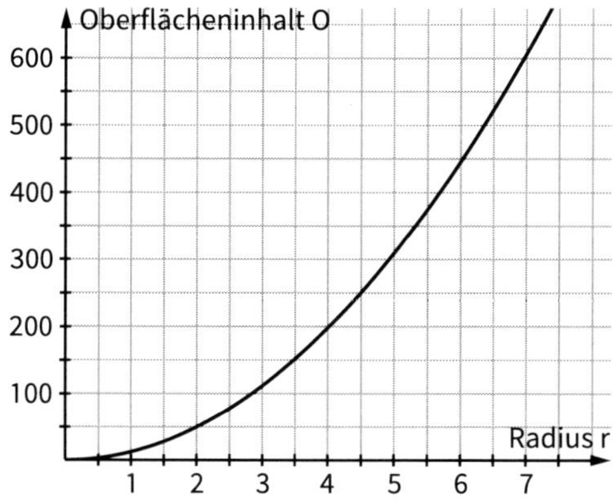

Im Blickpunkt: Dreitafelprojektionen

192 1. (1) Schrägbild
Vorteil: Räumliche Vorstellung wird unterstützt.
Nachteil: Längen nicht maßstabsgerecht.
(2) Zweitafelbild
Vorteil: Es gibt keine Verzerrung.
Nachteil: Räumliche Vorstellung wird nicht unterstützt.
Architekten nutzen Dreitafelprojektionen, da so alles maßstabsgetreu und ohne Verzerrung gezeichnet werden kann. Außerdem kann jede Seite betrachtet werden.

2. Beide Darstellungen enthalten einen Grundriss. Die Architekten verwenden allerdings mehr Bilder. Ihnen reicht es nicht, nur Ansichten von links und vorne zu haben. Sie möchten auch je eine Ansicht von rechts und von hinten. Sie benutzen die Himmelsrichtungen zur Bezeichnung.

193 3. a)

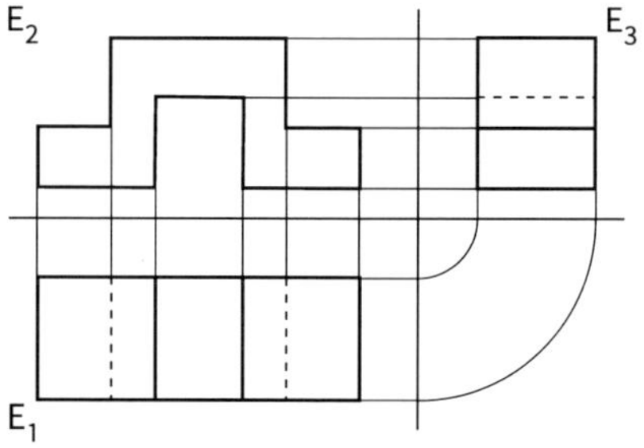

193

3. b)

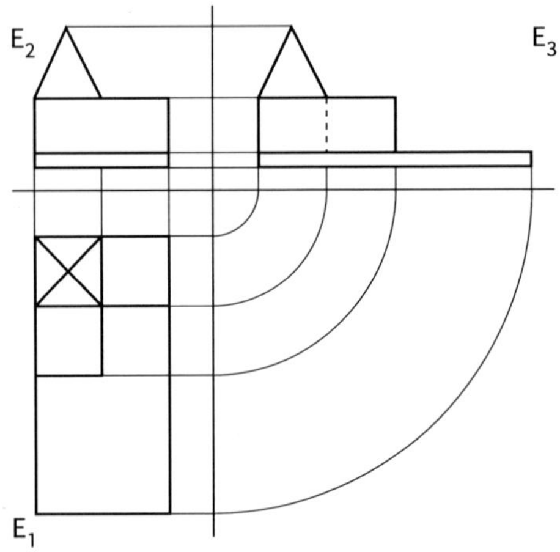

c)

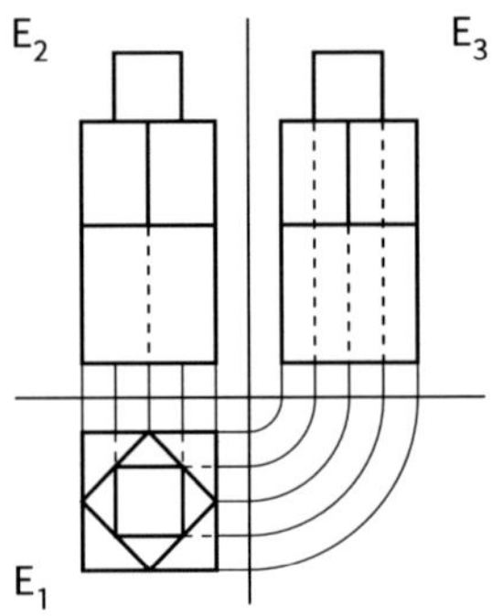

4. a)

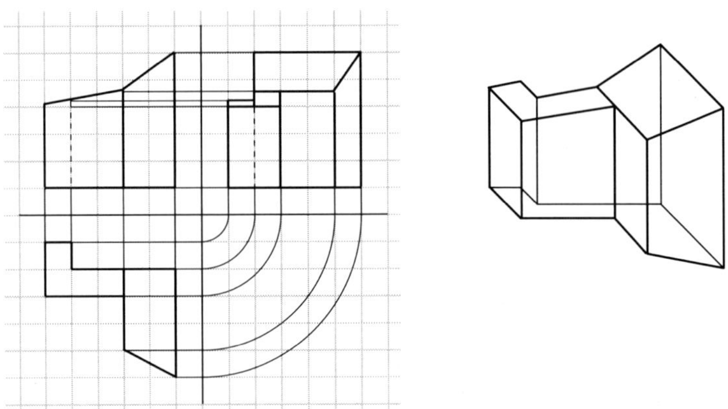

193

4. b)

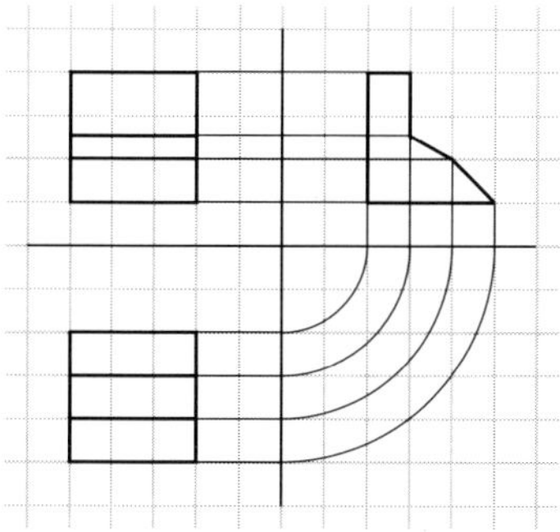

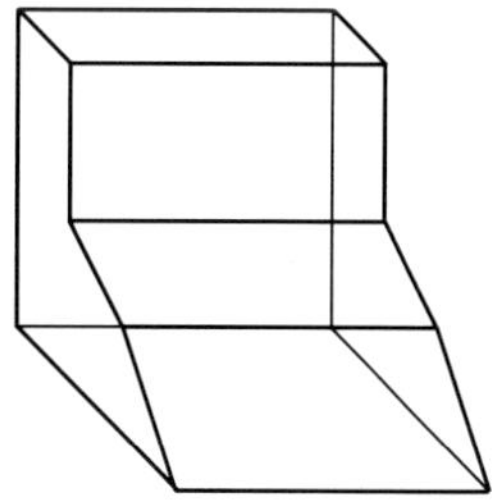

c)

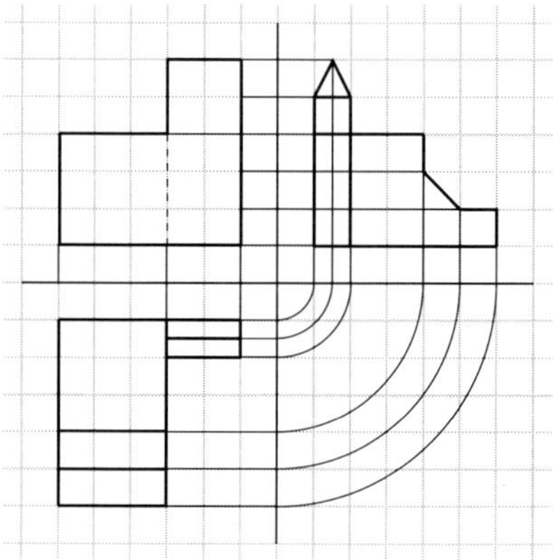

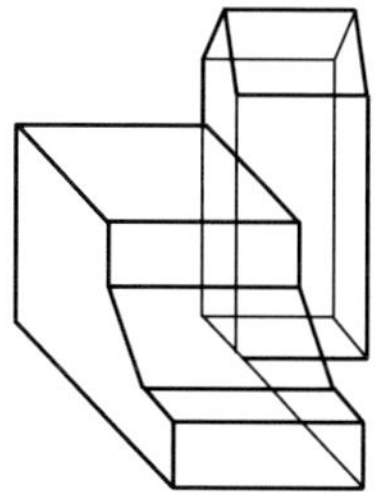

5. Prisma mit dreieckiger Grundfläche

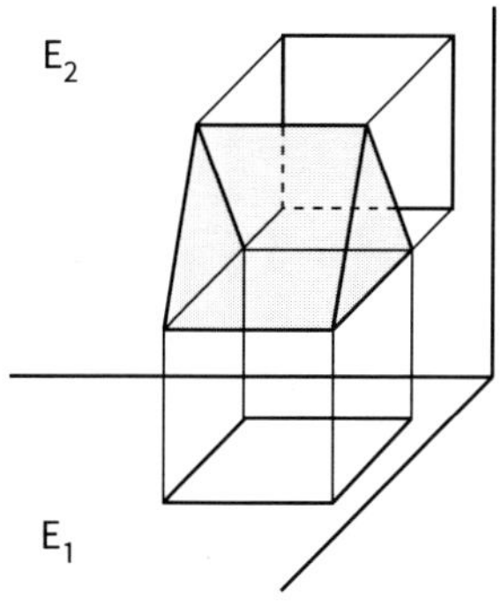

6. Damit das Logo als Dreitafelprojektion aufgefasst werden kann, muss das Dreieck um 90° gedreht werden. Man stelle sich einen Zylinder vor, mit d = h. Vom liegenden Zylinder wird oben links und rechts ein Teil abgeschnitten, sodass ein Keil übrigbleibt.

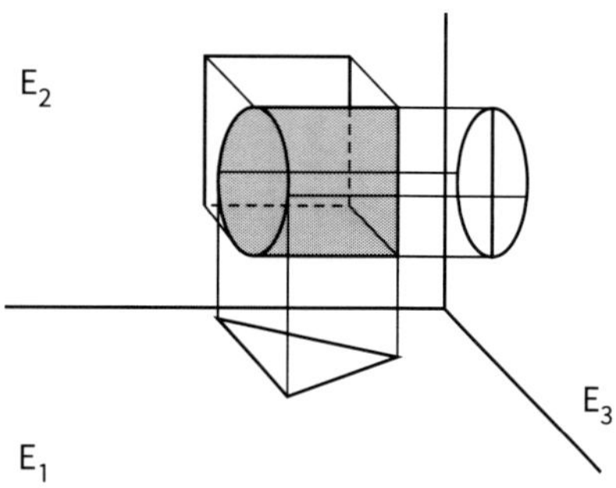

5. Modellieren periodischer Vorgänge

197 **Einstiegsseite:**

- Am Tag davor bzw. am Tag danach kann man ziemlich genau diesen Sonnenstand wieder beobachten
- Die Sonne verändert ihre Bahn im Laufe des Jahres, d. h. sie wird dann immer tiefer am Horizont stehen bzw. gar nicht zu sehen sein.
- Zwischenwerte sind sinnvoll. Die Kurve fällt zunächst bis zum tiefsten Punkt der Sonne, steigt dann bis zum höchsten Punkt an und fällt dann wieder. Dieser Vorgang wiederholt sich dann.

Lernfeld: Hin und her – rauf und runter

198 **1. Auftrag: Schwingen einer Spiralfeder**

Anhand der Spiralfeder sieht man, dass es Vorgänge gibt, die sich in einem gewissen Zeitabstand wiederholen. Der Vorgang hier ist das Auf- und Abschwingen der Feder. Solche Vorgänge können sich im Wesentlichen durch die maximale Auslenkung, die Länge der Schwingungsdauer und die Verschiebung parallel zur zu den Achsen unterscheiden.

2. Auftrag: Entdeckungen an Sinuskurven

- 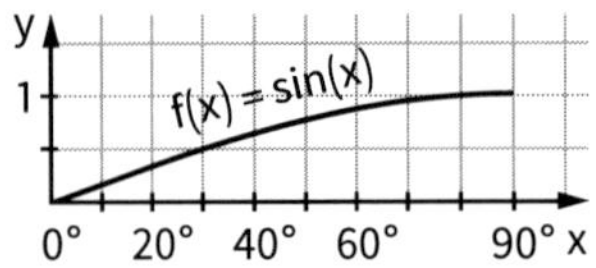

  Der Graph geht durch die Punkte O (0° | 0) und H (90° | 1). Von O bis H steigt er an.
- 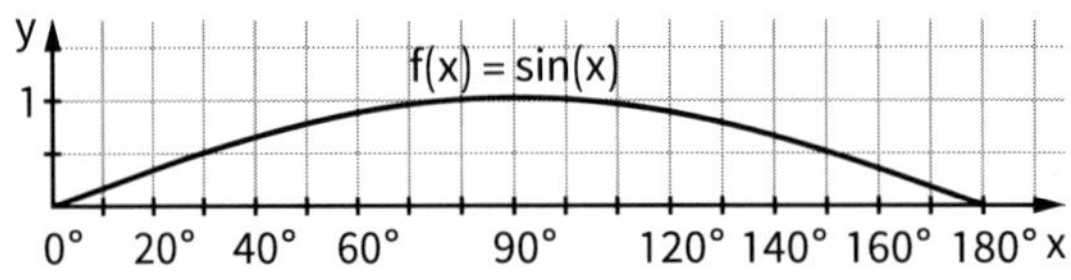

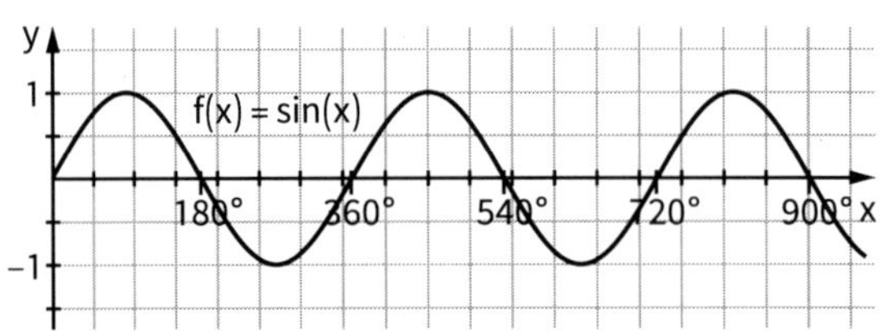

Die Nullstellen des Graphen sind bei 0°, 180°, 360°, 540°, 720°, 900°, …. Die höchsten Punkte liegen bei 90°, 450°, 810°, … Der Funktionswert liegt bei 1.Die tiefsten Punkte liegen bei 270°, 630°, 990°, … Der Funktionswert liegt bei – 1. Vom tiefsten Punkt steigt der Graph jeweils bis zum höchsten Punkt und fällt dann wieder bis zum tiefsten Punkt

198 **2. Auftrag:** Fortsetzung

→ (1) Streckung bzw. Stauchung entlang der y-Achse
(2) Streckung bzw. Stauchung entlang der x-Achse
(3) Verschiebung entlang der x-Achse
(4) Verschiebung entlang der y-Achse

5.1 Periodische Vorgänge

199 **Einstieg:**

Sägezahn:

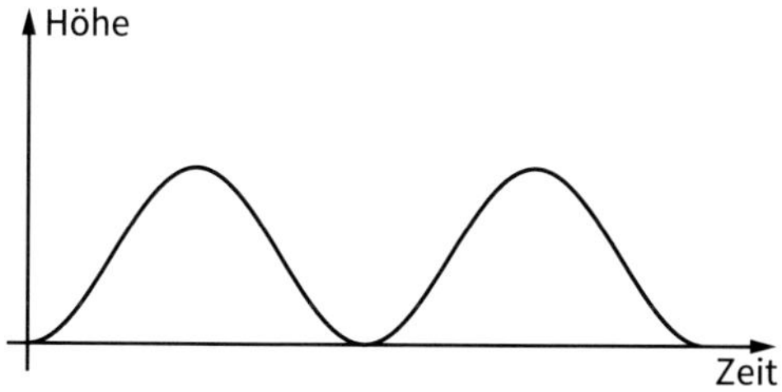

Kettenglied (Vereinfachung: Die Umlenkrolle wird nicht berücksichtigt):

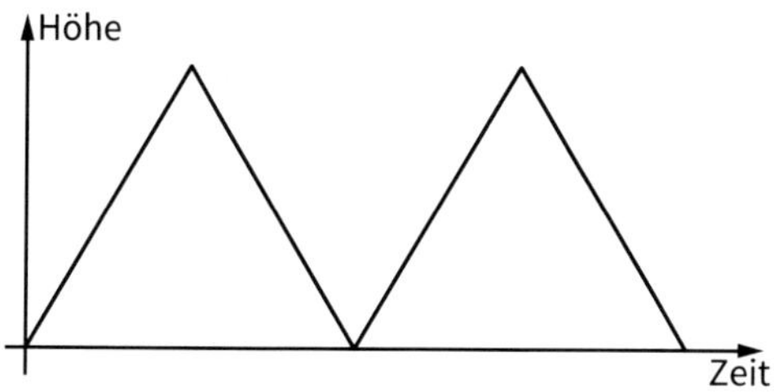

201 2. a) (1)

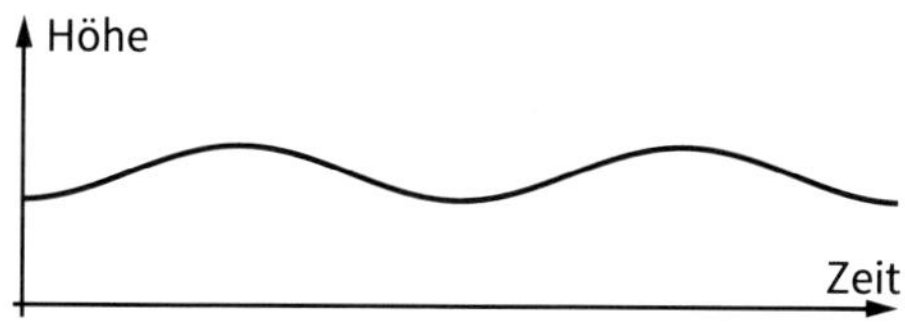

(2)

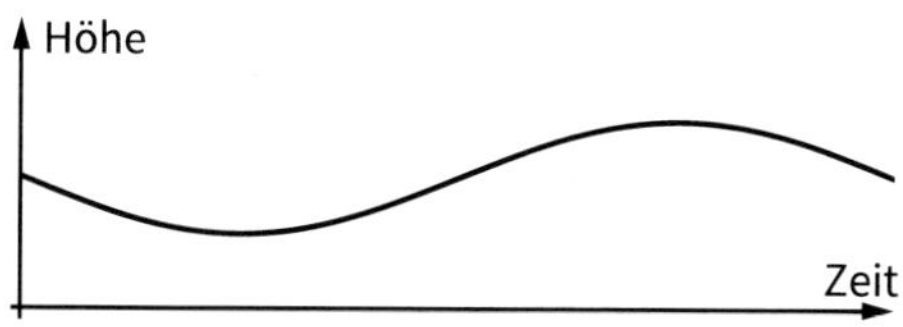

201 **2.** **a)** Fortsetzung

(3)

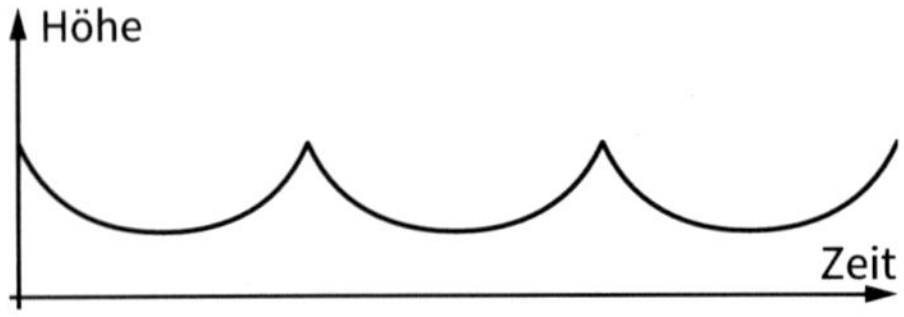

(4)

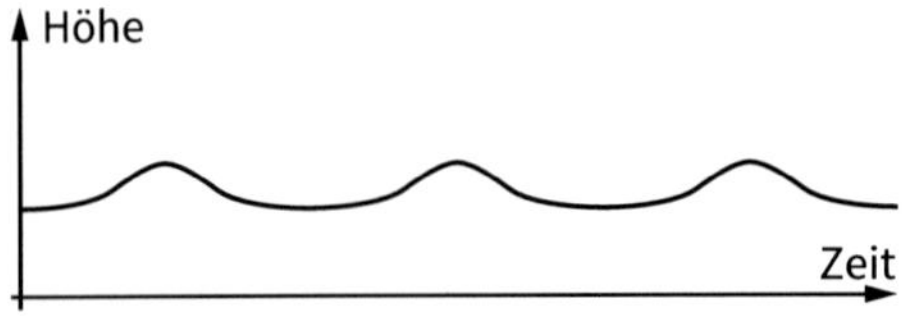

b) –

3. **a)** Die Höhe ändert sich im Verlauf der Zeit, also: *Zeit* → *Höhe*
Eine andere Möglichkeit wäre u. a.: *Zeit* → *Geschwindigkeit*

b)

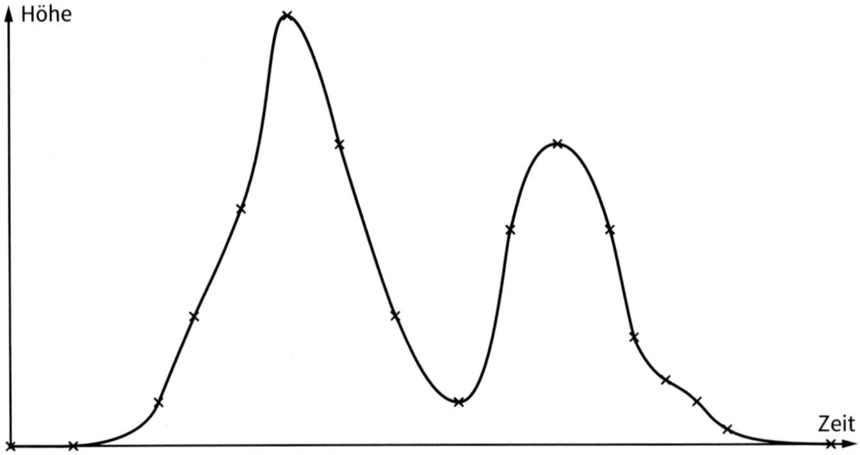

4. –

202 **5.** *Rundkurs A (Fahrtrichtung gegen den Uhrzeigersinn):*

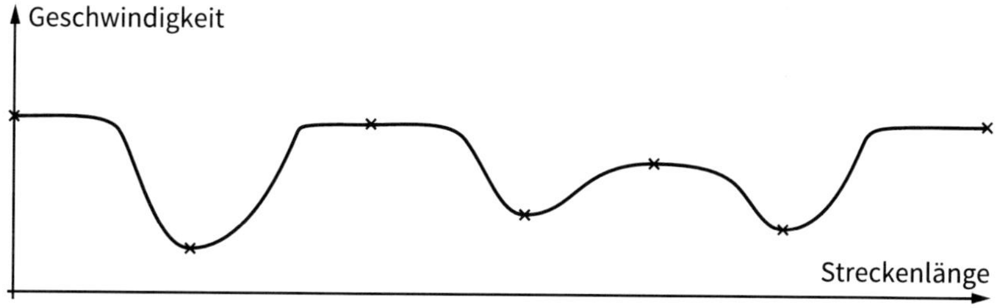

Rundkurs B: Start: mittig auf der langen Geraden unten, Fahrtrichtung gegen den Uhrzeigersinn

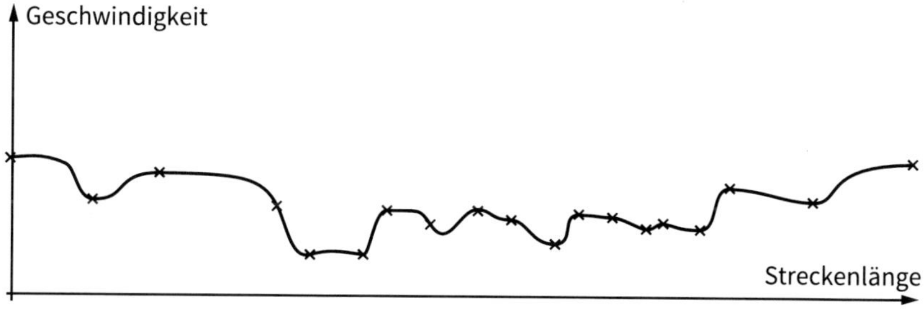

6. **a)**

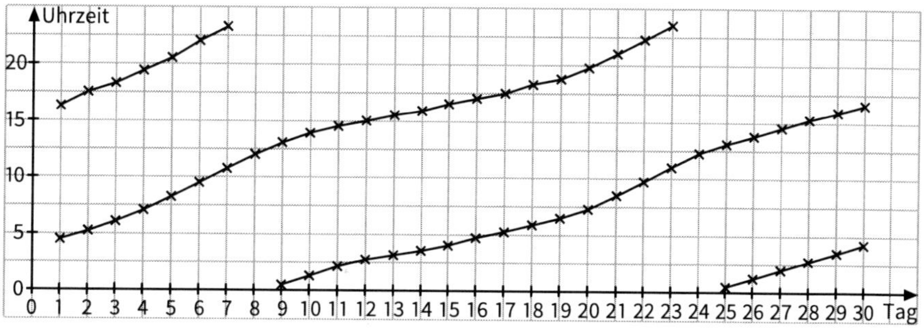

b) Etwa um 02:42 Uhr und etwa um 15:02 Uhr

c) Vereinfachung: keine äußeren Einflüsse wie Wetterlage, Planetenkonstellationen, Mondphasen und weiteres beachtet.

202

7.

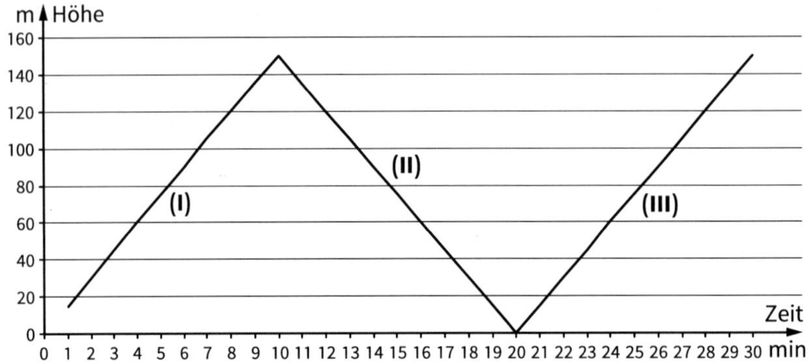

(I): $h = 15 \cdot t$ für $0 \le t \le 10$
(II): $h = -15 \cdot t + 300$ für $10 \le t \le 20$
(III): $h = 15 \cdot t - 300$ für $20 \le t \le 30$

8. –

5.2 Sinus und Kosinus am Einheitskreis

203

Einstieg

a) Siehe Bild rechts.
b) $y = r \cdot \sin(\alpha)$; $0° \le \alpha \le 90°$

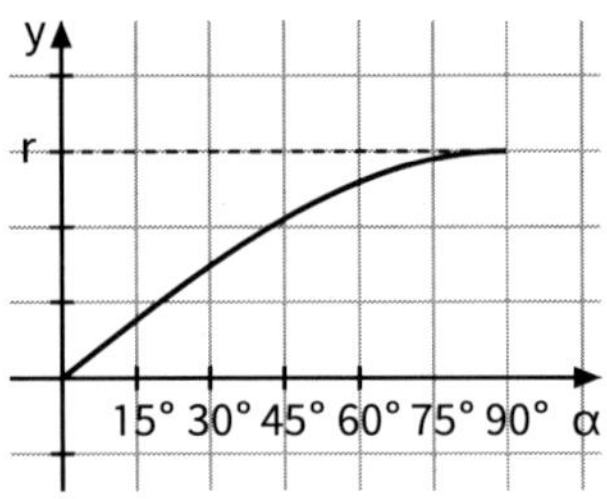

c) $y = r \cdot \cos(\alpha)$ für $0° \le x \le 90°$

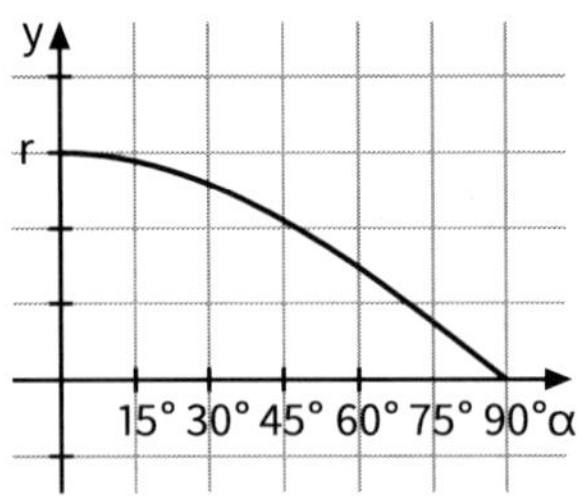

206

2. a) 0,97; 0,41 b) −0,56; −0,98 c) −0,19; 0,82 d) 0,26; −0,91 e) −0,83; 0,19 f) 0,98; 0,57

3. a) 13,9°; 166,1°
214,1°; 325,9°
b) $20{,}5° \le \alpha \le 159{,}5°$
$206{,}7° \le \alpha \le 333{,}3°$
c) 41,4°; 318,6°
108,7°; 251,3°
d) $0° \le \alpha \le 49{,}5°$; $310{,}5° \le \alpha \le 360°$
$116{,}7° \le \alpha \le 243{,}3°$

206 **4. a)** 0°; 180°; 360° **b)** 90° **c)** 270° **d)** 180° **e)** 0°; 360°

5. a) 0,8704; 0,3875 **b)** 0,8231; −0,0332 **c)** −0,2672; −0,8918 **d)** −0,9033; 0,1478

6. a) 48°; 72° **b)** 200°; 140° **c)** 253°; 137° **d)** 278°; 296° **e)** 222°; 142° **f)** 27°; 106°

7.

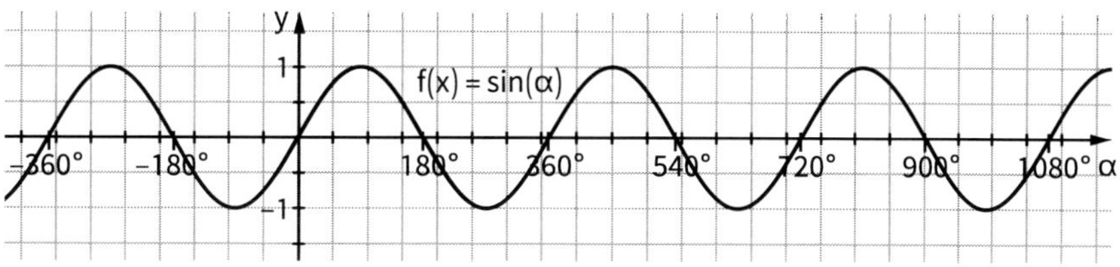

8. a) $0° < \alpha < 180°$ **b)** $90° < \alpha < 270°$ **c)** $0° < \alpha < 90°$ **d)** $90° < \alpha < 180°$

5.3 Sinus- und Kosinusfunktion mit ℝ als Definitionsmenge

5.3.1 Bogenmaß eines Winkels

207 **Einstieg:**
Längen sind leichter messbar als Winkel.
0,87 m auf einem Kreis mit Radius 1,25 m liefert $\alpha \approx 39{,}9°$.
28,50 m auf einem Kreis mit Radius 50 m liefert $\alpha \approx 32{,}7°$.
Der Wurfsektor ist also nicht richtig angelegt.

209 **3. a)** 0,646; 1,902; 6,074; 4,503; 0,305; 5,931; 2,218
b) −0,96; 7,959; −2,182; −9,041; −4,482

4. a) 152,98°; 294,5°; 28,65°; −186,21°; 1 352,18°; −74,48°; 1 168,83°
b) 270°; 45°; 225°; −315°; −67,5°; −112,5°; 157,5°; −30°

5. a) 0,3; 194,8°; 154,7°; 1,6; −5 328,5°; 0,0
b) 0,0; 57,3°; −57,3°; 0,0; 180°; 0,1

6. –

5.3.2 Definition der Sinus- und Kosinusfunktion

209 **Einstieg:**
Keine Lösungen

210 **2.** Der Taschenrechner ist noch auf DEGREE eingestellt und zeichnet die Sinusfunktion deshalb für Winkelmaße im Gradmaß. Entweder er ändert die Einstellungen unter Window, z. B. in $-360° \le x \le 360°$ oder er stellt das Winkelmaß auf Bogenmaß (RADIAN) um.

211 **3.** **(1)** $\sin(\pi) = 0$ **(3)** $\sin(15) = 0{,}65$ **(5)** $\sin(-1) = -0{,}84$
(2) $\sin(\pi°) = 0{,}055$ **(4)** $\sin(15°) = 0{,}26$ **(6)** $\sin(-1°) = -0{,}02$
Von links nach rechts: $\sin(-1)$, $\sin(-1°)$, $\sin(\pi°)$, $\sin(15°)$, $\sin(\pi)$, $\sin(15)$.

4. –

5. **a)**

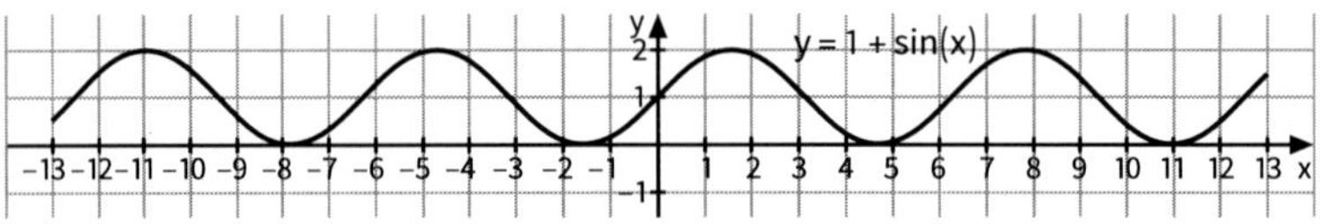

b)

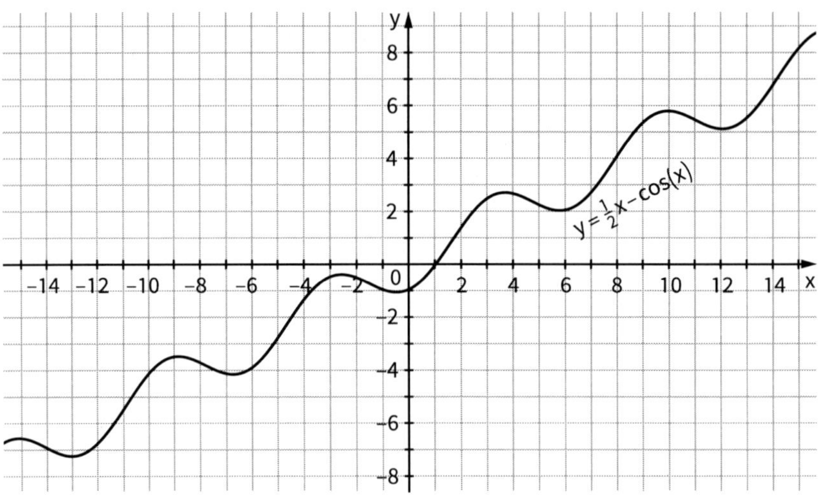

211 5. c)

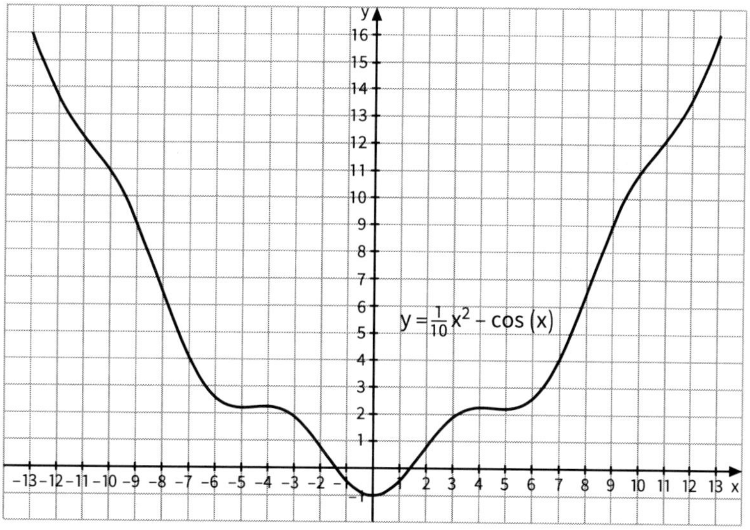

5.3.3 Eigenschaften der Sinus- und Kosinusfunktion

Einstieg:

a) Es gilt $\sin(1{,}241\ldots) = 0{,}9463\ldots = \sin(1{,}9)$.
Der Rechner gibt den kleinsten Wert an.

b) Zum Beispiel für $x = 4 - 2\pi \approx -2{,}283$ und $x = 4 + 2\pi \approx 10{,}283$ aufgrund der Periode und für $x \approx -0{,}858$ und $x \approx 5{,}425$, weil der Wert innerhalb einer Periode zweimal angenommen wird.

213 3. a) $0;\ \pi;\ 2\pi$

b) $\frac{\pi}{4} \approx 0{,}79;\ \frac{3}{4}\pi \approx 2{,}35$

c) $\frac{\pi}{3} \approx 1{,}047;\ \frac{5}{3}\pi \approx 5{,}24$

d) π

e) $\sin(x)$ ist immer kleiner gleich 1.

4. –

5. a) $-0{,}22 + k \cdot 2\pi;\ 3{,}36 + k \cdot 2\pi;\ k \in \mathbb{Z}$

b) $0{,}8 + k \cdot 2\pi;\ 2{,}34 + k \cdot 2\pi;\ k \in \mathbb{Z}$

c) $1{,}69 + k \cdot 2\pi;\ -1{,}69 + k \cdot 2\pi;\ k \in \mathbb{Z}$

6. $k \in \mathbb{Z}$

a) $\frac{\pi}{2} + k \cdot 2\pi$

b) $k \cdot \pi$

c) $\frac{\pi}{2} + k \cdot \pi$

d) $\pi + k \cdot 2\pi$

e) $\frac{\pi}{3} + k \cdot 2\pi;\ -\frac{\pi}{3} + k \cdot 2\pi$

f) $\frac{\pi}{6} + k \cdot 2\pi;\ \frac{5\pi}{6} + k \cdot 2\pi$

g) $\frac{5\pi}{4} + k \cdot 2\pi;\ -\frac{5\pi}{4} + k \cdot 2\pi$

h) $-\frac{5}{6}\pi + k \cdot 2\pi;\ \frac{5}{6}\pi + k \cdot 2\pi$

213 7. a) Größtmögliche Funktionswerte bei $\frac{\pi}{2} + k \cdot 2\pi$ für $k \in \mathbb{Z}$
Kleinstmögliche Funktionswerte bei $-\frac{\pi}{2} + k \cdot 2\pi$ für $k \in \mathbb{Z}$
b) Größtmögliche Funktionswerte bei $k \cdot 2\pi$ für $k \in \mathbb{Z}$
Kleinstmögliche Funktionswerte bei $\pi + k \cdot 2\pi$ für $k \in \mathbb{Z}$

5.4 Strecken des Graphen der Sinusfunktion

214 **Einstieg:**

a) Die Graphen entstehen durch Strecken parallel zur y-Achse.
b) Die Funktionsvorschrift ist $a \cdot \sin(x)$. a ist die Auslenkung parallel zur y-Achse.
c) Die Funktionsvorschrift ist $a \cdot \sin(x) + d$. a ist die Auslenkung parallel zur y-Achse, d die Verschiebung parallel zur y-Achse.
d) Ja, siehe zum Beispiel Teilaufgabe c).

218 3. (1) $y = a \cdot \sin(x)$ mit $a < 0$: Spiegelung an der x-Achse, und Strecken mit Faktor $|a|$ parallel zur y-Achse.
(2) $y = \sin(b \cdot x)$ mit $b < 0$: Spiegelung an der y-Achse und Streckung parallel zur x-Achse mit dem Faktor $\frac{1}{|b|}$.

4. Streckung der Funktionswerte um den Faktor a parallel zur y-Achse. Streckung parallel zur x-Achse mit dem Faktor $\frac{1}{b}$. Wenn $b > 1$ ist, liegt also eine Stauchung vor.
Funktionsgleichung: $y = a \cdot \sin(b\,x)$

5. a) $y = 1{,}5 \cdot \sin(x)$
b) $y = 1{,}8 \cdot \sin(x)$
c) $y = 0{,}75 \cdot \sin(x)$
d) $y = 0{,}5 \cdot \sin(x)$

6. –

7. a) $y_1 \approx 1{,}77$ b) $x_2 \approx -0{,}52$

219 8. a) $a = 1{,}3$ b) $a = 6$

9. a) $y = 1{,}62 \cdot \sin(x)$
b) $y = 2{,}19 \cdot \sin(x)$
c) $y = 0{,}57 \cdot \sin(x)$
d) $y = 2{,}12 \cdot \sin(x)$

219

10. a) Nullstellen: $k \cdot 2\pi$ mit $k \in \mathbb{Z}$
Periode: 4π
Wertebereich: $-3 \le y \le 3$ mit $y \in \mathbb{R}$

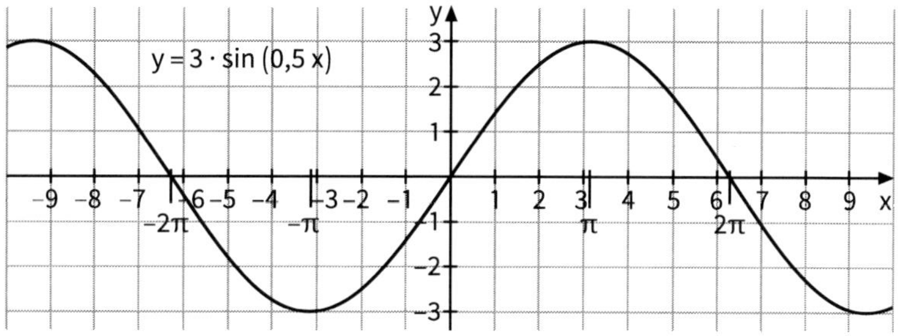

b) Nullstellen: $k \cdot \frac{\pi}{2}$ mit $k \in \mathbb{Z}$
Periode: π
Wertebereich: $-3 \le y \le 3$ mit $y \in \mathbb{R}$

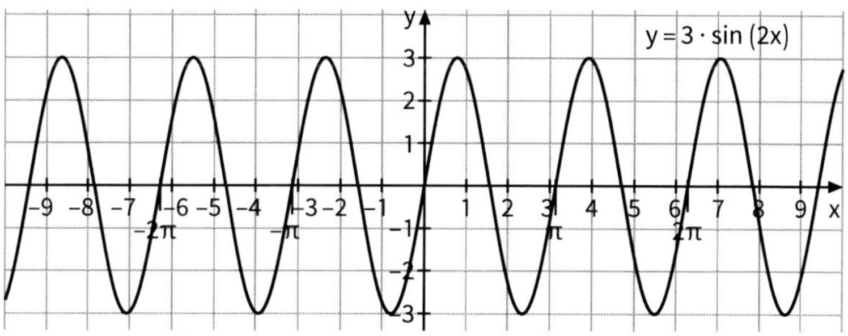

c) Nullstellen: $k \cdot \frac{\pi}{3}$ mit $k \in \mathbb{Z}$
Periode: $\frac{2\pi}{3}$
Wertebereich: $-2 \le y \le 2$ mit $y \in \mathbb{R}$

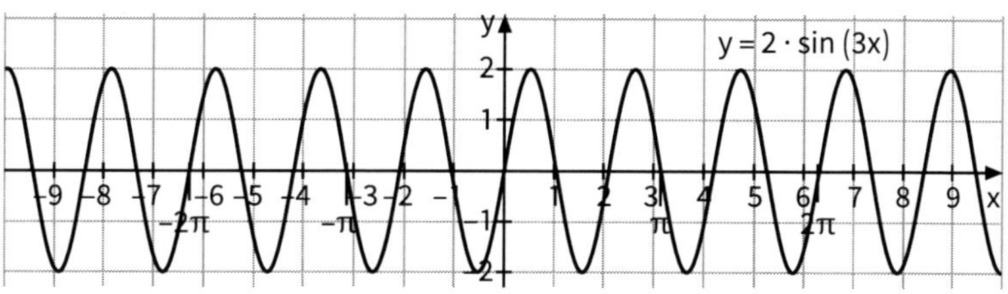

d) Nullstellen: $k \cdot 4\pi$ mit $k \in \mathbb{Z}$
Periode: 8π
Wertebereich: $-2 \le y \le 2$ mit $y \in \mathbb{R}$

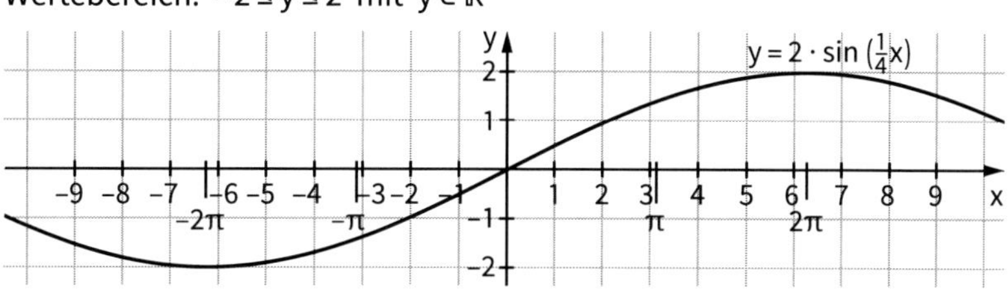

219 **11. a)** Richtiger Graph wäre:

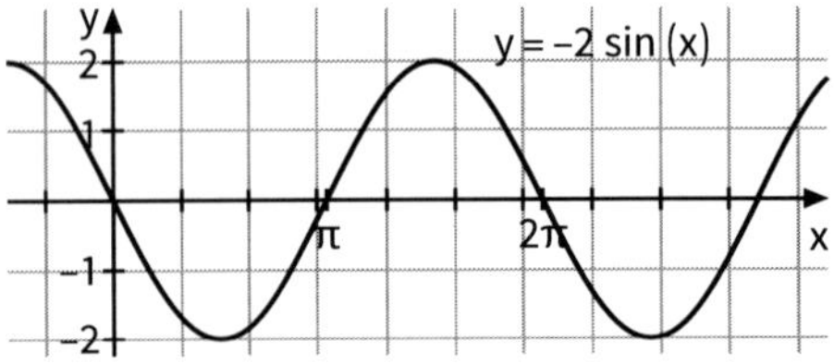

Richtige Gleichung zum Graphen im Buch wäre: $y = 2 \cdot \sin(x)$

b) Richtiger Graph wäre:

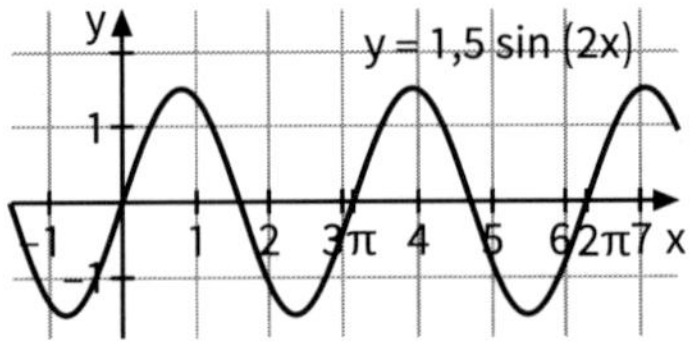

Richtige Gleichung zum Graphen im Buch wäre: $y = 2 \cdot \sin\left(\frac{1}{2}x\right)$

c) Richtiger Graph wäre:

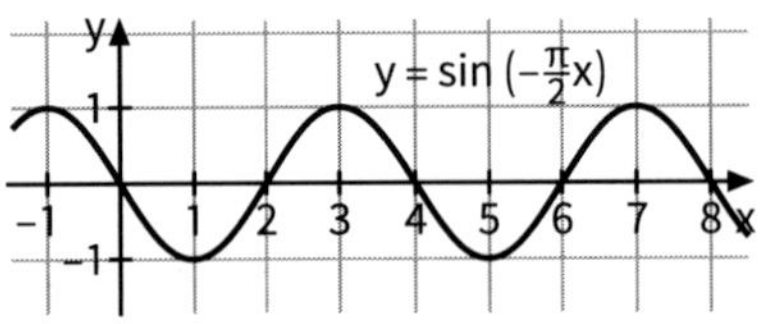

Richtige Gleichung zum Graphen im Buch wäre: $y = \sin\left(\frac{\pi}{2}x\right)$

12. a) $y = \sin(4x)$ **b)** $y = 2 \cdot \sin(2x)$ **c)** $y = \sin\left(\frac{3}{4}x\right)$ **d)** $y = 0{,}5 \cdot \sin\left(\frac{4}{3}x\right)$

13. (1) $y_1 = 0{,}5$ **(2)** $x_1 = -\frac{\pi}{2}$ sowie $x_2 = -\frac{5}{2}\pi$

Im Gegensatz zu (1) ist (2) nicht eindeutig lösbar.

14. a) $b = 4$; $b = -4$

b) $b = 3 + 24 \cdot k$; $b = 9 + 24 \cdot k$ mit $k \in \mathbb{Z}$

Es gilt $\sin\left(\frac{\pi}{4} + 2k\pi\right) = \frac{\sqrt{2}}{2}$ und $\sin\left(\frac{9\pi}{4} + 2k\pi\right) = \frac{\sqrt{2}}{2}$ mit $k \in \mathbb{Z}$

Daher ergeben sich die zwei Gleichungen $\frac{\pi}{4} + 2k\pi = b \cdot \frac{\pi}{12}$ und $\frac{9\pi}{4} + 2k\pi = b \cdot \frac{\pi}{12}$.

Deshalb ist $b = 3 + 24k$ und $b = 9 + 24k$ mit $k \in \mathbb{Z}$

219

15. Streckung parallel zur x-Achse mit dem Faktor $\frac{1}{2}$.
Streckung parallel zur y-Achse mit dem Faktor 1,5.
Nullstellen: $k \cdot \frac{\pi}{2}$ mit $k \in \mathbb{Z}$
Periode: π
Wertemenge: $-1{,}5 \le y \le 1{,}5$ mit $y \in \mathbb{R}$

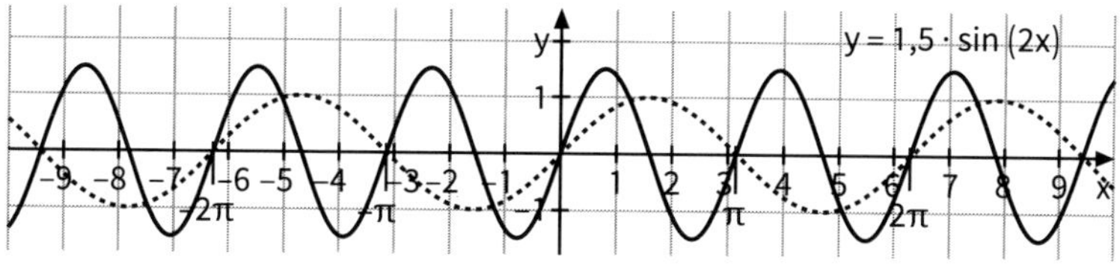

5.5 Verschieben des Graphen der Sinusfunktion

222

1. (1) Um 2 nach oben verschoben.
(2) Um 3 nach unten verschoben.
(3) Um π nach unten verschoben.
(4) Um π nach oben verschoben.

2. a) $\sin(x) + 1{,}5$
b) $\sin(x) - 1{,}75$

3. (1) Um $\frac{\pi}{2}$ nach links verschoben.
(2) Um $\frac{\pi}{4}$ nach links verschoben.
(3) Um $\frac{\pi}{2}$ nach rechts verschoben.
(4) Um $\frac{\pi}{4}$ nach rechts verschoben.

4. a) $\sin\left(x + \frac{\pi}{4}\right)$
b) $\sin\left(x - \frac{\pi}{4}\right)$
c) $\sin(x + 1)$
d) $\sin(x - 2)$

5. –

6. Den Graphen der Funktion f mit $f(x) = \cos(x + c)$ erhält man durch Verschieben des Graphen der Kosinusfunktion mit $y = \cos(x)$ parallel zur x-Achse.
Wenn $c < 0$ wird nach rechts verschoben.
Wenn $c > 0$ wird nach links verschoben.

5.6 Allgemeine Sinusfunktion

223

Einstieg:
Siehe Merksatz auf Seite 224 des Schülerbandes.

225

3. a) $-0{,}5\sin(2x) + 1$
b) $1{,}5\sin\left(\frac{x}{2} - \frac{\pi}{2}\right)$

226

4. a) $3 \cdot \sin\left(\frac{1}{2}(x - \pi)\right) + 4$

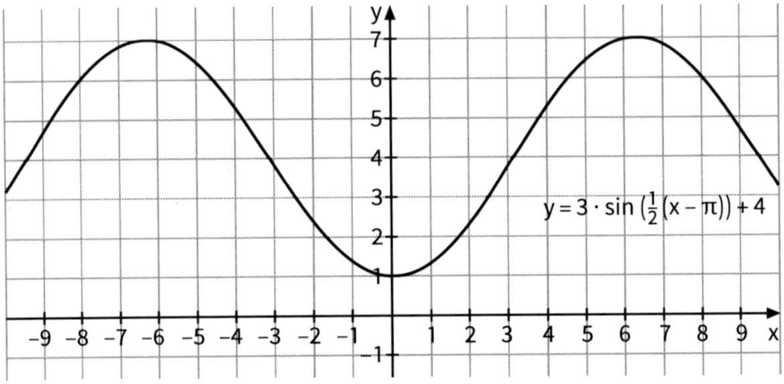

b) $-2 \cdot \sin\left(3\left(x + \frac{\pi}{2}\right)\right) - 1{,}5$

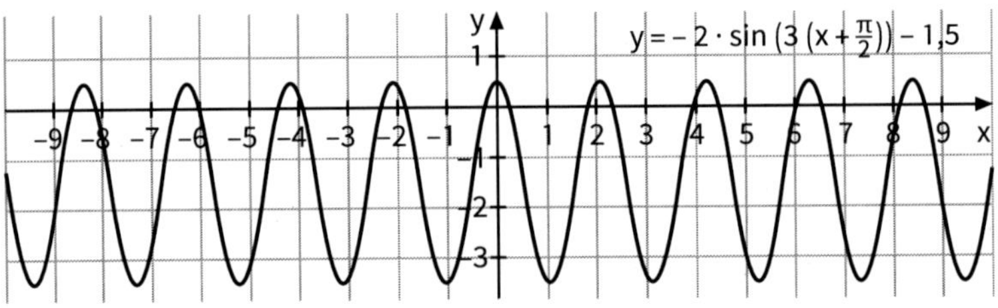

c) $-2 \cdot \sin(-1\,(x - 2)) + 1$

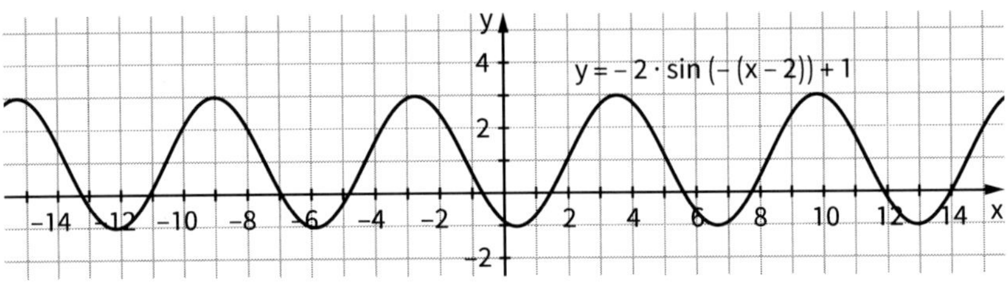

d) $-\frac{1}{2} \cdot \sin\left(\frac{1}{\pi}(x + 1)\right) - 3$

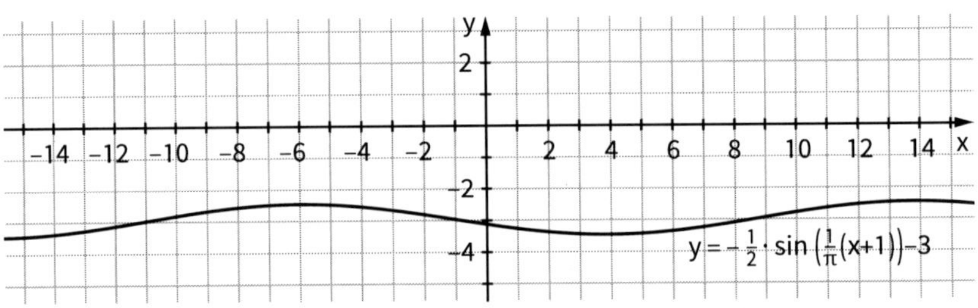

226

5. **a)** Strecken mit dem Faktor 2 parallel zur y-Achse; Strecken mit dem Faktor $\frac{1}{2}$ parallel zur x-Achse; Verschieben parallel zur x-Achse um $\frac{\pi}{4}$ nach links parallel zur x-Achse.

b) Strecken mit dem Faktor 3 parallel zur y-Achse; Strecken mit dem Faktor 2 parallel zur x-Achse; Verschieben parallel zur x-Achse um π nach rechts; Verschieben parallel zur y-Achse um 1 nach oben.

c) Strecken mit dem Faktor $\frac{1}{2}$ parallel zur y-Achse; Strecken mit dem Faktor $\frac{1}{3}$ parallel zur x-Achse, Verschieben parallel zur x-Achse um 1 nach rechts.

d) Strecken mit dem Faktor −2 parallel zur y-Achse; Strecken mit $\frac{2}{\pi}$ parallel zur x-Achse; Verschieben parallel zur x-Achse um 2 nach links; Verschieben parallel zur y-Achse um 2 nach unten.

6. $\sin(2x-2) \neq \sin(2x-4) = \sin\left(2(x-2)\right)$

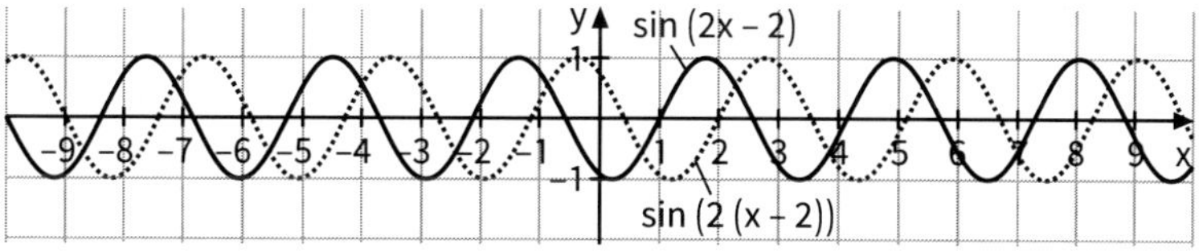

7. f: Verschieben parallel zur x-Achse um $\frac{\pi}{4}$ nach links, dann Strecken mit dem Faktor $\frac{1}{2}$ parallel zur x-Achse.

g: Strecken mit dem Faktor $\frac{1}{2}$ parallel zur x-Achse, dann Verschieben parallel zur x-Achse um $\frac{\pi}{8}$ nach links.

8. **a)** Der Graph ist falsch, denn für $x = 0$ gilt: $2 \cdot \sin\left(2\left(0 + \frac{\pi}{2}\right)\right) = 2 \cdot \sin \pi = 0 \neq 2$

Richtig wäre:

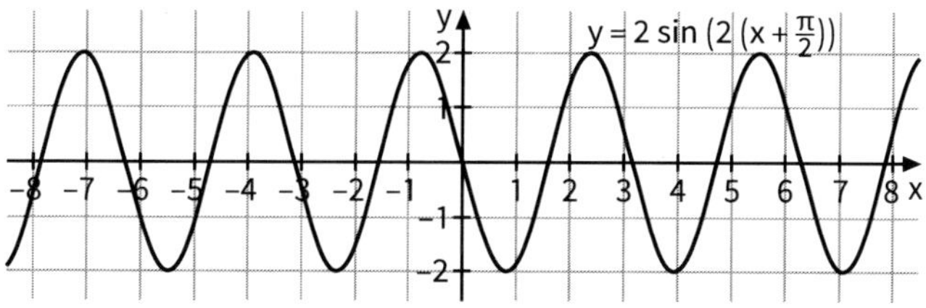

b) Der Graph ist falsch, denn für $x = 0$ gilt: $\sin\left(\pi(0-1)\right) \cdot 2 = \sin(-\pi) \cdot 2 = 0 \neq 2$
Richtig wäre:

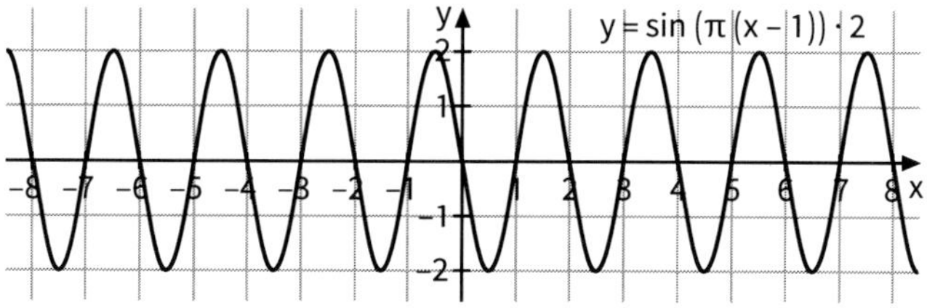

9. –

227

10. a) Z. B.: $y = 2 \cdot \sin\left(\frac{2}{5}x - \frac{9}{10}\pi\right) + 2$ **b)** Z. B.: $y = 3 \cdot \sin\left(\frac{1}{4}x + \frac{\pi}{2}\right)$

11. a) $y = -2\sin(2x) + 1$ **c)** $y = \frac{3}{2}\sin\left(\frac{\pi}{6}\left(x - \frac{\pi}{4}\right)\right)$ **e)** $y = -\sin\left(\frac{\pi}{5}x - 2\pi\right) - 1$

b) $y = 0{,}5 \cdot \sin\left(\frac{3}{8}x + \frac{\pi}{2}\right) - 1$ **d)** $y = -\sin(\pi x)$ **f)** $y = \frac{1}{2} \cdot \sin\left(\frac{\pi}{2}x + \frac{\pi}{2}\right) - 1$

12. a) **(1)** $y = 2 \cdot \sin(x)$ **(3)** $y = \sin(3x)$

(2) $y = 1{,}5 \cdot \sin(2x)$ **(4)** $y = 1{,}5\sin\left(x - \frac{3}{4}\pi\right)$

b) Die Gondelbewegungen unterscheiden sich in der erreichten Maximalhöhe, in der Starthöhe und der Geschwindigkeit.

5.7 Modellieren mit allgemeinen Sinusfunktion

228

Einstieg:

a) $y = 4{,}2 \cdot \sin\left(\frac{2\pi}{365}(x + 265)\right) + 12$

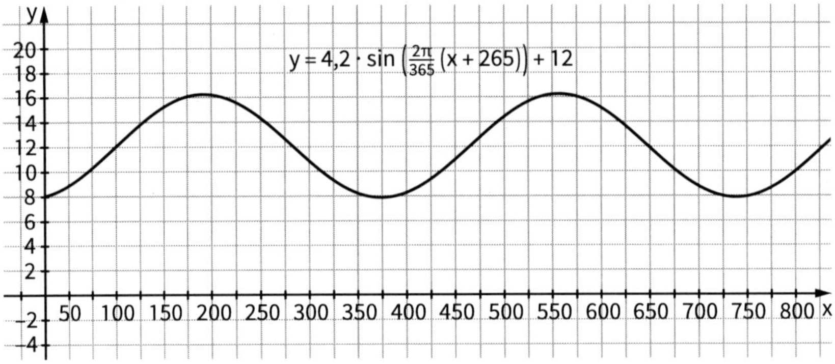

b) $x = 191$; Sonnenscheindauer etwa 16 h.

230

2. $y = 96{,}653\sin(0{,}467x - 1{,}401) + 117{,}468$

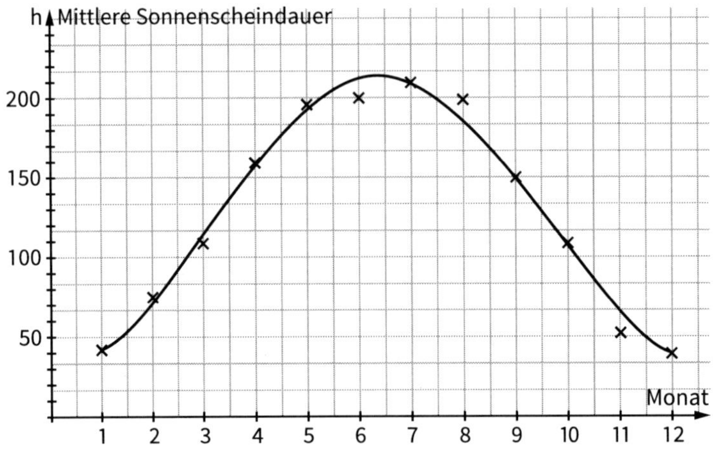

230

3. **a)**

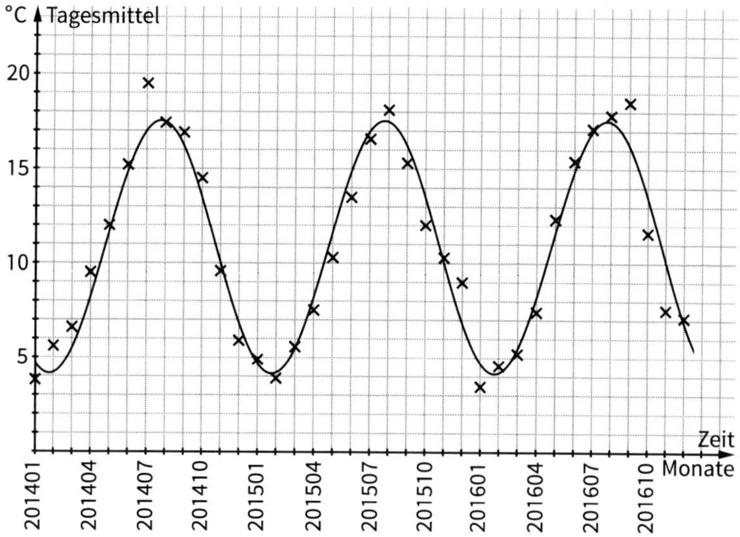

b) $y = 6{,}81 \sin(0{,}52x - 2{,}47) + 10{,}92$

Das kann ich noch!

A) **1)** $y = 2x - 1$ **3)** $y = -7x + 11$ **5)** $y = -x + 3$

2) $y = 7x - 19$ **4)** $y = x - 5$

231

4. Sie hat beim ersten Versuch die Periode 20 nicht eingegeben.

5. Athen: $y = 9 \cdot \sin\left(\frac{2\pi}{12}(x-5)\right) + 19$

Moskau: $y = 14 \cdot \sin\left(\frac{2\pi}{12}(x-5)\right) + 4$

Jakutsk: $y = 32 \cdot \sin\left(\frac{2\pi}{12}(x-4)\right) - 12$

6. $y = 4 \cdot \cos(\pi x)$; $y = 4 \cdot \sin\left(\pi x + \frac{\pi}{2}\right)$

7.

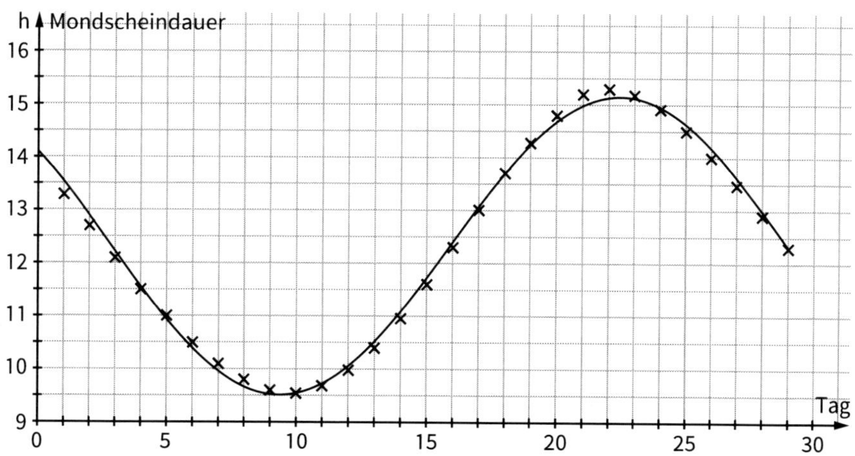

$y = 2{,}82 \sin(0{,}24x + 2{,}47) + 12{,}31$

231 8. $y = 2\sin(1{,}05x + 0{,}52) + 4$

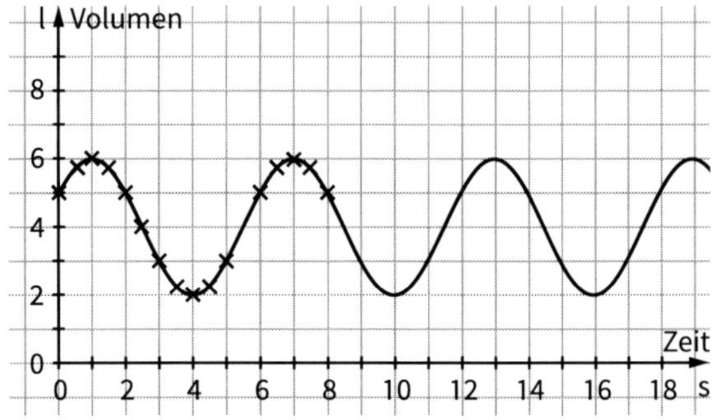

Auf den Punkt gebracht: Parametervariation – Abbilden von Funktionsgraphen

232 1. a) $(x-3)^2 - 1$

b) Verschieben um 3 nach rechts, Verschieben um 1 nach unten.

2. $y = ax^3 + b$
Verschieben in Richtung der y-Achse mit dem Faktor b.
Strecken mit dem Faktor a in Richtung der y-Achse.

3. a) Periode: 365
Maximum: 16; Minimum: 8
Um 90 nach rechts verschoben. $h(t) = 4 \cdot \sin\left(\frac{2\pi}{365} \cdot t - 90\right) + 12$

b) Der Graph für Madrid hat eine geringere Spannweite zwischen 9,6 und 14,4 statt zwischen 8 und 16, ist also flacher. Der längste Tag ist schon der 80. Tag und nicht wie in Frankfurt der 90. Tag.
Anhand des Graphen kann man vermuten, dass Madrid näher am Äquator liegt.

5.8 Aufgaben zur Vertiefung

234

1. a) Symmetrieachsen bei $k \cdot \frac{\pi}{2}$ mit $k \in \mathbb{Z}$
   Symmetriepunkte: –
   kleinste Periodenlänge: π
   b) Symmetrieachsen: –
   Symmetriepunkte: –
   kleinste Periodenlänge: –
   c) Symmetrieachsen: –
   Symmetriepunkte: $k \cdot \pi$ mit $k \in \mathbb{Z}$
   kleinste Periodenlänge: π
   d) Symmetrieachsen: –
   Symmetriepunkte: –
   kleinste Periodenlänge: π

2. –

3. –

234

4. Definitionslücken bei: $k \cdot \pi + \frac{\pi}{2}$ mit $k \in \mathbb{Z}$ bei den Nullstellen der Cosinusfunktion
   Nullstellen bei: $k \cdot \pi$ mit $k \in \mathbb{Z}$ wie bei der Sinusfunktion
   Symmetriepunkte bei: $k \cdot \pi$ mit $k \in \mathbb{Z}$
   Die einzelnen Graphen der Abschnitte, gegeben durch die Intervalle $\left(-\frac{\pi}{2} + k\pi; \frac{\pi}{2} + k\pi\right)$ mit $k \in \mathbb{Z}$, sind punktsymmetrisch zu dem Schnittpunkt mit der x-Achse (Nullstelle).

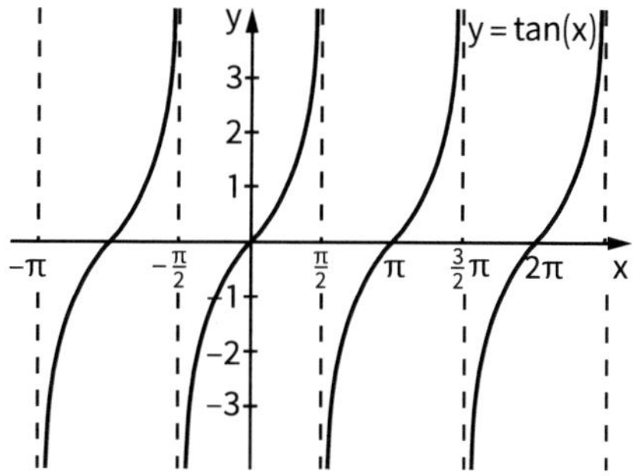